LA RECHERCHE
EN SCIENCES ET EN GÉNIE

Guide pratique et méthodologique

LA RECHERCHE
EN SCIENCES ET EN GÉNIE

Guide pratique et méthodologique

sous la direction de
MARC COUTURE
et
RENÉ-PAUL FOURNIER

LES PRESSES DE L'UNIVERSITÉ LAVAL

1997

Les Presses de l'Université Laval reçoivent chaque année de la Société de développement des entreprises culturelles du Québec une aide financière pour l'ensemble de leur programme de publication.
Nous remercions le Conseil des Arts du Canada de l'aide accordée à notre programme de publication.

Données de catalogage avant publication (Canada)

Vedette principale au titre :

  La recherche en sciences et en génie : guide pratique et méthodologique

  Comprend des réf. bibliogr.

  ISBN 2-7637-7533-0

  1. Recherche – Méthodologie. 2. Recherche technique – Méthodologie. 3. Rédaction technique. I. Couture, Marc, 1956- . II. Fournier, René-Paul.

Q180.55.M4R42   1997   507'.2   C97-940971-3

Mise en pages : Mariette Montambault

Couverture : Gianni Caccia

ISBN 2-7637-7533-0

Distribution de livres UNIVERS
845, rue Marie-Victorin
Saint-Nicolas (Québec)
Canada G7A 3S8
Tél. (418) 831-7474 ou 1 800 859-7474
Téléc. (418) 831-4021

Table des matières

Introduction

L'idée de cet ouvrage a pris forme à l'été 1994, lorsque nous avons été mis en contact par l'intermédiaire d'une connaissance commune. Nos situations respectives étaient fort différentes — l'un professeur à la Télé-université, établissement qui ne disposait alors d'aucun programme de maîtrise ou de doctorat, l'autre directeur des études avancées et de la recherche à l'INRS, qui ne comptait que des programmes de ce type.

Nous avions cependant deux choses importantes en commun. En premier lieu, tous deux détenteurs d'un doctorat dans une discipline des sciences de la nature, nous avions été amenés durant nos carrières respectives à nous intéresser, d'une part, aux caractéristiques de la recherche dans les diverses disciplines scientifiques et, d'autre part, au regard que portent sur celles-ci des disciplines « non scientifiques » comme la sociologie et l'épistémologie. En second lieu, nous poursuivions tous deux des objectifs d'ordre pratique reliés à la formation à la recherche en sciences, et avions constaté l'absence d'ouvrage en langue française pouvant être utilisé à cette fin. Cette situation contrastait fortement avec celle que l'on retrouve du côté des sciences de l'humain et du social, où il existe quelques titres récents en français sur le sujet.

Nous nous sommes rapidement entendus sur un projet de livre destiné avant tout aux étudiantes et étudiants se préparant à s'inscrire, ou déjà engagés, dans un programme de maîtrise ou de doctorat dans une science expérimentale. Cet ouvrage serait un guide pratique, destiné à les accompagner dans les différentes étapes de leur apprentissage de la recherche. De plus, il comporterait des éléments de réflexion les aidant à mieux situer non seulement la recherche scientifique, mais aussi leur propre action dans le contexte plus large de la société et de l'ensemble des activités humaines. En bref, il devait aborder autant le comment que le pourquoi de la recherche scientifique. Bien qu'il s'adresse d'abord à un public étudiant, il pourrait intéresser toute personne exerçant des activités de recherche scientifique ou de formation dans ce domaine.

Une première proposition de contenu de l'ouvrage a été élaborée et soumise à un comité scientifique avant d'être confiée aux divers auteurs, l'un de nous (M. C) assurant une bonne partie de la rédaction et la coordination du travail des autres auteurs. Les versions successives des divers chapitres ont été par la suite examinées et commentées par le même comité. Le recours à ce comité visait à nous assurer de la qualité des textes et de leur pertinence pour le public visé ; il était formé en majorité de professeurs provenant de divers domaines ou disciplines des sciences de la nature et du génie, reconnus pour leur intérêt pour la formation à la recherche. Au terme de plus de deux années de travail, le livre était enfin achevé.

Les deux premiers chapitres traitent de la nature et du fonctionnement de la science, ainsi que de sa place dans la société et de ses interactions avec les divers acteurs sociaux. Le chapitre 1 présente une vision synthétique de la nature et de la structure de la science, telle qu'elle a été développée à travers les débats menés au cours de la seconde moitié du 20ᵉ siècle dans le domaine de la philosophie des sciences. Il propose une vision contemporaine de la science, parfois dérangeante, beaucoup plus complexe que l'image si souvent véhiculée d'une science définie comme la quête de la vérité objective. Le deuxième chapitre offre un autre éclairage sur la science, celui de la sociologie. Il montre comment les relations entre les scientifiques et leurs interlocuteurs (politiciens, bailleurs de fonds, partenaires) ont évolué, depuis la fin de la Seconde Guerre, au point où certains parlent maintenant d'un nouveau mode de recherche scientifique. On y décrit aussi comment les scientifiques, en bonne partie pour répondre aux objectifs qu'ils se sont fixés ou aux attentes qu'on entretient à leur égard, ont mis sur pied diverses formes de regroupements et diverses modalités de fonctionnement au sein de ceux-ci.

La lecture du premier chapitre et, dans une moindre mesure, du deuxième, pourra paraître ardue par moments pour qui n'est pas familier avec le langage de la philosophie et des sciences du social. Si nous avons pris le parti de ne pas trahir la façon particulière dont ces domaines abordent des sujets qui touchent de près les scientifiques, c'est entre autres que nous croyons qu'avec la tendance croissante à la multidisciplinarité de la recherche, les scientifiques devront de plus en plus s'ouvrir à des points de vue et des langages qui leur semblent de prime abord étrangers. Nous sommes également convaincus qu'il est tout aussi important, dans le contexte de la formation à la recherche, d'examiner comment est constituée la science et comment elle fonctionne que d'apprendre comment réaliser un projet de recherche ou rédiger un article scientifique.

Les deux chapitres suivants traitent de l'apprentissage de la recherche, qui s'effectue normalement par le biais d'études de maîtrise et de doctorat, et de la réalisation d'un projet de recherche, qui constitue l'élément fondamental de cet apprentissage. Le chapitre 3 passe en revue les choix fondamentaux que les étudiantes et étudiants doivent effectuer au moment de s'engager dans cette démarche. Il vise à les aider dans ces choix moins en leur proposant des recettes ou des conseils qu'en présentant les conséquences possibles des diverses avenues qui peuvent être empruntées. Il suggère aussi des moyens qui peuvent être mis en œuvre pour faire les bons choix, ou encore limiter les conséquences des mauvais. Le chapitre 4 traite des diverses étapes de la réalisation du projet de recherche en présentant un certain nombre de suggestions visant, sinon à prévenir les problèmes les plus couramment vécus par les étudiants, du moins à réduire l'ampleur de leurs conséquences.

Ces deux chapitres se fondent sur une série d'entrevues menées auprès de directeurs de recherche et d'étudiants en cours de doctorat. Les personnes interrogées ont été sélectionnées avec le souci de couvrir le mieux possible les divers aspects de la réalité de la recherche scientifique. Ainsi, on a cherché à couvrir tous les grands secteurs (sciences de la vie et de la santé, sciences de la matière, sciences de la Terre, génie) et des disciplines variées à l'intérieur de ceux-ci. On a rencontré des hommes et des femmes, visité de petites et de grandes universités situées dans de grands centres ou en région. Plusieurs des professeurs interrogés étaient ou avaient été directeurs des études de deuxième et de troisième cycles dans leur département. Globalement, les 13 professeurs interrogés avaient supervisé plus de 400 étudiantes et étudiants à la maîtrise ou au doctorat durant leurs 20 années (en moyenne) de carrière. C'est en quelque sorte cette vaste expérience que nous visions à rendre accessible au plus grand nombre.

Les quatre chapitres suivants touchent les tâches reliées à l'information et à la communication nécessaires à la réalisation d'un projet de recherche. Ainsi, le chapitre 5 présente les principes et les notions propres à la recherche d'information scientifique. Il offre aussi un certain nombre de stratégies qui peuvent s'appliquer tant à la recherche traditionnelle, en bibliothèque ou sur banque de données, qu'à la recherche dans Internet. Le chapitre 6 propose une série de règles et de suggestions en matière de présentation des résultats numériques. Il s'agit d'un aspect essentiel de la communication scientifique, trop souvent malmené par l'usage de dispositifs de présentation (tableaux, diagrammes, graphiques) mal choisis ou mal construits. Les chapitres 7 et 8 abordent les divers véhicules de communication scientifique, tant écrite qu'orale. Adoptant comme paradigme l'article scientifique (qui fait l'objet du chapitre 7), on y décrit les éléments du contenu d'un document à caractère scientifique, qui peut être également un rapport, un mémoire ou une thèse, une présentation orale, une affiche, une demande de brevet, etc. On y présente aussi des règles et conseils destinés à en faciliter la conception et à en assurer la qualité et l'efficacité.

Finalement, le neuvième et dernier chapitre traite d'une question à la fois fondamentale, délicate et incontournable, qui concerne tous les aspects traités dans le livre : celle de l'éthique et de l'intégrité en recherche.

En terminant, nous désirons d'abord remercier les membres du comité scientifique pour leur généreuse collaboration : messieurs Mohamed Chaker (INRS-Énergie et Matériaux), Gilles Y. Delisle (INRS-Télécommunications), Yves Gingras (Université du Québec à Montréal), Émilien Pelletier (INRS-Océanologie), Robert Tanguay (Université Laval) et Eric van Bochove (Agriculture et Alimentation Canada). Nous tenons aussi à remercier les chercheurs et étudiants qui ont accepté aimablement de participer à une entrevue mais que, en vertu des règles usuelles de déontologie, nous ne pouvons nommer ici. Nous voulons également souligner la collaboration de madame Claire O'Neill, qui a réalisé et transcrit la majeure partie des entrevues menées auprès des chercheurs et des étudiants, ainsi que le travail de révision et de correction des textes effectué par mesdames Sylvie Trottier et Geneviève Saladin. Le professionnalisme, l'efficacité et la diligence du personnel des Presses de l'Université Laval méritent aussi une mention particulière. Finalement, nous remercions le Fonds FCAR et le ministère de l'Éducation du Québec pour leur soutien financier.

Marc COUTURE
René-Paul FOURNIER

CHAPITRE 1

LA SCIENCE ET L'EXPÉRIMENTATION

Benoît Godin

En août 1996, des chercheurs de la NASA publient un article dans la revue *Science*, article dans lequel ils affirment qu'il y a déjà eu — et peut-être y aurait-il encore ? — de la vie sur Mars (McKay et coll., 1996). On dispose d'une douzaine de météorites provenant de la planète Mars, dont ALH84001, un météorite de 1,9 kilogramme trouvé dans l'Antarctique en 1984. C'est sur celui-ci que les chercheurs de la NASA auraient détecté des traces de vie.

Les réactions de la communauté scientifique ne tardèrent pas. Certains applaudirent et confirmèrent la découverte ; d'autres affirmèrent avoir déjà jonglé avec l'hypothèse il y a plusieurs années déjà, mais sans être allé jusqu'à la retenir. Mais plusieurs autres la contestèrent. Trois questions sont en effet soulevées par cette découverte, questions qui, comme nous le verrons, font appel à des savoirs aussi divers que l'astronomie, la géologie, la biologie et la chimie.

— Le météorite est-il bien d'origine martienne ?

— Les traces de vie sont-elles bien issues de processus biologiques ou ne seraient-elles pas plutôt le résultat de processus chimiques ?

— Le météorite aurait-il tout simplement été contaminé par la Terre ?

Les chercheurs prétendent avoir réponse à chacune de ces questions. Leurs adversaires cependant, avec les mêmes données, en arrivent à des conclusions différentes. Quels sont donc les éléments de « preuve » des chercheurs de la NASA ?

Relativement à l'origine du météorite, il semble ne faire aucun doute que celle-ci soit martienne. En effet, les isotopes des composants trouvés dans le météorite — oxygène et dépôts de carbone — sont caractéristiques de ce qu'on connaît de la planète Mars.

Cependant, les adversaires relèveront rapidement que l'histoire du météorite qui est présentée par les chercheurs de la NASA est toute faite de conjectures. ALH84001 daterait de 4,5 milliards d'années, c'est-à-dire qu'il se serait formé une centaine de millions d'années après la formation de la planète Mars. Il y a 3,6 milliards d'années, il aurait été frappé par un météorite qui y aurait laissé de la vie (eh oui ! les traces de vie détectées sur Mars viendraient d'ailleurs). Ici, d'autres études de datation au carbone 14 suggèrent plutôt que cet événement se serait produit il y a 1,4 milliards d'années. Bien plus tard, un second météorite l'aurait projeté dans l'espace. Pendant 16 millions d'années, ALH84001 orbite alors autour du Soleil, pour enfin venir frapper l'Antarctique il y a 13 000 ans.

Malgré cette histoire entièrement hypothétique et qui ne fait pas consensus, à peu près tous les chercheurs s'entendent sur l'origine martienne du météorite. La controverse la plus virulente est plutôt relative aux traces de vie.

En effet, les chercheurs de la NASA affirment avoir découvert quatre types de composés qui laissent croire à la présence de vie sur Mars. Premièrement, des hydrocarbones polycycliques aromatiques (HPA) en abondance, molécules qui sont habituellement le résultat d'activité bactérienne à basse température ; deuxièmement, des minéraux de fer généralement issus du métabolisme et de résidus de décomposition bactériens ; troisièmement, des globules de carbonate qui enrobent les éléments précédents, éliminant ainsi l'hypothèse d'une contamination terrestre ; enfin, sur ces globules, des fossiles microscopiques.

Au dire de leurs adversaires, les chercheurs de la NASA auraient conclu un peu trop vite. En effet, il est possible que les éléments trouvés soient plutôt le résultat d'une formation chimique. D'ailleurs, on trouve des hydrocarbones dans le pétrole par exemple, et dans le système solaire, hydrocarbones issus de processus de décomposition chimique. Dans le cas présent, les hydrocarbones auraient tout aussi bien pu s'être formés à partir de composés martiens plus simples. Les chercheurs de la NASA feraient donc le postulat que les processus chimiques (et biologiques) sur Mars sont les mêmes que ceux rencontrés sur Terre, ce que rien ne permet actuellement de croire.

Quant aux fossiles, outre le fait qu'ils ressemblent difficilement à ceux que l'on connaît — ils sont par exemple 100 fois plus petits que les plus petits fossiles terrestres connus —, on n'y a découvert aucune trace directe de vie. Par exemple, on ne retrouve aucune trace relative à la présence de cellules, élément essentiel à la vie — à la vie terrestre tout au moins.

Reste l'hypothèse de la contamination. Les chercheurs de la NASA rejettent cette hypothèse. Ils affirment qu'aucun hydrocarbone n'a été trouvé sur les autres météorites connus. En effet, pourquoi seul ALH84001 aurait-il été contaminé ? De plus, aucun hydrocarbone n'a été décelé sur la surface du météorite : ils sont tous à l'intérieur de celui-ci. Des arguments de poids ! Il n'en reste pas moins que l'isotope des dépôts de carbone n'est que légèrement différent de celui que l'on retrouve sur Terre, et que l'on a trouvé des hydrocarbones semblables dans la glace environnante.

Pour le moment, le mystère reste entier... la controverse aussi. Chose certaine, les chercheurs n'ont découvert aucune vie, mais seulement des indices qui plaident en faveur d'une telle hypothèse. C'est, pour le moment, une interprétation raisonnable.

Le présent chapitre apporte des éléments qui permettront de comprendre comment il se fait que des scientifiques tous compétents en arrivent à des explications (ou interprétations) différentes à propos des mêmes phénomènes. Nous serons ainsi amenés à nous demander pourquoi certains domaines de recherche, ou encore certaines façons de faire ou de penser, sont qualifiés de scientifiques. Qu'est-ce qui les distingue d'autres domaines ou d'autres approches ? Quel est le rôle de l'expérimentation dans ce processus ? Et, en dernière analyse, quel lien est-il possible de tracer, par le biais de l'expérimentation, entre la science et la réalité ?

1.1 La connaissance scientifique et le sens commun

On fait généralement remonter l'avènement de la science au 17e siècle en Europe : Kepler, Galilée, Newton, Boyle en sont les principaux instigateurs. Ce qui distingue ces hommes de science des penseurs qui les ont précédés n'est pas tant ce qu'ils crurent à propos de l'humain et du monde — l'être humain s'est toujours façonné des représentations de ses origines, de sa nature et de son environnement — que le pourquoi et le comment de leurs croyances. En effet, la science moderne se caractérise, en tant que mode de connaissance, par des procédures méthodologiques propres qui la distinguent des connaissances plus anciennes telles l'astrologie ou l'alchimie.

Nous allons, afin d'expliquer cette affirmation, nous livrer à une présentation succincte de la méthodologie scientifique, présentation qui sera volontairement schématique car son but est surtout heuristique : faire ressortir les caractéristiques principales de la connaissance scientifique par rapport à la connaissance plus courante, le sens commun.

De façon générale, le sens commun est un ensemble de connaissances et de croyances, de valeurs et de principes ou décisions méthodologiques et épistémiques partagés par une culture à une époque donnée. Qu'il faille continuellement pousser un objet pour qu'il avance, que la chaleur monte sont des exemples de connaissances du sens commun. Les croyances du sens commun se constituent graduellement pour chacun d'entre nous sur la base d'observations et d'expériences personnelles et de celles qui nous sont communiquées par les autres. Elles sont reliées les unes aux autres en un système plus ou moins cohérent. Elles se modifient quotidiennement aussi, mais s'automatisent facilement, c'est-à-dire qu'elles sont rarement remises en question. En quoi, donc, la connaissance du monde physique, de l'origine et du devenir de l'univers et de la vie offerte par la science diffère-t-elle de celle véhiculée par le sens commun à propos des mêmes sujets ?

Un premier pas vers la science moderne a été accompli historiquement à travers une triple exigence : l'analyse critique, la validation empirique et la prétention à la généralisation. L'analyse critique signale le début d'une tentative de rendre le plus explicite possible les croyances d'une époque, afin d'en éliminer les idées préconçues et le dogmatisme. Cette analyse critique procède, dans le cas de la science, par la validation empirique. En effet, la science se réalise à la lumière et sous la garde des sens et de l'**expérimentation**[1], dans la perspective de produire des **énoncés** dont la portée est présumée universelle, à partir de toutes les observations empiriques enregistrées et classifiées.

Si analyse critique, validation empirique et généralisation ne constituent pas, considérées individuellement, des innovations méthodologiques radicales, aucune époque précédente ne se caractérisa par la mise en pratique simultanée et institutionnalisée de ces procédures et par un nombre suffisant de penseurs formant ce que l'on appelle une commu-

---

1.   Les termes en caractères gras se retrouvent dans le glossaire (Appendice 5).

nauté scientifique dédiée à cet objectif. Le résultat est la systématisation des connaissances : le savoir ainsi produit se veut général, empirique et dégagé de toute superstition. À ce stade, une étape importante a été franchie avec l'avènement et l'emploi d'une méthode plus productrice. En effet, la science postule une réalité sous-jacente d'entités théoriques, c'est-à-dire non perceptibles — qu'on pense aux particules élémentaires, à l'énergie, aux forces —, comme explication possible des multiples aspects du monde, et elle teste ces postulats de façon contrôlée par l'intermédiaire de leurs conséquences empiriques. Ici encore, il est possible de trouver, dans l'histoire des idées, des périodes antérieures caractérisées par la hardiesse dans la spéculation, par l'ingéniosité dans le calcul et le raisonnement, ou par la minutie dans l'expérimentation, mais c'est au sein de la science moderne que s'effectue l'alliance intime de ces facultés rationnelles et empiriques en la création d'un nouveau mode de connaissance.

Nous résumerons donc en disant que la science est la somme, à une époque donnée, de toutes les connaissances acceptées par la communauté scientifique et qui décrivent la réalité sous-jacente aux faits apparents. Les **hypothèses** et explications sont obtenues selon des procédures sanctionnées par la communauté scientifique. Nous nous demanderons plus loin dans ce chapitre si la connaissance scientifique ainsi produite peut être qualifiée de description vraie de la réalité ou si, à son tour, elle n'est pas un dogme (section 1.4). D'ici là nous devons affiner notre compréhension des divers aspects de la **méthode scientifique** en discutant notamment certains des mécanismes qui conduisent à l'élaboration et à la validation des hypothèses (section 1.3). Il nous faut aussi nous familiariser avec notre objet d'étude, en mettant davantage en évidence le caractère systématique de la connaissance scientifique, son organisation en ensembles de faits, de lois et de théories (section 1.2).

1.2 Les faits, les lois et les théories scientifiques

Nous allons dans cette section définir les principales composantes de l'édifice de la connaissance scientifique et leurs relations logiques réciproques, sans considérer pour le moment la façon dont elles sont obtenues. Nous mettrons donc l'accent sur les produits finis de l'activité scientifique, et non sur celle-ci en tant que processus — la section suivante étant réservée à cette dernière question.

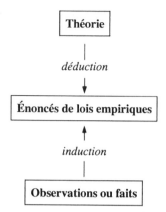

Figure 1.1   Les étapes de la démarche scientifique

La notion de **fait scientifique** se présente comme point de départ nécessaire puisqu'elle paraît intuitivement désigner l'élément de base de la connaissance scientifique, élément à partir duquel des structures plus complexes comme les lois et les théories peuvent s'élaborer. Si l'on définissait les faits scientifiques comme ces états de chose ou événements du monde perçus spontanément, donnés par l'expérience d'un chercheur, ceux-ci seraient purement subjectifs : l'expérience d'un chercheur lui est personnelle. Les faits doivent, pour acquérir un statut scientifique, être partagés par d'autres chercheurs : pour que le statut des faits scientifiques puisse être discuté et vérifié par tous, il est nécessaire de quitter la sphère subjective de l'expérience personnelle d'un chercheur et de soumettre les faits à l'ensemble de la communauté scientifique.

Nous dirons donc que les faits scientifiques sont de deux types. Premièrement, les faits doivent être organisés et interprétés par un langage, un schème de catégories classificatrices formé à partir des ressemblances et des différences. Au plus haut niveau de généralité, ces catégories sont celles d'objet, de propriété, de relations spatio-temporelles et causales, de processus et d'événement, pour n'en nommer que quelques-unes. Ces faits sont dits bruts. Les faits bruts sont exprimés dans un langage d'énoncés que nous nommons énoncés perceptuels. Un énoncé perceptuel est une description, dans un langage donné, souvent mathématique, d'un état de chose ou d'un événement perceptible du monde en un lieu et un temps donnés, comme le fait de constater qu'une pomme tombe à une vitesse croissante lorsque je cesse de la tenir dans mes mains.

À côté des faits bruts, le scientifique produit lui-même des faits. C'est là notre deuxième type de faits. Grâce aux instruments et à l'expérimentation, il provoque des faits de façon contrôlée et dans des circonstances qui n'arrivent que rarement, ou jamais, naturellement. Les énoncés correspondants à ces faits sont dits énoncés observationnels. Un instrument comme le radiotélescope, par exemple, permet d'observer les ondes radio, ondes qu'on n'observe habituellement pas à l'œil nu, en utilisant leur capacité d'induire un courant électrique dans une antenne radio, courant qui produit des variations perceptibles sur l'écran d'un oscilloscope ou, de plus en plus aujourd'hui, directement sous forme numérique sur un écran d'ordinateur (celui-ci allant même parfois jusqu'à réaliser le traitement et l'analyse). Par exemple, « hier à dix heures du matin dans mon laboratoire, l'émission d'ondes radio de la galaxie NGC 253 à la fréquence de 0,61 GHz était de 1,465 ± 0,002 Janskys » est un énoncé d'observation — la communauté scientifique dispose en effet d'une connaissance (acceptée) de la nature des relations causales qui existent entre les ondes radio et leurs effets sur les instruments de mesure —, mais l'énoncé ne décrit pas une réalité perceptible à l'œil nu.

La différence entre les énoncés perceptuels et les énoncés observationnels repose sur la distinction fondamentale entre perception et observation : percevoir équivaut à obtenir de l'information à l'aide des sens ; observer, au sens technique du terme utilisé ici, permet l'acquisition d'information à propos d'entités théoriques par l'intermédiaire de leurs effets sur des entités perceptibles.

La production et le rassemblement de faits, qu'ils soient bruts, d'observation ou d'expérimentation, sous la forme d'ensembles d'énoncés perceptuels et observationnels que nous appellerons dorénavant énoncés empiriques, ne constituent évidemment pas la seule étape de la démarche scientifique. Une science se caractérise aussi par des unités de connaissances qui permettent de regrouper des phénomènes variés sous une même perspective conceptuelle. À cette fin, la deuxième étape consiste à systématiser les énoncés empiriques selon certains aspects de similarité qui paraissent pertinents et invariants. Le résultat de cette procédure est la construction de **lois**. La loi de la réfraction de la lumière, selon laquelle le rapport des sinus des angles d'incidence et de réfraction d'un faisceau de lumière qui passe d'un milieu isotrope à un autre est égal à une constante caractéristique des deux milieux, en constitue un exemple, de même que la loi de l'évolution des espèces qui explique l'apparition de nouvelles espèces par le développement de traits génétiques favorisés par l'environnement.

Les lois sont des descriptions d'ensembles de faits empiriques similaires à certains égards (comme chacune des relations entre les couples particuliers d'angles d'incidence et de réfraction et les constantes caractéristiques des milieux), présumées universellement valides pour autant que certaines conditions d'application spécifiques soient respectées (comme l'isotropie des milieux incident et réfracteur). Elles peuvent être utilisées pour la **déduction** d'énoncés singuliers avec l'aide des énoncés des conditions particulières de leur application (qui donnent par exemple les valeurs d'un angle d'incidence et des constantes des deux milieux). Certaines de ces lois ont un caractère probabiliste, c'est-à-dire qu'elles énoncent une relation entre des paramètres initiaux et un résultat qui ne se réalise que dans un certain nombre de cas. Tel est le cas des lois de la transmission des caractères génétiques et de certaines lois de la mécanique quantique par exemple.

La seconde étape du processus de systématisation — après le regroupement d'énoncés singuliers en lois — est effectuée par le regroupement des lois en **théories**. Une théorie cherche à unifier plusieurs lois dont la parenté n'est pas nécessairement apparente. Le fait de se réduire à quelques entités théoriques qui s'appliquent dans une grande variété de situations confère ainsi à la théorie un grand potentiel unificateur. La mécanique classique de Newton, par exemple, qui consiste à la base en quelques énoncés ou équations simples, permet d'expliquer des phénomènes aussi divers que le mouvement des planètes, l'écoulement des fluides dans les tuyaux et la trajectoire de projectiles lancés dans l'atmosphère.

Il est important de noter ici qu'il existe deux conceptions de ce qu'est une théorie scientifique. La première comprend la théorie comme un système formel d'énoncés. Ces énoncés sont des lois qui, jointes à des règles de correspondance, permettent de déduire des conséquences empiriques. Dans la théorie cinétique des gaz, par exemple, les lois sont celles qui décrivent le mouvement des molécules en faisant des suppositions sur le caractère aléatoire de ces mouvements et sur les relations probabilistes qui les gouvernent.

Les règles de correspondance sont pour leur part des énoncés qui font la liaison entre les systèmes décrits par les lois et des phénomènes connus. Elles sont des énoncés qui relient les termes théoriques aux termes antérieurement disponibles, c'est-à-dire dont la signification est déjà comprise, à la lumière de l'arrière-plan théorique. Au total, leur rôle équivaut à spécifier les procédures qui régissent les diverses applications possibles de la théorie. Dans l'exemple cité plus haut, une règle de correspondance pourrait énoncer la relation entre les taux de collisions des molécules sur la paroi d'un récipient et la pression (mesurable) du gaz, ou encore établir une relation entre la vitesse des molécules et la température (mesurable) du gaz.

Les conséquences empiriques de la théorie, enfin, sont les descriptions ou les prédictions de faits que l'on peut en tirer. Elles s'obtiennent, selon une procédure dite déductive, à partir des lois, des énoncés des conditions d'application particulières de la théorie et des règles de correspondance. Ainsi, en utilisant les lois et postulats de la théorie cinétique des gaz et les règles de correspondance du type mentionné précédemment pour mesurer la pression d'un gaz à température constante, on obtient la loi de Boyle :

$$pV = k, \qquad (1.1)$$

où k, p et V sont respectivement une constante, la pression et le volume du gaz.

La loi de Boyle — qui fut d'abord une loi empirique avant d'être déduite théoriquement — devient ainsi une conséquence de la théorie cinétique, interprétée empiriquement à l'aide des règles de correspondance — en d'autres termes, une conséquence empirique de cette théorie.

Une deuxième conception de ce qu'est une théorie est celle qui en fait un **modèle** de la réalité. Cette conception est peu connue, mais très fertile toutefois. Dans beaucoup de manuels de mécanique classique, par exemple, on ne présente pas la théorie de Newton comme une série de postulats à partir desquels on va procéder à la déduction de lois ou d'énoncés empiriques. On discute plutôt des exemples d'applications utiles de la théorie, comme le mouvement rectiligne uniforme, l'oscillateur harmonique simple ou le mouvement circulaire, exemples illustrés respectivement par la trajectoire d'une boule de billard, les oscillations d'un corps relié à un ressort et la trajectoire d'une planète autour du Soleil. Chacun de ces exemples peut être considéré comme un modèle théorique et avoir plusieurs applications possibles à des systèmes physiques. Ainsi, le modèle de l'oscillateur harmonique est aussi employé pour élucider le comportement des molécules diatomiques. De façon similaire, en biologie, on peut concevoir les différents modèles de la génétique des populations comme des applications de la théorie de l'évolution.

Les modèles théoriques peuvent être considérés comme des systèmes d'objets abstraits et des constructions imparfaites n'ayant d'autre existence que celle que leur confère la communauté scientifique. En effet, les scientifiques qui les élaborent procèdent ici à des abstractions : parce que la théorie ne peut caractériser tous les aspects des phénomènes qu'elle cherche à décrire, on doit sélectionner les paramètres jugés pertinents et tenter une description fondée uniquement sur ceux-ci, en considérant l'influence des autres facteurs pouvant agir sur le système comme négligeable. La théorie traite les phénomènes comme s'ils étaient des phénomènes isolés, sous la seule influence des paramètres choisis, ce qui est souvent une grossière simplification : il n'y a pas de masse qui ne soit soumise qu'à la force de gravité, de plan incliné sans friction, ou de planète décrivant une orbite parfaitement circulaire. Plus encore, il est souvent nécessaire d'utiliser des idéalisations, c'est-à-dire des entités abstraites dont certaines des propriétés n'ont pas de correspondance réelle, pour rendre compte de phénomènes complexes. À titre d'exemple, bien qu'il n'y ait pas de corps parfaitement rigide, de ressort parfaitement élastique ou de particule sans volume, tous ces concepts sont employés en physique. Les modèles théoriques sont des représentations abstraites et idéalisées de phénomènes réels plus complexes.

Une théorie ainsi conçue comme modèle doit néanmoins permettre d'obtenir des résultats empiriques. Comment le peut-elle si elle porte d'abord sur des systèmes d'objets abstraits et non pas sur des systèmes d'objets naturels ? Grâce à une procédure (appelée quelquefois de **factualisation**) où les conditions idéales d'application des modèles théoriques sont éliminées progressivement et remplacées par des conditions plus réelles. Par exemple, le modèle des gaz parfaits, associé à la théorie cinétique des gaz, représente les molécules de gaz comme des sphères infiniment dures et petites et suppose que les forces intermoléculaires sont nulles entre les collisions, deux conditions idéales. Il permet l'obtention de la loi de Boyle que nous avons précédemment rappelée. Toutefois, une meilleure approximation de la loi des gaz, où l'on considère cette fois les forces à distance entre les molécules et leur diamètre fini, mène à la loi de van der Waals, dont l'expression est cependant plus complexe :

$$(p + a/V^2)\,(V - b) = K, \qquad (1.2)$$

où a, b et K sont des constantes, car le modèle duquel cette dernière est extraite a été perfectionné pour ne plus requérir la réalisation des deux hypothèses idéales. Ainsi, la loi de Boyle devient un cas particulier (idéal) de la loi de van der Waals, plus générale, où a et b valent zéro.

1.3 Les hypothèses et la corroboration expérimentale

La discussion que nous venons de présenter met l'accent sur la structure de la connaissance scientifique aux dépens de son développement. Elle présente donc une image figée et idéalisée de la science : elle ne révèle pas comment certaines hypothèses vont gagner le titre de lois ou de théories scientifiques, ni pourquoi d'autres ne sont et ne demeureront que des hypothèses de travail. Elle ne nous renseigne pas, en d'autres termes, sur la nature de la (ou des) méthode(s) dont s'est dotée la science pour la poursuite de ses objectifs. Le lien entre observations, hypothèses, lois et théories est-il si linéaire et univoque ? En effet, comment élabore-t-on les hypothèses, comment choisit-on, parmi plusieurs hypothèses *a priori* tout aussi plausibles les unes que les autres, celles qui se traduisent directement en expériences ? Que conclure quand un résultat expérimental s'accorde avec les prédictions issues de la théorie ou, au contraire, quand il les contredit ? Bref, avec quoi entrons-nous au laboratoire, qu'y faisons-nous et avec quoi en ressortons-nous ?

Quiconque tente l'expérience s'apercevra qu'il est beaucoup plus difficile de décrire avec exactitude la démarche scientifique que de la pratiquer. Nous allons quand même tenter d'en dégager les traits les plus généraux, en gardant à l'esprit que notre choix des aspects considérés n'exclut pas l'existence de techniques plus spécifiques propres à chaque discipline scientifique. Pour faciliter la compréhension du processus de recherche, nous le décomposerons en deux moments : le contexte de la découverte, qui touche la question de la conception des hypothèses scientifiques, et le contexte de la justification, qui concerne leur vérification empirique.

Il n'existe pas de méthode systématique et rigoureuse menant dans tous les cas des faits aux lois. Dire que ces dernières sont induites des phénomènes est même trompeur si cela signifie qu'il suffit de classer les données recueillies pour en extraire des lois. Cette caricature de l'**induction** est en effet peu informative car elle n'aborde pas la question essentielle de savoir quelles sont, parmi toutes les données disponibles, celles qui sont retenues parce qu'elles sont jugées significatives. Déterminer lesquels des facteurs qui composent une situation sont pertinents est la première tâche de celui qui cherche à comprendre. Pourquoi les feuilles de certains arbres jaunissent-elles à l'automne ? Est-ce en fonction du taux d'humidité de l'air, de la température ambiante ou de la taille de l'arbre ? Des mesures peuvent être prises pour chacune de ces variables et, en principe, pour plusieurs autres que l'on pourrait imaginer. Mais le chercheur doit parvenir à orienter son investigation en fonction d'hypothèses directrices.

Il existe plusieurs façons de formuler des hypothèses judicieuses, au nombre desquelles on compte la déduction, l'imagination, et l'expérimentation. Passons-les en revue une à une. La déduction consiste à obtenir des hypothèses comme conséquences empiriques de l'application de théories déjà connues dans certaines situations particulières, selon la procédure décrite à la section précédente. Les situations particulières sont reconnues comme faisant partie du domaine d'application des théories, ou comme en constituant des extensions potentielles. Nous devons tout de suite préciser que, contrairement à la croyance, la déduction est d'application limitée : elle est généralement employée si l'on dispose d'une bonne compréhension des phénomènes à l'étude, c'est-à-dire s'il existe déjà des théories assez élaborées dans le domaine de recherche en question.

L'imagination aide précisément à sélectionner quelques pistes de départ parmi l'ensemble des hypothèses logiquement possibles. Elle consiste à élaborer, en utilisant par exemple la somme des connaissances acceptées ou en raisonnant par analogie à partir de phénomènes connus, des explications possibles des causes des phénomènes étudiés. Par exemple, diverses hypothèses explicatives peuvent être considérées pour rendre compte de l'observation d'un haut taux de cancer du poumon dans une population de fumeurs. Le chercheur peut invoquer une composante du tabac comme cause de la maladie, ou le stress comme cause commune de l'action de fumer et de l'apparition de la maladie, parce que ses connaissances préalables lui permettent chaque fois au moins l'esquisse d'une explication de la corrélation qu'il a notée. Par contre, il y a peu de chances pour qu'il retienne le nombre de membres dans les familles des malades comme hypothèse judicieuse s'il ne perçoit aucun rapport *a priori* entre ce paramètre et le phénomène à expliquer. L'imagination (et le jugement) lui permettra de définir un nombre relativement restreint d'hypothèses candidates. Toutes les hypothèses retenues devront toutefois se plier à un impératif méthodologique clairement formulé par Karl Popper (1978) : elles doivent être réfutables, c'est-à-dire susceptibles de permettre une contradiction possible avec les données expérimentales.

L'expérimentation, quant à elle, consiste à faire varier tour à tour différents paramètres d'une situation expérimentale, pendant que l'on maintient le plus possible les autres constants, afin de mettre au jour des corrélations qui deviennent ainsi des hypothèses de travail. On pourrait notamment, pour reprendre un exemple déjà mentionné, observer les effets de variations introduites dans la nature du milieu incident, pour un même milieu réfracteur et une valeur constante d'angle d'incidence, sur l'angle de réfraction d'un faisceau lumineux. Noter une variation corrélative indique généralement qu'il serait judicieux de retenir une hypothèse posant une relation entre ces deux paramètres. Ajoutons que l'expérimentation peut être plus ou moins dirigée, selon que le chercheur possède ou non certaines connaissances à propos de la situation à l'étude. Dans le pire des cas, il s'en remet au tâtonnement, dans l'espoir de finir par reconnaître les aspects significatifs de son problème.

Poser la question de la sélection parmi les hypothèses disponibles nous amène au sein du contexte communément appelé contexte de la justification. Il est courant, à ce stade, d'invoquer le modèle hypothético-déductif selon lequel une hypothèse H est corroborée lorsque l'on peut en déduire un ou plusieurs énoncés E empiriquement vrais reliant des faits ou données D, habituellement exprimables en grandeurs mesurables, à la présence de certaines conditions C. Par exemple, on peut déduire un énoncé E (si un baromètre est transporté à des altitudes de plus en plus élevées, alors la colonne de mercure diminuera de plus en plus) de l'hypothèse H (l'atmosphère terrestre exerce, en un point donné, une pression proportionnelle au poids de la colonne d'air située au-dessus de ce point). Comme la forme générale d'un énoncé E est « si C alors D », il est généralement possible de le vérifier en créant expérimentalement les conditions C (transporter le baromètre en haute altitude) pour voir si l'on mesure D (la chute de la colonne de mercure).

Cependant, sur le plan logique, la vérification de E n'implique pas nécessairement celle de l'hypothèse H. C'est là une erreur de logique très répandue, même chez les chercheurs. En effet, il est logiquement possible d'obtenir la même prédiction à partir d'une autre hypothèse (H') ou d'une combinaison de l'hypothèse de base H et d'autres hypothèses dites auxiliaires A, c'est-à-dire des hypothèses acceptées, reconnues et tenues pour vraies (voir figure 1.2). Par exemple, on pourrait supposer que la pression dépend plutôt de la grandeur de la force gravitationnelle (H'), ou encore à la fois du poids de la colonne d'air (H) et de la température (A), ce qui permettrait aussi de prédire que la pression diminue avec l'altitude (tout le monde sait qu'il fait plus froid en haute altitude, et la théorie de Newton affirme que la force gravitationnelle diminue lorsqu'on s'éloigne de la Terre). Une fois que l'on a retenu une hypothèse jugée satisfaisante, il faut la mettre à l'essai, la tester dans des situations empiriques indépendantes et caractérisées par de nouveaux énoncés. Par exemple, la mécanique classique et la théorie de la relativité restreinte donnent toutes deux, avec les hypothèses auxiliaires appropriées, des prédictions vérifiables sur le mouvement des objets à basse vitesse, mais cette équivalence disparaît aux environs de la vitesse de la lumière. On doit ici parler de procédure de confirmation ou de **corroboration** d'une hypothèse et non de vérification. La corroboration d'une hypothèse demeure en principe toujours ouverte, se poursuivant à mesure que l'on teste l'hypothèse dans de nouveaux champs d'application.

Si	H	implique	E (C + D)
alors	E (C + D)	n'implique pas	H
car	H′ + A	implique aussi	E (C + D)

Figure 1.2   Hypothèses et corroboration empirique

À l'inverse de la corroboration, on parle de **réfutation** lorsqu'une hypothèse est infirmée. Toutefois, il faut noter que la réfutation d'un énoncé E n'entraîne pas nécessairement le rejet d'une hypothèse H. Quelquefois, ce sont les hypothèses auxiliaires qui sont plutôt en cause — nous verrons un exemple concret dans le paragraphe suivant. De nouvelles expériences doivent alors être effectuées pour isoler les effets attribuables uniquement à H, cela en faisant varier sélectivement les hypothèses auxiliaires A (en continuant avec le même exemple, on pourrait modifier uniquement la température et observer la variation de la pression).

Une difficulté d'ordre pratique se présente parfois à ce niveau du fait que les hypothèses auxiliaires ne se prêtent pas nécessairement à un contrôle expérimental (comme la force gravitationnelle, dans notre exemple, qui peut difficilement être modifiée de façon indépendante). De plus, il est toujours possible de préserver l'hypothèse H en modifiant les hypothèses auxiliaires — pratique courante telle que nous l'a montré l'histoire des sciences — même s'il faut pour cela ajouter des hypothèses dites *ad hoc*, c'est-à-dire introduites pour la circonstance. Bien que cela puisse sembler une infraction au bon déroulement de la science, proposer de telles hypothèses n'est pas forcément une procédure répréhensible car on ne peut exclure la découverte éventuelle de conséquences empiriques qui leur sont propres. Cela explique pourquoi on ne peut facilement, en principe, abandonner de façon définitive une hypothèse. Sur ce plan aussi la démarche scientifique reste ouverte, ce qui est une autre façon de dire que la connaissance scientifique est faillible. On comprend maintenant, puisque les conséquences empiriques d'une hypothèse scientifique sont parfois loin d'être évidentes, la difficulté qu'il y a à formuler des hypothèses réfutables.

Considérons par exemple les travaux du médecin Semmelweis sur la fièvre puerpérale réalisés à l'hôpital général de Vienne entre 1844 et 1848, tels qu'ils sont rapportés par Carl Hempel (1972). Semmelweis avait observé que les femmes qui accouchaient dans l'un des deux services d'obstétrique qu'il dirigeait présentaient un taux de mortalité beaucoup plus élevé. Pour expliquer ce fait, il émit plusieurs hypothèses, notamment :

(1) que la fièvre pouvait être due à une épidémie qui sévissait dans la région ;

(2) que le taux moins élevé de maladie dans le premier groupe pouvait être attribuable à l'effet réconfortant du passage d'un prêtre qui y donnait les derniers sacrements aux mourants ;

(3) que la fièvre était transmise par le contact des femmes avec les étudiants infirmiers du second groupe qui pratiquaient par ailleurs des autopsies dans un laboratoire adjacent.

Comment peut-on expliquer, dans le cadre du modèle hypothético-déductif, que Semmelweis fut éventuellement amené à rejeter (1) et (2) pour arrêter son choix sur (3), quand il découvrit que les taux de mortalité devenaient identiques dans les deux groupes lorsque les étudiants lavaient leurs mains après avoir effectué leurs autopsies ? L'hypothèse (1), par exemple, demeure une cause possible des taux de mortalité distincts : elle ne contredit pas les données, comme l'exige le modèle hypothético-déductif pour expliquer son rejet, tant qu'on ne connaît pas, ce qui était le cas pour Semmelweis, la nature des hypothèses auxiliaires qui doivent lui être jointes pour calculer les taux de mortalité attendus dans les deux groupes. De façon similaire, l'hypothèse (3) ne permet pas, malgré son acceptation, de déduire les taux de mortalité des femmes dans les deux groupes après le lavage des mains. Dans la mesure où il s'en remet au modèle hypothético-déductif et ne considère que les relations logiques entre les hypothèses et les données, deux questions centrales demeurent sans réponse pour Semmelweis : lesquelles de mes hypothèses candidates puis-je rejeter ? Laquelle parmi celles-ci dois-je favoriser ?

Cet exemple illustre un cas où les hypothèses ne sont pas départagées selon leurs relations logiques avec les données, mais plutôt selon leur valeur explicative par rapport à un contraste dans ces données, et donc selon un raisonnement appelé « inférence à la meilleure explication ». Semmelweis rejette la première hypothèse parce qu'elle ne propose pas de différence pour rendre compte du contraste dans ses données (l'épidémie est présente dans l'histoire causale des deux groupes). La deuxième hypothèse mentionne une telle différence, mais Semmelweis la rejette aussi parce qu'il réussit à l'éliminer en recréant une « différence » entre les deux groupes en l'absence du prêtre. Quant à la troisième hypothèse, Semmelweis l'accepte même s'il n'a pas la connaissance de toutes les hypothèses auxiliaires nécessaires pour pouvoir calculer le taux de mortalité dans les deux groupes, parce qu'il a trouvé un événement dans l'histoire causale d'un des deux groupes qui en explique la différence. Son hypothèse explicative l'amène à considérer un nouveau contraste, de nature diachronique, entre les taux de mortalité du second groupe avant et après le lavage des mains des étudiants, qu'elle peut encore une fois expliquer. C'est ainsi que Semmelweis choisit la troisième hypothèse, parce qu'elle lui paraît être la meilleure des explications retenues pour ses données.

La présence de contrastes dans les données oriente donc la recherche vers l'élaboration des hypothèses pertinentes, hypothèses dont le test requiert de nouvelles expérimentations qui peuvent à leur tour révéler de nouveaux contrastes aidant à reconnaître la meilleure hypothèse au sein du groupe, ou à suggérer de nouvelles hypothèses. La méthode basée sur les contrastes est souvent complétée ou utilisée en alternance avec la méthode basée sur les ressemblances, qui consiste, de façon assez similaire, à découvrir des régularités qui transcendent certaines conditions particulières d'actualisation. En effet, avant de pouvoir inférer qu'il est en présence d'une loi, le chercheur doit observer le même phénomène dans une grande variété de situations. Pour conclure que la cigarette cause le cancer du poumon, il ne suffit pas d'observer un groupe de fumeurs de 65 ans atteints du cancer. Le chercheur doit contrôler avec un groupe de non-fumeurs et, grâce à son imagination, tester ses hypothèses et proposer de nouvelles hypothèses explicatives à la lumière des nouvelles données. De telles inférences explicatives sont possibles partout où, bien que l'on ne dispose pas de toute la connaissance nécessaire pour effectuer des déductions à partir de théories existantes, la situation permet d'éliminer les contributions de ces facteurs inconnus.

De façon générale, le chercheur préférera les hypothèses qui donnent des descriptions précises des mécanismes impliqués et des effets prévus à celles qui ne font qu'allusion à une relation et à un type d'effet. Il pondérera ce choix selon que ces hypothèses s'intègrent aisément avec les théories acceptées à l'époque ou, au contraire, selon qu'elles permettent de prédire de nouveaux phénomènes tout en ayant subi avec succès plusieurs tests empiriques. Il n'existe cependant pas de façon de pondérer objectivement toutes ces influences.

Terminons cette section en nous demandant si la procédure qui consiste à tester les hypothèses pour qu'elles gagnent le statut de loi est similaire à celle par laquelle elles peuvent accéder à celui de théorie. Si l'on se fie à la conception des théories en tant qu'ensembles formels d'énoncés, la réponse devrait être affirmative car théories et lois n'y diffèrent que par leur degré d'abstraction : tandis que les lois expliquent et permettent de déduire les énoncés singuliers, les théories expliquent et permettent de déduire les lois. Par exemple, un énoncé général causal comme « la nicotine cause le cancer du poumon » peut être invoqué comme explication d'un ensemble de lois statistiques sur le nombre de malades dans diverses populations ; l'énoncé apparaît comme une théorie par rapport aux lois de corrélations, mais pourrait être considéré comme une loi à la lumière d'une théorie plus générale sur l'effet cancérogène des substances chimiques.

La situation n'est pas aussi simple, par contre, dans le cas des modèles. Concevoir les théories comme des ensembles de modèles abstraits et idéalisés nous porte à croire qu'ils ne sont pas eux-mêmes des énoncés empiriques testables. Dans ces circonstances, les théories sont souvent considérées uniquement en tant que schémas organisateurs de l'expérience, à évaluer non seulement selon les critères à tendance empirique mentionnés plus haut, mais aussi en fonction de critères esthétiques, pragmatiques et conceptuels, comme la simplicité, l'élégance, le potentiel unificateur (ou explicatif), l'absence de contradiction interne et la cohérence avec l'arrière-plan de nos visions du monde.

1.4 La vérité et le consensus scientifique

À bien des égards, réaliser (et réussir) un projet de recherche revient à ajouter une pierre à l'immense édifice de la science. Mais que construit-on ainsi ? À quelques reprises dans l'histoire de la science, ceux-là même qui en étaient les premiers bâtisseurs ont cru que l'édifice (du moins un de ses pavillons) était à peu près achevé, et que tout ce qu'il restait à faire était un peu de finition. À chaque fois pourtant, de grands bouleversements théoriques ont fait repartir les travaux dans des directions insoupçonnées. On invoque souvent le progrès de la science, mais quelle est la nature de ce progrès ? Comment sait-on si l'on va dans la bonne direction ? Ce sont là de grandes questions, mais qui valent bien la peine qu'on y consacre quelques lignes. Cela, d'autant plus que chaque chercheur a sa conception philosophique, souvent implicite, de la réalité qu'il étudie.

Nous avons dans ce qui précède exposé les principaux aspects de la structure de la connaissance et de la méthode scientifiques. On pourrait être tenté de rassembler les éléments que nous avons retenus et affirmer que la science est un projet dont l'objectif principal est la production de systèmes d'énoncés généraux vrais décrivant les mécanismes sous-jacents aux apparences, énoncés qui s'élaborent à partir d'une base empirique toujours grandissante. Il faut cependant voir que nous quittons, avec une telle affirmation, le domaine de la simple analyse descriptive de l'activité scientifique pour en offrir une explication qui met en lumière la relation entre son but et ses moyens. Pour bien saisir les enjeux philosophiques derrière cette question — enjeux dont on n'est pas toujours conscient dans la pratique quotidienne de la science —, nous nous livrerons dans cette dernière section à un dialogue critique entre un **réaliste** et un **nominaliste**.

Un réaliste se représente la base empirique de la science comme un ensemble d'énoncés empiriques vrais s'élargissant sans cesse à mesure que de nouvelles lois sont corroborées. Il reconnaît certes, comme nous l'avons fait tout au long de ce texte, que ces énoncés sont faillibles, tout comme les méthodes qui permettent de les obtenir. Mais il ne met pas en doute le statut ontologique, c'est-à-dire l'existence des objets et entités de la théorie. Pour un réaliste, la théorie reflète la réalité.

Une objection immédiate peut être faite au réaliste par un nominaliste : elle fait état de la prégnance théorique des énoncés qui composent la base empirique, c'est-à-dire de l'imbrication préalable de théories dans les énoncés empiriques. À la limite, on pourrait même affirmer que les théories génèrent dans un certain sens leurs propres données. Pour un nominaliste, prétendre que la base empirique de la science est toujours en croissance dissimule un aspect capital de l'évolution de la connaissance scientifique : il arrive, lors de réorganisations importantes de notre représentation de la réalité, comme l'a bien perçu T. S. Kuhn (1983), que certains énoncés empiriques auparavant acceptés soient maintenant contestés. On ne peut interpréter adéquatement les résultats d'une expérience sans présupposer la validité des mêmes principes théoriques qui font l'objet de tests empiriques. Pour un nominaliste, les faits et les entités théoriques auxquelles les théories scientifiques renvoient sont des constructions.

Le réaliste n'accepte pas ces objections. En règle générale, le réaliste reconnaît la présence inévitable de facteurs subjectifs dans les théories, mais pour ajouter tout de suite que les conditions d'observation en sciences visent justement à réduire leur influence au minimum. L'insistance sur les procédures de mesure standardisées, l'accent mis sur la reproductibilité des résultats et la mise en valeur des habiletés techniques des expérimentateurs, voilà quelques éléments qui motivent notre confiance que la science parvient effectivement à quitter la sphère de l'expérience personnelle des divers chercheurs pour accéder à celle de l'intersubjectivité d'une communauté de chercheurs : une communauté qui partage et reconnaît pour cette raison un ensemble de croyances comme scientifiques.

Le réaliste reconnaît également l'implication intime de la théorie dans la base empirique, mais il refuse la conclusion que la science ne serait qu'une conversation entre de multiples perspectives conceptuelles, souvent incommensurables, en mettant en évidence sa dimension pratique et expérimentale. D'abord, les mêmes mesures sont souvent obtenues par l'utilisation de méthodes expérimentales différentes et indépendantes. Ensuite, les scientifiques ne font pas que parler de la nature ; ils interagissent avec elle, ils la manipulent et la contrôlent, bref elle « répond » à leurs interventions.

Maints sociologues et philosophes des sciences ont pourtant souligné là encore les dimensions historique et sociale de la notion de méthode scientifique. L'idée d'une méthode invariante et universelle serait une chimère — un fait qui apparaît clairement en considérant les critères d'évaluation des hypothèses scientifiques : nos concepts de meilleure explication, de simplicité et de potentiel unificateur, tout comme nos croyances, sont variables d'une époque à une autre, voire d'une communauté ou d'un individu à l'autre. Comment, dans ces circonstances, peut-on prétendre que la science permet d'accéder à des vérités générales ?

En effet, toute méthode se définit par rapport au but qu'elle sert. Ce qui caractériserait la science n'est donc pas une méthode universelle, ni même un but universel, mais une relation d'ajustement réciproque entre sa méthode et son but. On peut supposer que, de tout temps, les scientifiques ne se sont pas fait une représentation identique de leur tâche et de l'efficacité des moyens à leur disposition, ce qui explique les variations au niveau de la méthode. Considérons le cas des modèles hypothético-déductifs. Certes, une inférence garantit la « vérité » des hypothèses déduites, mais conditionnellement à celles de la théorie et des hypothèses qui fondent le modèle : rien n'assure que des mesures ultérieures ne viendront pas invalider l'hypothèse, dans une circonstance future imprévue couverte par son domaine d'application.

À ce stade, plusieurs voies peuvent être empruntées pour le réaliste. D'aucuns vont invoquer un argument général qui présente la thèse selon laquelle les inférences inductives faites par les scientifiques préservent la vérité comme la meilleure explication possible du succès instrumental de la science (son succès dans la prédiction et la manipulation de la nature), par rapport, par exemple, à une explication en termes de coïncidences. Comment peut-on rendre compte de cette réussite autrement qu'en supposant que les théories sont au moins approximativement vraies ? D'autres, abandonnant tout espoir de justifier notre confiance en la vérité des hypothèses, vont se tourner vers une méthode comparative qui permet d'évaluer une hypothèse comme plus près de la vérité qu'une autre, à défaut de pouvoir déterminer la vérité de chacune individuellement. Certains, enfin, vont combiner les deux stratégies pour affirmer que l'hypothèse que la connaissance scientifique en général se rapproche toujours davantage de la vérité constitue la meilleure explication possible de son succès instrumental.

De toute cette discussion, il faut conclure, dirait un nominaliste, que la notion de vérité, composante essentielle de l'explication rationnelle du réaliste, doit sûrement être radicalement transformée. Telle qu'elle est invoquée dans le discours du réaliste, la vérité implique l'idée d'une correspondance entre les énoncés scientifiques et une réalité indépendante des facultés de connaissance humaine. Cependant, on peut douter, en se basant sur l'observation de la fréquence élevée avec laquelle les changements de théories et de **paradigmes** se produisent dans l'histoire, que la connaissance scientifique puisse, à travers toutes ces modifications conceptuelles, converger vers une telle réalité pour parvenir un jour à la décrire avec exactitude. Dans ce contexte, s'il y a encore des jugements sur la vérité des énoncés théoriques en science, ils sont toujours faits à l'intérieur d'un paradigme ou d'une théorie. Il faut plutôt associer l'idée de vérité à celle de cohérence, ou à celle de consensus : est vrai ce qui s'accorde bien avec les éléments principaux du paradigme dominant d'une époque donnée, ce qui intègre aisément le consensus des connaissances acceptées.

Ce qui doit être expliqué, finalement, n'est pas comment la science permet une description générale et systématique toujours plus vraie de la nature, mais plutôt comment les concepts scientifiques s'élaborent, comment les résultats empiriques se négocient à divers stades de leur construction, comment les consensus se forment dans la communauté scientifique à chaque époque, ou quels sont les facteurs qui précipitent un changement de paradigme. Une telle lecture de la science, qui observe celle-ci en action, permet d'apprécier toute l'importance de l'argumentation dans le discours scientifique. En effet, le scientifique doit d'abord se convaincre lui-même de la justesse de ses résultats — ce qu'il réalise dans le cadre de ses travaux. Il doit ensuite convaincre ses pairs du bien-fondé de ce qu'il avance. Enfin, en tant que communauté, les scientifiques doivent convaincre des publics plus larges, dont les gouvernements qui les subventionnent, de la pertinence de leurs travaux. Ici, l'évidence et la logique n'ont souvent d'autres choix que de se plier à différents arguments de nature rhétorique.

Références

Hempel, C. (1972). *Éléments d'épistémologie*, Paris, Armand Colin.

Kuhn, T. S. (1983). *La structure des révolutions scientifiques*, Paris, Flammarion.

McKay, D. S. et coll. (1996). « Search for past life on Mars », *Science*, n° 273, p. 924-930.

Pour en savoir plus

Bachelard, G. (1991). *Le nouvel esprit scientifique*, Paris, PUF.

Bachelard, G. (1994). *Le rationalisme appliqué*, Paris, PUF.

Ces deux petits livres présentent une conception de la science où le scientifique n'est pas un simple observateur passif de la nature et de ses événements, mais plutôt un créateur qui raisonne sur le monde.

Chalmers, A. (1988). *Qu'est-ce que la science ?*, Paris, La Découverte.

Chalmers, A. (1991). *La fabrication de la science*, Paris, La Découverte.

A. Chalmers présente dans ces deux ouvrages une synthèse intelligente et facile d'accès des principaux courants épistémologiques contemporains.

Popper, K. R. (1978). *La logique de la découverte scientifique*, Paris, Payot.

Philosophe important du 20e siècle, Karl Popper livre ici une analyse puissante de l'activité scientifique. On y retrouve les notions clés de l'épistémologie contemporaine, par exemple celles de réfutation et de testabilité.

CHAPITRE 2

L'ORGANISATION
DE LA RECHERCHE SCIENTIFIQUE

Marie-Josée Legault et Michel Trépanier

Pour quiconque observe la scène scientifique, il ressort clairement que la recherche scientifique, la production de connaissances, ne s'effectuent pas en vase clos. Les intervenants y sont nombreux et diversifiés. Outre les chercheurs eux-mêmes, que l'on peut différencier selon qu'ils sont débutants ou expérimentés, patrons ou collaborateurs, on y retrouve des étudiants, des techniciens, des administrateurs, des responsables de programme, des responsables de politique, des industriels, des fournisseurs, etc. Les interactions entre les différents acteurs du système de la recherche et le contexte économique et politique dans lequel elles s'inscrivent ont une influence déterminante sur les pratiques de la recherche. En somme, le scientifique travaille dans un environnement hétérogène et complexe qu'il doit connaître et auquel il doit adapter ses pratiques s'il veut être en mesure de poursuivre ses travaux.

Dans ce deuxième chapitre, nous voulons présenter brièvement les caractéristiques de l'environnement dans lequel travaillent les chercheurs et montrer de quelle manière ils y ajustent leurs pratiques. Nous procéderons à un examen en trois temps. Nous examinerons d'abord les conditions générales de la production scientifique : l'influence du contexte économique et politique, les politiques scientifiques et technologiques, les organismes subventionneurs nationaux, le financement privé de la recherche. Nous verrons alors que l'image du scientifique cloîtré dans son laboratoire, discutant toujours et uniquement de science avec d'autres scientifiques tient plus du mythe que de la réalité. Dans un deuxième temps, nous examinerons les différents types de regroupement des chercheurs et leurs modes d'interaction. Nous aborderons tant ceux qui les rassemblent au-delà des frontières, sur la base de la discipline, que ceux qu'ils mettent sur pied dans leurs lieux de travail, en abordant la question des modes d'organisation locale du travail au sein desquels les chercheurs en formation sont appelés à préparer leurs mémoires ou leurs thèses ainsi qu'à exercer des emplois de recherche pendant la durée de leurs études.

2.1 Les conditions de la production scientifique

Contrairement à ce que l'on pourrait croire, la diversité des acteurs qui interviennent directement ou indirectement sur l'activité scientifique n'est pas le fait unique de la science des années 90.

Au 19e siècle, d'abord en chimie puis en physique, les chercheurs commencèrent à sortir de leur laboratoire afin de trouver l'argent dont ils avaient besoin pour construire leurs appareils et poursuivre leurs travaux. Un des premiers exemples que l'on ait de ces pratiques est celui de l'électrochimiste Humphry Davy qui, entre 1799 et 1810, faisait miroiter à des bailleurs de fonds potentiels les retombées positives de son nouveau laboratoire sur la sécurité et la situation religieuse nationales.

Peu fréquents à l'époque de Davy, les liens qu'entretiennent les scientifiques avec des institutions et des acteurs qui sont extérieurs à la communauté scientifique se sont par la suite multipliés. À cet égard, les deux grandes guerres mondiales, mais plus particulièrement la Seconde, ont marqué un tournant. En effet, au cours de la Seconde Guerre, les communautés scientifiques entretiennent des liens étroits avec les autorités militaires et les demandes de ces dernières influencent l'éventail des programmes de recherche mis sur pied. Les succès qu'obtiennent les scientifiques mettent la recherche scientifique et technologique à l'ordre du jour de tous les gouvernements des pays industrialisés qui augmentent sensiblement les ressources financières qui lui sont consacrées.

a) La science comme activité gérée par les chercheurs et centrée sur la discipline

Au lendemain de la Seconde Guerre, c'est le rapport de Vannevar Bush, professeur de génie électrique au MIT et principal conseiller du président Roosevelt sur les questions scientifiques, qui trace les grandes lignes de ce que sera la **politique scientifique** des États-Unis et, par la suite, celle des pays industrialisés. En 1945, dans *Science : The endless frontier*, Bush revendique et obtient pour les scientifiques le maximum d'autonomie à l'égard des considérations et des demandes politiques, économiques et sociales. Débute alors une longue période où, en général, les scientifiques décident eux-mêmes des priorités de la recherche et les **objets** qu'ils retiennent sont davantage définis en fonction des problèmes proposés par les membres des différentes **disciplines** qu'en lien avec les problèmes externes au monde scientifique (problèmes économiques, politiques ou sociaux). Ainsi, bien qu'ils entretiennent des relations étroites et importantes avec les gouvernements et, notamment, avec les autorités militaires, les chercheurs disposent d'une autonomie qui, même si elle est loin d'être totale, leur permet tout de même, dans une certaine mesure, de réinterpréter et de redéfinir, en fonction des intérêts de leur discipline, les demandes et les pressions extérieures.

Ce contrat entre scientifiques et gouvernements peut être résumé de la manière suivante. D'une part, le gouvernement s'engage à soutenir financièrement la **recherche fondamentale** que les scientifiques, sur la base de l'évaluation par les pairs, estiment la plus méritoire. D'autre part, les scientifiques assurent le gouvernement que la recherche sera effectuée dans les règles de l'art et qu'elle produira un flot continu de découvertes scientifiques qui pourront par la suite être traduites dans de nouveaux produits, de nouveaux traitements médicaux, de nouvelles sources d'énergie, de nouvelles armes, etc.

Pour les chercheurs universitaires, le mode de fonctionnement des organismes subventionneurs, comme le Department of Scientific and Industrial Research (DSIR) au Royaume-Uni, le Natural Science Research Council (NFR) en Suède, la National Science Foundation (NSF) et les National Institutes of Health (NIH) aux États-Unis, le Conseil de recherche en sciences naturelles et en génie (CRSNG) et le Conseil de recherches médicales (CRM) au Canada, est en quelque sorte la concrétisation de l'autonomie accordée aux scientifiques. D'abord, les projets déposés auprès de ces organismes ne répondent à aucune commande spécifique et sont définis par des chercheurs qui les proposent. Ensuite, les processus d'allocation des subventions de recherche reposent sur l'évaluation par les pairs. Même si le contenu des projets peut subir l'influence du contexte politique, leur évaluation et le choix de ceux qui recevront les fonds nécessaires à leur mise en œuvre sont effectués par d'autres membres de la discipline sur la base de critères scientifiques : intérêt de l'objet de recherche pour l'avancement de la discipline, pertinence de la méthode, originalité et qualité de la production scientifique des chercheurs concernés.

Tous les changements qui ont affecté les politiques scientifiques et technologiques au cours des années 70 et 80 n'ont pas modifié substantiellement les façons de faire de ces organismes. Pour l'essentiel, le choix des objets de recherche demeurait la prérogative des scientifiques qui soumettaient des demandes de financement et l'évaluation des projets était réalisée par des pairs sur la base de l'excellence scientifique. Même si, comme nous le verrons plus loin, des changements ont commencé à modifier cette façon de faire, les importants budgets dont disposent ces organismes subventionneurs leur conservent, encore aujourd'hui, une place non négligeable dans les systèmes nationaux de financement de la recherche. Pour le chercheur universitaire, donc, la préparation de projets de recherche axés sur les besoins de la discipline et destinés à ses pairs demeure une activité fréquente et importante et l'obtention de ces subventions demeure pour lui une source de prestige.

b)   La recherche : un système en transition

Dans la plupart des pays industrialisés ainsi que dans les nouveaux pays industrialisés (Corée, Taïwan, Singapour), la mondialisation des marchés et le rôle de plus en plus central que jouent la science et la technologie dans le développement de l'industrie manufacturière et des services ont incité les gouvernements à les mobiliser plus efficacement à des fins de développement économique. En somme, s'il est une caractéristique majeure des politiques scientifiques et technologiques dans les pays industrialisés des quinze ou vingt dernières années, c'est sans conteste le passage de préoccupations essentiellement centrées sur la science à des préoccupations technologiques. Combiné à un contexte de ressources financières limitées et à la multiplication des opportunités scientifiques et technologiques (les technologies de l'information, les nouveaux matériaux et les biotechnologies), ce nouvel objectif de développement économique a modifié les politiques scientifiques ainsi que les activités et pratiques de recherche qui avaient pris forme dans les années 60 et 70.

Ces transformations des conditions de production de la science ont pour contexte général le plafonnement des dépenses de **recherche-développement (R-D)** dans les pays de l'OCDE. Le Royaume-Uni mis à part, on constate que, dans tous les autres pays du G-7 (l'Allemagne, les États-Unis, le Japon, l'Italie, la France et le Canada), le taux de croissance annuel moyen des dépenses intérieures de R-D de la période 1985-1989 est inférieur à celui de la période 1981-1985 (OCDE, 1994a). En fait, les pays du G-7 ont connu une évolution très semblable en ce qui a trait aux dépenses totales de R-D : une croissance substantielle au début des années 80, suivie d'une stagnation à la fin des années 80 et d'une légère régression au début des années 90 (NSB, 1996). C'est donc dire que les transformations *actuelles* ne se font pas au moyen d'ajouts mais plutôt en gérant différemment les dépenses, c'est-à-dire en réaffectant les ressources et en réorganisant l'activité de production des connaissances.

Quelques exemples suffisent pour illustrer les principales caractéristiques de ces transformations. Ainsi, on remarque que plusieurs des nouvelles institutions de recherche mises sur pied au cours des dernières années privilégient un mode de gestion des activités scientifiques qui établit un lien plus direct entre ces dernières et les besoins de l'industrie. C'est le cas, par exemple, de la politique des centres d'excellence que plusieurs pays de l'OCDE ont mise de l'avant dans les années 80. Au Royaume-Uni, au Danemark, au Japon et au Canada, ces centres interdisciplinaires touchent non seulement la recherche fondamentale mais aussi la **recherche appliquée**.

En Australie, par exemple, le gouvernement a créé, à partir du début des années 90, plusieurs centres de recherche coopérative qui regroupent des chercheurs de l'industrie, des universités et des laboratoires gouvernementaux. Dans le même ordre d'idées, il a aussi mis sur pied, dans les universités, des centres de formation et de recherche axés sur les besoins de l'industrie ou, plus largement, sur les besoins de la société (OCDE, 1994a).

Les initiatives récentes du gouvernement du Québec vont dans le même sens. À partir du milieu des années 80, il a créé, seul ou en association, plusieurs centres de recherche qui occupent aujourd'hui une place importante dans le système québécois de la R-D. Par delà les différences en ce qui a trait au budget et au personnel, ces centres ont tous un point en commun : les chercheurs universitaires y sont présents, mais l'entreprise privée y occupe une place importante, que ce soit au chapitre du financement ou en matière d'orientation et de planification des activités de R-D. Ces centres sont en quelque sorte des « organismes charnières » ; ils occupent un espace nouveau qui, à proprement parler, n'est ni l'université, ni l'entreprise, ni le gouvernement, mais plutôt un point de jonction où les trois acteurs sont présents.

Par ailleurs, les préoccupations industrielles et technologiques se sont aussi taillé une place dans de nouveaux programmes de soutien à la recherche universitaire et elles ont souvent pour effet de modifier les règles qui, traditionnellement, présidaient à la définition et à l'évaluation des projets de recherche. Au cours des dernières années, même les organismes subventionneurs qui, jusque-là, avaient surtout répondu aux besoins scientifiques de nature disciplinaire, ont eux aussi accordé plus d'attention aux besoins de l'industrie.

Le CRSNG, par exemple, a restructuré ses programmes afin de mettre sur pied, dans le cadre de ses programmes de partenariats de recherche, le Programme des subventions de recherche et développement coopérative et le Programme d'appels de propositions. Ces nouveaux programmes, qui restent encore marginaux eu égard au budget global du Conseil, ont été financés grâce à une ponction dans les sommes réservées au programme des subventions de recherche individuelles.

Dans ces nouveaux programmes, le processus de soumission, d'évaluation et de sélection des projets s'éloigne considérablement du processus traditionnellement mis en œuvre dans le cadre de concours comme le programme des subventions de recherche individuelles. Premièrement, les chercheurs ne procèdent plus seuls au choix des problèmes de recherche puisque les représentants de l'industrie expriment leurs besoins précis sous la forme de projets qui sont ensuite présentés à des chercheurs universitaires qui, à leur tour, soumettent une proposition de recherche. Ce faisant, des critères de choix propres au monde économique interviennent dans la formulation des projets. Ensuite, les industriels participent à l'évaluation et à la sélection des projets qui seront subventionnés, ce qui, là aussi, a pour effet d'introduire dans le processus de décision des critères de choix qui ne sont pas ceux du champ scientifique : l'applicabilité probable des résultats, leur potentiel commercial, la capacité de l'industrie locale d'en tirer profit, etc.

On retrouve la même prise en compte des demandes et des besoins de l'industrie dans l'orientation et l'évaluation des projets de recherche universitaire de nouveaux programmes comme celui de Réseaux de centres d'excellence (RCE). Géré conjointement par les trois organismes subventionneurs (CRSNG, CRM et CRSH), cet important programme du gouvernement canadien soutient la mise en réseau et les activités de recherche d'équipes travaillant dans des **domaines** de pointe jugés prioritaires pour le développement économique du Canada. L'examen des arguments avancés par le comité de sélection pour justifier, en 1994, le rejet de quatre des quatorze demandes montre à quel point la pertinence industrielle du projet a été déterminante. Dans chacun des cas, le comité de sélection a indiqué que l'impact économique des travaux était faible et ne se manifesterait qu'à très long terme. Il a de plus souligné que les liens entre les chercheurs et les industries concernées étaient trop faibles, tant en quantité qu'en qualité.

Le cas d'un des centres non renouvelés est encore plus significatif puisque le comité fait, en même temps, une évaluation très positive de la performance scientifique des chercheurs (NCE, 1994). Les succès des chercheurs eu égard aux critères propres de la communauté scientifique, c'est-à-dire la contribution au développement des connaissances dans la discipline (ou la spécialité), n'ont donc pas été suffisants pour assurer le renouvellement de la subvention. Pour le CRSNG, cette prise en compte effective de la pertinence industrielle des travaux fait du programme des Réseaux de centres d'excellence un modèle qui pourrait, dans l'avenir, être utilisé dans les autres programmes. Le Conseil estime, en effet, que le programme des RCE « constitue une façon très efficace d'administrer les fonds de recherche et assure la participation active des utilisateurs aux travaux et à la mise en œuvre des résultats » (CRSNG, 1994).

En Australie, les nouvelles règles d'attribution des fonds de recherche aux universités prennent en compte les succès qu'elles remportent dans l'obtention de fonds industriels (contrats ou subventions). Ce critère de performance a pris une telle importance que les universités situées dans les zones peu industrialisées ont vu leurs subventions sensiblement réduites (*Nature*, 1994).

Les cas du Canada et de l'Australie ne sont pas des exceptions et, dans l'ensemble, l'examen des nouveaux mécanismes de financement de la recherche universitaire montre que les demandes et les besoins de l'industrie occupent maintenant une place significative dans l'orientation et les règles de fonctionnement des programmes de soutien. L'activité scientifique en milieu universitaire y a perdu une partie de son autonomie puisque, comme on l'a vu, des critères extérieurs à la science elle-même interviennent toujours davantage, et de plus en plus explicitement, dans le processus de soumission, d'évaluation et de sélection des projets. Les enjeux et les besoins scientifiques de la discipline ne sont plus les seuls critères utilisés pour déterminer l'orientation à donner aux activités de recherche et évaluer leur pertinence, leur qualité et leur intérêt.

Dans les laboratoires gouvernementaux de plusieurs pays de l'OCDE, la prise en compte directe des besoins de l'industrie et de la société a pris la forme d'un accroissement de la recherche contractuelle.

En Australie (Commonwealth Science and Industry Research Organization), aux Pays-Bas (Fonds national pour la recherche technique), en Nouvelle-Zélande (les Instituts de recherche CRI), aux États-Unis (accords de recherche-développement coopératifs, CARDA) et au Canada (Conseil national de recherche), les laboratoires gouvernementaux doivent maintenant s'autofinancer, en partie ou en totalité, à partir de contrats de recherche qui leur sont accordés par des organismes privés (industriels ou autres) ou publics.

Cette présence de l'industrie ne se fait pas uniquement sentir dans les organismes subventionneurs ou les laboratoires gouvernementaux. En effet, depuis maintenant plus de trente ans mais plus particulièrement entre 1985 et 1990, le financement privé de la recherche universitaire s'est considérablement accru. Aux États-Unis, par exemple, la proportion des activités de R-D universitaires financée par l'industrie a plus que doublé entre 1970 et 1995 (NSB, 1996). En fait, même si le financement industriel est encore marginal comparativement aux sources traditionnelles que sont les gouvernements et les organismes subventionneurs, il n'en reste pas moins que les fonds provenant du secteur privé ont progressé plus rapidement que ceux de n'importe quelle autre source depuis 1980. Il s'agit là d'une tendance qui risque d'affecter de plus en plus l'activité de R-D en milieu universitaire.

En France, le système de la recherche, même s'il est organisé de façon différente, est traversé par les mêmes grandes tendances. En effet, les années 80 ont été marquées par la mise en place d'importants programmes technologiques qui cherchent à maximiser les collaborations entre les acteurs divers que sont les organismes publics de recherche, les universités et les entreprises dans le but de développer des compétences et des connaissances qui ont un caractère stratégique sur le plan économique. Ces programmes dont les ressources n'ont cessé de croître depuis leur création sont tout autant nationaux qu'internationaux (dans le cas des programmes de la Commission des Communautés européennes). Plus récemment, le gouvernement français a aussi mis sur pied les programmes thématiques, programmes qui fonctionnent par appels d'offres et qui préconisent des projets qui associent la recherche publique et l'industrie (OCDE, 1994a). Dans les organismes publics de recherche, en l'occurrence dans les laboratoires du Centre national de la recherche scientifique (CNRS), le nombre et l'importance monétaire des contrats industriels ont littéralement « explosé » (Callon, Laredo, Mustar, 1994). Finalement, le milieu universitaire se voit lui aussi affecté par ces nouvelles orientations. D'une part, des relations de plus en plus étroites avec les laboratoires du CNRS augmentent les contacts entre ses chercheurs et les entreprises. D'autre part, les activités de formation au niveau doctoral sont, elles aussi, marquées par les demandes industrielles puisque le gouvernement a mis sur pied d'importants programmes de soutien à la formation (les conventions industrielles de formation par la recherche, la procédure FIRTECH) qui, tous, associent très étroitement les industriels au processus de formation des futurs docteurs (OCDE, 1994a).

Dans ce contexte, les chercheurs n'ont plus tout à fait la même liberté dans le choix des objets de recherche. En effet, les problèmes auxquels les chercheurs consacrent leur attention sont davantage dictés par les besoins du client, qu'il s'agisse d'impératifs commerciaux lorsque le client est une entreprise privée ou d'impératifs sociaux lorsqu'il s'agit d'un organisme gouvernemental, que par l'avancement des connaissances dans la discipline. De plus, surtout dans le cas de travaux réalisés pour l'industrie, la confidentialité des résultats et les ententes de propriété intellectuelle peuvent influencer la dissémination des connaissance produites.

c)   Un nouvel environnement pour l'activité scientifique

À l'aide des quelques situations que nous avons décrites et en reprenant l'essentiel des réflexions de M. Gibbons et de ses collaborateurs (1995) sur les transformations qui affectent présentement l'activité scientifique et technique, il est possible de relever les principales caractéristiques du nouvel environnement dans lequel travaillent les scientifiques. Les exemples rapportés montrent que la recherche est de plus en plus organisée en fonction de son application, c'est-à-dire autour de l'idée que la connaissance produite doit être utile à quelqu'un, qu'il s'agisse de l'industrie, du gouvernement ou de la société en général. De plus en plus, donc, les clients des connaissances produites ne sont pas uniquement d'autres scientifiques travaillant sur les mêmes problèmes ou dans des domaines connexes.

Ce nouvel environnement bouleverse également les définitions que l'on donne des différents types d'activités de R-D. Ainsi, la distinction entre recherche fondamentale et recherche appliquée devient de plus en plus floue puisque des travaux visant une application spécifique peuvent néanmoins exiger la mise à jour des mécanismes ou des structures élémentaires d'un phénomène ou d'un objet. Les travaux de R-D dans le domaine des biotechnologies constituent un bon exemple d'une telle situation. Ainsi, on a vu se développer depuis le début des années 90 un nouveau vocabulaire qui distingue deux types de recherche fondamentale : la première, la « recherche fondamentale pure » (OCDE, 1994b), qui vise l'avancement des connaissances sans objectifs d'application et la deuxième, la « **recherche stratégique** » (Irvine et Martin, 1984) ou encore la « recherche fondamentale orientée » (OCDE, 1994b) qui, comme la précédente, s'attaque à la compréhension des mécanismes et des structures fondamentales des phénomènes mais qui a aussi pour objectif une application dans des produits, des procédés ou des services.

Par ailleurs, l'intérêt du public pour l'environnement, la santé et les communications a favorisé le développement d'activités scientifiques dans ces domaines. Associé à la croissance des lieux institutionnels où l'on retrouve des personnes possédant les compétences nécessaires pour s'engager dans le processus de production des connaissances, cet intérêt général pour la science a entraîné une multiplication et une diversification des acteurs désirant influencer les tenants et aboutissants de la recherche. De manière plus spécifique, la production même des connaissances est alors liée à la prise en compte des intérêts et besoins des différents acteurs impliqués et, notamment, ceux des acteurs auxquels les connaissances peuvent être utiles. En plus de l'industrie, dont nous avons parlé précédemment, d'autres acteurs sont aussi présents dans le processus ; que l'on pense, par exemple, aux groupes de défense des sidéens qui jouent un rôle important dans la définition de l'orientation et des pratiques de recherche sur le SIDA ou, encore, aux différents mandats de recherche que des groupes de pression (les groupes environnementaux) ou des ministères confient aux scientifiques.

D'une certaine manière, on retrouve un lien semblable à celui qui a uni les scientifiques aux militaires lors de la Seconde Guerre. Toutefois, les exemples que nous avons présentés montrent que les acteurs extérieurs à la communauté scientifique ne se contentent plus de souhaiter et d'attendre passivement les retombées de la recherche. Ils s'engagent de plus en plus à toutes les étapes du processus de production des connaissances. En fait, ce qui différencie la situation actuelle de celle qui prévalait dans les années 60 et 70, ce n'est pas tant la présence des acteurs sociaux extérieurs à la communauté scientifique mais plutôt la nature et l'étendue de leur intervention. Aujourd'hui, le degré d'autonomie dont disposent les scientifiques en ce qui concerne la conduite de leurs travaux est moins grand que celui dont bénéficiaient les chercheurs des décennies 60 et 70.

En somme, l'imputabilité prend de plus en plus d'importance dans l'activité de production des connaissances et elle n'est pas uniquement économique, elle est aussi sociale. Elle touche l'ensemble du processus de production des connaissances, elle fait sentir son influence tant au niveau de la définition du problème et du choix des priorités de recherche qu'à celui de l'interprétation et de la diffusion des résultats.

Par ailleurs, les institutions ou les groupes où sont produites les connaissances sont de plus en plus souvent organisés autour d'un problème. Que l'on pense, par exemple, au problème du réchauffement de la planète, à celui du sida ou encore, à une échelle moindre, à la mise au point de matériaux biocompatibles et biodégradables ou, finalement, à la mise au point de systèmes de reconnaissance du langage naturel.

Par leur nature, ces problèmes ne relèvent pas des disciplines traditionnelles (physique, chimie, biologie, etc.) mais demandent plutôt une approche transdisciplinaire. Pour sa solution, chaque problème de ce type requiert la participation de scientifiques appartenant à des disciplines et à des institutions différentes. De plus, la solution du problème exige tout autant des apports théoriques qu'empiriques et même si ces avancées ne s'insèrent pas aisément dans des disciplines spécifiques, elles n'en constituent pas moins des contributions à la connaissance.

Comme on peut le voir, l'activité de production des connaissances est de plus en plus caractérisée par l'hétérogénéité des groupes ou des institutions qui y participent. D'une part, les lieux où peuvent être produites des connaissances se sont multipliés et diversifiés : universités, laboratoires privés, bureaux de consultants, ministères, organismes à but non lucratif, organismes communautaires, etc. D'autre part, chacun de ces lieux peut abriter une grande diversité de compétences compte tenu de la nature des problèmes à résoudre. En outre, ces différents groupes ou institutions sont souvent liés entre eux par des moyens électroniques ou encore par des ententes formelles ou informelles de collaboration. Évidemment, cette hétérogénéité n'est pas nouvelle ; comme nous l'avons souligné précédemment, elle existait déjà au 19e siècle. Cela dit, elle apparaît aujourd'hui plus grande et plus généralisée qu'à l'époque.

Les connaissances produites n'étant plus utiles aux seuls scientifiques qui s'en serviront dans leurs propres recherches mais aussi à d'autres clients, les critères qui servent à évaluer et à choisir les projets se trouvent inévitablement modifiés : les décisions qui traditionnellement étaient davantage prises en fonction des problèmes à résoudre pour assurer le progrès des connaissances dans la discipline le sont maintenant sur la base de critères beaucoup plus diversifiés, incluant des critères sociaux, économiques ou politiques.

De la même manière, la composition sociale du système d'évaluation tend elle aussi à se diversifier. L'évaluation et les décisions ne sont plus du seul ressort des scientifiques ; des représentants des milieux gouvernementaux, industriels ou communautaires peuvent aussi être associés au processus. En somme, même si en général le contrôle de la qualité de l'activité scientifique demeure l'affaire des scientifiques eux-mêmes, il n'en reste pas moins que de nouvelles formes et de nouveaux critères de contrôle apparaissent progressivement.

d)   Nouvel environnement, nouvelles habiletés

Si, dans les années 60 et 70, un chercheur pouvait, dans la majorité des cas, poursuivre ses travaux en faisant la démonstration auprès de ses pairs de sa contribution à l'avancement des connaissances dans sa discipline d'appartenance, il semble bien que pour exercer son métier dans le nouvel environnement que nous venons de décrire, le scientifique doit développer d'autres habiletés.

Comme nous l'avons dit, l'environnement dans lequel s'inscrit l'activité scientifique est hétérogène. On y voit donc défiler des institutions, des groupes et des individus appartenant à des univers sociaux très différents (le monde de la science, le monde politique, le monde économique, etc.) qui ont chacun leurs propres règles de fonctionnement, leurs propres priorités et leurs propres enjeux. Pour évoluer dans cet espace social particulier qu'est la science, les chercheurs doivent développer une série de rôles et d'habiletés qui vont bien au-delà de ceux liés à la recherche scientifique proprement dite. Ils deviennent tour à tour entrepreneurs, lobbyistes, administrateurs, etc. Pour assurer la réalisation de leurs projets, ils créent de nouvelles institutions, ils entretiennent des liens étroits avec l'industrie, ils apprennent à composer avec les priorités économiques et politiques arrêtées par les responsables gouvernementaux et, finalement, ils cherchent à obtenir l'appui de différents groupes sociaux.

Dans certains secteurs de l'activité scientifique, ces habiletés ne sont pas entièrement nouvelles. Les chercheurs qui travaillent dans des projets de *Big Science* (en physique des particules élémentaires, en fusion nucléaire, en astronomie ou en radio-astronomie, par exemple) ont développé certaines d'entre elles depuis déjà plusieurs années. En effet, l'ampleur des budgets nécessaires à la réalisation des grands projets scientifiques a signifié l'entrée en scène de facteurs et d'acteurs extérieurs à la communauté scientifique qui imposent des contraintes importantes et donnent une certaine direction aux décisions qui affectent les programmes de recherche et le design des gros appareils. Contraints de faire directement appel aux gouvernements, sans passer par les organismes subventionneurs, pour financer leurs coûteux projets, ces scientifiques ont dû apprendre à composer avec les priorités économiques et politiques arrêtées par les responsables gouvernementaux. Pour convaincre politiciens et administrateurs, ils ont dû s'initier aux règles implicites du monde politique et apprendre à y adapter leurs discours et leurs demandes en soulignant l'intérêt national de leurs projets. Plus récemment, ils ont appris à en démontrer l'impact économique et technologique ainsi qu'à y associer des entreprises de haute technologie.

Aujourd'hui, les habiletés qui, depuis la Seconde Guerre, sont nécessaires au succès d'un grand projet scientifique se sont en quelque sorte généralisées. Les nouvelles conditions de production de l'activité scientifique exigent que les chercheurs possèdent un bagage vaste et diversifié de relations sociales ainsi que la connaissance explicite ou implicite des règles et des manières qui ont cours dans les différents univers sociaux avec lesquels ils interagissent. En d'autres termes, alors que dans le passé la compétence et la valeur scientifique suffisaient pour mettre en marche une recherche, il faut maintenant ajouter à ces éléments une capacité de comprendre d'autres univers sociaux de façon à pouvoir les mobiliser et les associer efficacement et avec succès au projet envisagé. En somme, le scientifique doit être flexible et avoir la capacité d'adapter ses travaux à des demandes et des intérêts hétérogènes.

Si, comme nous venons de le voir, le contexte global de la production scientifique a un effet sur la façon dont les scientifiques pratiquent leur métier, il faut se rappeler, d'une part, que la communauté scientifique demeure le premier groupe d'appartenance du chercheur et, d'autre part, que le contexte universitaire dans lequel ils en font l'apprentissage exerce lui aussi une influence déterminante à cet égard. C'est donc à l'examen des associations au sein desquelles les chercheurs se regroupent et à celui de l'environnement universitaire dans lequel une bonne partie de la recherche s'effectue et où les étudiants poursuivent leur apprentissage que nous allons maintenant nous attarder.

2.2 Le regroupement des chercheurs et leurs modes d'interaction

Les scientifiques ont mis sur pied différents types d'associations scientifiques auxquelles ont accès les étudiants dès le stade des études supérieures. L'adhésion à ces associations joue un rôle important dans la formation des jeunes chercheurs, notamment en les exposant aux idées les plus récentes dans leur domaine de recherche, et en les exposant à la discussion et au débat. En effet, savoir défendre des résultats ou soutenir une interprétation lorsqu'elle est confrontée à l'opposition ou à la résistance constitue une qualité non seulement nécessaire, mais indispensable à la pratique de la recherche. L'appartenance des chercheurs à ces associations est d'ailleurs toujours mentionnée dans les *curriculum vitæ* des chercheurs, et soulignée quand ceux-ci obtiennent des prix ou des distinctions.

a)   Les associations disciplinaires ou spécialisées

Les associations dites disciplinaires regroupent les chercheurs sur la base de leur formation et de leur diplôme dans une discipline ou, bien que cela soit plus rare, sur la base de la discipline où ils pratiquent leur activité principale de recherche, si elle est différente de celle où ils ont obtenu leur diplôme, ou encore sur la base de leur spécialité. Un tel principe de regroupement s'explique par les fins que visent ces associations. En effet, ce qui les distingue fondamentalement des associations professionnelles, dont les membres détiennent aussi la même formation (notamment les associations d'ingénieurs ou de médecins), c'est avant tout le fait de promouvoir la production et la diffusion de connaissances dans une discipline ou une spécialité, ainsi que la représentation de ses membres dans certains cas. Cela ne signifie pas que tous les membres de l'association travaillent de la même façon à atteindre cet objectif, mais ceux dont la contribution acquiert davantage de reconnaissance ont davantage d'influence sur les activités de l'association. Pour les personnes qui se destinent à une carrière de recherche, la participation aux activités de ces associations est très importante car elle est une excellente occasion d'acquisition de connaissances formelles et aussi de connaissance du milieu social et de ses règles.

b)   Les associations professionnelles

À la différence des précédentes, les associations professionnelles regroupent des membres qui, outre le fait d'avoir souvent une formation ou un diplôme commun, pratiquent une même activité sur le marché du travail. Cette activité est souvent réservée aux détenteurs d'un titre dont les conditions d'obtention sont régies par une corporation professionnelle, elle-même régie par une loi. La corporation ou l'ordre professionnel régira aussi le code d'éthique, les règles déontologiques et l'application des sanctions disciplinaires aux membres de la profession. Les médecins, les avocats, les ingénieurs, les architectes sont régis par de telles corporations professionnelles.

Pour les étudiants-chercheurs, l'intérêt de participer aux activités de ces associations est lié à la pratique de la recherche dite appliquée ou de transfert, c'est-à-dire à la recherche d'applications de résultats de recherche pour satisfaire à des besoins pratiques, surtout s'il existe des débouchés pour ces applications sur un marché. Il est aussi lié à la pratique de la **recherche commanditée**, c'est-à-dire à la recherche qui n'est pas financée par les organismes subventionneurs mais par les entreprises ou les organismes gouvernementaux.

En effet, la pratique de la recherche appliquée ou commanditée requiert la mise à jour de l'information quant aux besoins des praticiens qui constituent le marché des acheteurs ou des commanditaires. Ces derniers peuvent d'ailleurs appartenir à des associations de professionnels d'une autre formation que les chercheurs qui en fréquentent les activités.

c)   Les associations régionales, nationales et internationales

Les chercheurs accordent souvent plus d'importance et de prestige aux associations internationales qu'aux associations nationales ou régionales et cela, particulièrement s'ils n'appartiennent pas à une nation dominante sur le plan scientifique. Il importe cependant d'user de discernement à cet égard.

Il faut d'abord se soucier des critères qui fondent de tels jugements ; le sérieux des chercheurs qui adhèrent aux diverses associations est moins en cause que la visibilité de leurs travaux. Aussi, les chercheurs soucieux de comparer leurs résultats avec ceux des chercheurs du monde entier qui travaillent sur un même objet, ou de collaborer avec eux, viseront à bon escient les associations internationales. Les associations disciplinaires ont souvent d'autant plus de prestige qu'elles sont internationales, ce qui n'est pas nécessairement le cas des associations professionnelles.

Mais selon l'objet de recherche, il se peut tout aussi bien que l'auditoire le plus intéressé à en entendre les résultats soit local ou national, ou encore, tout en étant international, qu'il soit restreint à une zone géographique précise. C'est les cas notamment si la problématique est névralgique pour une région en particulier : l'intérêt pour l'océanographie est plus important dans les zones maritimes que sur le continent, par exemple. Il en ira peut-être de même si les chercheurs visent à appliquer des connaissances plus fondamentales à des fins de commercialisation.

Aussi, selon l'étape de la carrière, il est prudent de doser les défis. La première fois que l'on présente des résultats en public, il est préférable de viser un auditoire restreint, quitte à hausser la barre lorsqu'on se sent prêt à le faire. En définitive, il importe de participer aux activités à caractère collectif des associations pendant la durée de sa formation, parce que la présentation des résultats à un auditoire averti constitue l'une des tâches les plus importantes du métier de chercheur et qu'elle s'apprend principalement par la pratique !

d)   Les activités à caractère collectif des associations

Il existe plusieurs activités à caractère collectif organisées par ces associations, car c'est là leur principale raison d'être ; en effet, les résultats du travail scientifique n'acquièrent leur valeur que lorsqu'ils sont diffusés et qu'on peut les discuter, les commenter ou les reproduire. Avant d'avoir été soumis au jugement des pairs, les résultats n'ont pas encore de valeur. Il est donc très important de participer aux congrès et aux colloques des associations scientifiques. Il est sage d'y assister d'abord en spectateur, afin d'apprendre les règles implicites qui régissent ces rencontres, avant de présenter pour la première fois ses résultats.

Mais comme ces activités consomment beaucoup de temps, il est aussi très important de savoir discerner celles qui importent le plus selon les résultats qu'on veut divulguer, l'étape à franchir dans la carrière, le genre de carrière qu'on vise. Il existe en effet divers « marchés » pour les résultats scientifiques et, selon qu'on s'inscrit dans l'un ou dans l'autre, les retombées ne sont pas les mêmes. Il faut savoir choisir les endroits en fonction de ses projets et la meilleure façon de le faire consiste à recueillir beaucoup de renseignements, formels et officieux, sur ces associations.

Dans les universités, ces activités sont souvent annoncées par le département concerné. Toutefois, rien ne justifie de se limiter à une source de diffusion pour les connaître ; consulter plusieurs revues et devenir membre de diverses associations sont de bonnes façons de se tenir informé. Pour tirer les meilleurs bénéfices des congrès auxquels on assiste, il importe de les bien choisir.

Les congrès disciplinaires et interdisciplinaires

Les congrès disciplinaires sont ceux qui sont organisés par les associations disciplinaires décrites plus haut ; ils en ont donc les caractéristiques. Ils regroupent des chercheurs actifs d'une discipline et fournissent une occasion de divulguer les résultats les plus récents de leurs recherches. Au Québec, par exemple, les congrès annuels des associations disciplinaires de niveau provincial se dérouleront souvent au sein du congrès général de l'Association canadienne-française pour l'avancement des sciences (ACFAS), qui chapeaute les congrès de diverses associations mais offre aussi la possibilité d'inscrire des colloques thématiques ponctuels qui ne sont pas ceux d'une association. Ainsi, les chercheurs peuvent inscrire à l'ordre du jour du congrès des activités innovatrices, situées à la frontière de diverses disciplines.

Les congrès interdisciplinaires surviennent lorsque des objets de recherche suscitant un grand intérêt requièrent l'intervention de chercheurs de plusieurs disciplines. L'objet de recherche devient alors le pivot de l'organisation du congrès. Dans le domaine de la santé, la tenue de congrès sur le cancer ou sur le sida en sont un bon exemple. On peut aussi en trouver maints exemples dans le domaine de l'environnement.

Les colloques thématiques

Les colloques thématiques peuvent être aussi interdisciplinaires, mais tel n'est pas nécessairement le cas. Le thème qui circonscrit les débats peut réunir des chercheurs d'une même discipline autour d'une préoccupation précise.

Les autres activités

Les associations n'organisent pas seulement des colloques et des conférences ; elles décernent aussi des prix, qui sont des gratifications importantes pour celle ou celui qui les reçoit mais qui sont aussi de bons indicateurs de ce qu'on valorise dans un champ de recherche. Pour cette raison, il est intéressant de se tenir au courant de ces prix. Plusieurs associations décernent des prix à des étudiants afin de souligner la qualité des mémoires, des thèses et des communications. Avant de poser sa candidature à un de ces prix, il est préférable de s'assurer d'y être admissible en faisant lire ses travaux par plus d'une personne compétente dans son domaine et de bien lire les conditions des divers concours. Ces gratifications jouent un rôle non négligeable dans une carrière.

Les associations publient aussi souvent des revues et des bulletins, dont la lecture tient au courant des travaux, des colloques, des bourses et des postes dans un domaine de recherche mais aussi dans un champ plus général.

e)   Les séminaires

Généralement, les départements d'accueil ou les centres de recherche qui emploient des étudiants, s'il y a lieu, tiennent des séminaires à l'intention des étudiants ou de toutes les personnes s'adonnant à la recherche. Les séminaires offrent la possibilité de se familiariser avec le contexte d'un congrès, tout en ayant des dimensions réduites. Il importe de profiter de ces occasions pour faire ses premières armes dans la présentation de résultats à des collègues. À ces occasions, les interactions sont souvent plus soutenues que dans les congrès, principalement en raison de la petite taille de ces événements et de la familiarité entre les personnes.

On y bénéficie des commentaires utiles de chercheurs et d'étudiants. Même si tel n'est pas le cas, on en retire l'expérience de la chose, ce qui est loin d'être négligeable car l'organisation de résultats de recherche en vue de la présentation ne fait pas appel à la même compétence que celle qui est mise en œuvre pour les produire. Nous avons en effet surtout traité jusqu'ici de la diffusion des connaissances scientifiques ; nous allons maintenant aborder la dimension plus locale et quotidienne de la production de connaissances scientifiques.

2.3 L'organisation locale du travail en science

La science est une activité qui a pour but de produire des connaissances. Pour y parvenir, ceux et celles qui s'y adonnent organisent leur travail selon des formes tout aussi variées que ceux et celles qui produisent d'autres types de biens ou de services. Lorsqu'il s'agit de produire des connaissances, les chercheurs des divers champs de connaissance s'organisent selon des formes qui vont du travail le plus individuel au travail collectif le plus divisé. En effet, pour travailler collectivement, il faut diviser le travail ; cette division peut prendre diverses formes (du centre où tout le personnel est présent au centre virtuel où les gens sont reliés en réseau) et se faire à divers niveaux (de la petite équipe au centre de recherche regroupant plusieurs équipes).

Les chercheurs en sciences de la nature ont tendance à emprunter plus souvent que leurs collègues en sciences de l'humain et du social des formes collectives, quoique, de plus en plus, ces derniers tendent à se regrouper et à formaliser les structures collectives qu'ils ont déjà. Cependant, ces formes collectives répandues en sciences de la nature varient entre elles de façon importante. Les chercheurs qui ont principalement des activités d'expérimentation tendent davantage à travailler collectivement que les chercheurs dont les activités sont plus théoriques.

Toutefois, le fait qu'un regroupement de chercheurs s'insère en milieu universitaire le distingue passablement de celui qui s'insère en milieu industriel ou gouvernemental. En milieu universitaire, il acquiert d'entrée de jeu une double mission de production de connaissances et de formation de chercheurs. Cela ne signifie pas que les centres non universitaires ne forment pas de nouveaux chercheurs, mais bien qu'ils n'y sont pas tenus pas plus qu'ils ne sont formellement évalués pour cette part de leur activité. La double mission des regroupements de chercheurs universitaires n'est pas sans effet sur la formation de chercheurs.

a)   Les centres de recherche universitaires

Parmi l'ensemble des regroupements universitaires de chercheurs, les centres de recherche incarnent le mode le plus formalisé d'organisation collective du travail. Leurs principales caractéristiques sont les suivantes :

—   Ce sont des organisations qui réunissent des travailleurs de différents statuts, c'est-à-dire des professeurs (au moins six chercheurs réguliers dans le cas des centres financés au Québec par le Fonds pour la formation de chercheurs et l'aide à la recherche, FCAR), des stagiaires postdoctoraux et des employés : professionnels de recherche, techniciens, assistants (étudiants et non-étudiants).

— Ces organisations ont un certain niveau de stabilité, c'est-à-dire qu'elles ne s'éteignent pas avec la fin d'un projet de recherche.

— Leurs membres se consacrent à la réalisation d'un programme de recherche, parfois multidisciplinaire, conçu de façon que les divers projets de recherche qui le composent facilitent l'interaction des membres, qui peuvent provenir de disciplines différentes et être rattachés à des départements différents.

— Les chercheurs sont tenus de former de nouveaux chercheurs.

— L'infrastructure de la recherche (le personnel de soutien, les locaux, les équipements, etc.) est financée en sus des projets de recherche ponctuels.

— Les activités de recherche se déroulent dans un lieu de travail commun.

Un centre rassemble souvent plusieurs équipes de recherche. En sciences de la nature, à chaque équipe, voire à chaque chercheur, peut correspondre un laboratoire, mais tel n'est pas forcément le cas. On verra aussi des centres où les équipes partagent un seul laboratoire, en raison du coût de l'infrastructure de la recherche (accélérateur de particules, tokamak).

Sa structure est en général assez complexe ; un conseil d'administration, qui est souvent composé de membres internes (universitaires) et externes (issus des entreprises ou des ministères), gère les finances et le rayonnement du centre. Un conseil ou un comité scientifique gère le choix des activités proprement scientifiques et l'attribution des statuts aux chercheurs ; ceux-ci peuvent notamment être dits réguliers ou associés. Les chercheurs associés sont parfois plus nombreux mais moins engagés (en pourcentage de leur temps) dans les activités de recherche du centre. Ils peuvent être d'une autre université que les chercheurs réguliers. Les étudiants intéressés peuvent s'informer sur la structure de décision du centre où ils travaillent.

Les centres de recherche universitaires regroupent donc des chercheurs qui sont formellement tenus à la fois de produire des connaissances et de former de jeunes chercheurs. Cela dit, ces deux missions sont parfois difficiles à concilier. Les chercheurs doivent affecter un personnel parfois nombreux et changeant aux nombreuses tâches de la recherche, de façon à remplir au mieux ces deux missions. Or les exigences de la production intensive de connaissances et celles de la formation de chercheurs ne conduisent pas aux mêmes décisions en matière d'affectation du personnel de recherche.

D'une part, la formation de chercheurs exige une grande disponibilité de la part des chercheurs. De plus, elle exige d'eux une grande tolérance à l'égard de l'erreur et même son exploitation à des fins pédagogiques, ainsi qu'un souci d'exposer les néophytes aux tâches variées du métier plutôt que de les spécialiser dans certaines tâches.

Mais, d'autre part, la production de connaissances est une activité dont le rendement est augmenté par l'autonomie dont peuvent faire preuve certains assistants, autonomie que valorisent beaucoup les directeurs de recherche. Par exemple, on reconnaîtra à l'occasion cette autonomie chez un personnel diplômé de deuxième cycle dans la discipline des chercheurs, en particulier lorsque sa formation a été associée de près à l'emploi au centre. Ces personnes porteront souvent le titre de « professionnels de recherche » ou de « coordonnateurs » et on les embauchera à temps complet, de préférence pendant une période de temps où ils ne sont pas engagés dans un programme de troisième cycle.

Les centres de recherche en milieu industriel ou gouvernemental sont différents : ils ont pour mission première de produire ou d'appliquer des connaissances et non de former de nouveaux chercheurs, même s'ils peuvent y contribuer et offrir des stages ou des emplois à temps partiel à des étudiants de deuxième ou troisième cycle. Ces stages contribueront à la formation pratique de ces étudiants, bien sûr ; mais il importe de rappeler que, quel que soit l'effort de formation fourni par les chercheurs de ces milieux, à la différence des centres universitaires, les chercheurs qui y travaillent ne sont pas toujours formellement tenus d'apprendre le métier de chercheur à leurs employés étudiants, ou encore de les aider à terminer leur mémoire ou leur thèse et de les rendre capables d'exercer ce métier de façon autonome.

D'une façon différente, un personnel néophyte dans la discipline peut travailler sans recourir constamment à une personne expérimentée, malgré son inexpérience. Une série d'opérations plus ou moins routinières, exigeantes en temps et en main-d'œuvre, peut être prise en charge par des assistants débutants, supervisés par des professionnels de recherche ou par des coordonnateurs. Ces tâches sont simples, décomposées et bien circonscrites à l'intérieur d'un champ de décision restreint. Dans ce cas, l'autonomie dans l'exécution s'accompagne d'une position subordonnée dans le laboratoire et d'une connaissance limitée du reste du projet de recherche.

L'examen des exigences propres à la formation de chercheurs et à la production de connaissances met bien en évidence la source de la tension entre les deux missions : une exposition aux tâches variées du métier et la définition large des contenus de tâches facilitent l'autonomisation progressive et, donc, la formation, alors qu'une certaine spécialisation des tâches du personnel de recherche permet d'augmenter le rendement de la production de connaissances.

Officiellement, les centres n'ont qu'une structure très simple d'emploi formellement établie. Selon cette structure, les directeurs et les directrices de recherche sont les chercheurs responsables d'un projet de recherche et sont aussi les employeurs des assistants de recherche pour ce qui concerne leur travail rémunéré. Ils peuvent aussi être les directeurs de mémoire ou de thèse d'un assistant, bien que cela ne soit pas forcément toujours le cas.

Les assistants de recherche sont souvent des étudiantes ou des étudiants de deuxième ou de troisième cycle qui travaillent aussi, dans le cadre d'un emploi rémunéré, pour un ou plusieurs projets de recherche, mais jamais à temps complet, et qui cumulent toujours emploi et études.

Les professionnels de recherche sont en général embauchés à temps complet, pour un centre ou une équipe, ils sont souvent diplômés de maîtrise et sont très rarement étudiants au moment où ils occupent cet emploi. Ils ont souvent un statut différent des assistants : ils sont parfois couverts par la convention collective de leur université, ils ont une certaine sécurité d'emploi, tout en étant des spécialistes de la discipline des chercheurs.

En réalité, cependant, les trajectoires individuelles des assistants et leur mobilité d'un poste à l'autre engendrent une architecture d'emploi très mobile où les ascensions connaissent des vitesses variables et où la durée des séjours à chacune des étapes varie en conséquence. Les tâches confiées aux assistants-étudiants de deuxième cycle ont pour effet de les familiariser avec diverses conditions du métier, entre autres par la pratique de la polyvalence sur les lieux de travail. En effet, la hiérarchie des emplois des centres se décompose en plusieurs paliers et les chercheurs disposent d'un réservoir d'emplois diversifiés permettant de distribuer le personnel de recherche selon ses forces au regard des deux missions du centre. Certains assistants s'engageront tôt dans la filière de la formation à la recherche et seront exposés aux tâches variées du métier, y compris à ses tâches exclusives, notamment en encadrant le travail d'assistants moins expérimentés, en interprétant et en communiquant des résultats scientifiques et en publiant dans des revues spécialisées. D'autres, par ailleurs, seront assignés à la production intensive de données et les conséquences d'une telle chose quant à leur apprentissage ne sont pas négligeables. En effet, pour les étudiants qui sont inscrits aux études supérieures sous la direction de chercheurs du centre et qui désirent apprendre le métier de chercheur, il est de loin préférable de rechercher l'exposition à des tâches variées.

Les directeurs de recherche décident en général de l'affectation d'un assistant aux diverses tâches après une période d'observation (et de sélection) pendant laquelle les compétences qu'ils évaluent chez lui ou chez elle diffèrent de celles mises en œuvre pour réussir un cours. Autrement dit, la réussite scolaire n'entraîne pas automatiquement la compétence au sein d'une équipe de recherche, même si elle constitue un atout appréciable. Les étudiants doivent faire preuve de qualités telles que la capacité de travailler en collaboration, la tolérance à la critique, l'habileté à soutenir son point de vue sur des questions concernant la recherche, le jugement qui permet de faire des liens entre une situation nouvelle et des situations déjà connues, la capacité d'inventer à partir de directives générales. Ces qualités les aident à acquérir une compétence en matière de recherche.

Les directeurs de recherche attribueront aux étudiants sélectionnés pour leur virtuosité et se destinant au métier de chercheur (le plus souvent des étudiants de doctorat) les tâches (plus rares) leur permettant une plus grande exposition aux conditions exclusives du métier. Dans les tâches qu'on leur confie alors, le rendement des étudiants est faible au chapitre de la production mais ces tâches ont pour caractéristique de constituer des écoles du métier de chercheur. Elles ne sont pas nécessaires pour se voir décerner le diplôme, mais elles constituent un « système amplificateur » des compétences des aspirants au titre de chercheur. En effet, si un *cursus* d'études supérieures exempt de l'exposition à la pratique de la recherche permet d'acquérir certaines compétences requises pour la recherche, seule l'expérience du travail dans un centre de recherche fournit l'exposition à la pratique de la recherche collective. Une telle expérience permet notamment de comprendre et d'appliquer les principes de division du travail de recherche et de l'attribution des tâches selon les compétences des membres et les impératifs du projet et du centre, la coordination d'équipes et de projets concomitants et la surveillance à distance des opérations de terrain, qui caractérisent la recherche collective.

Ces étudiants seront affectés à des tâches où, par rapport aux précédentes, ils consacrent moins de temps à l'expérimentation et sont davantage en contact avec la théorie et l'interprétation. On leur confiera aussi des tâches d'administration du projet de recherche, de tutorat et de rédaction conjointe d'articles ; ils y apprendront comment mettre sur pied et maintenir un projet ou une équipe de recherche, comment obtenir et cultiver le soutien des commanditaires, comment gérer les relations de travail et négocier avec les administrations universitaires, comment soumettre une demande de subvention de recherche.

b)   Les équipes de recherche universitaires

Une équipe se compose d'environ deux à cinq chercheurs. Elle sera souvent intégrée à un centre, auquel cas ce qui a été dit à la section précédente s'applique.

Les équipes de recherche non rattachées à des centres consacrent des budgets variables et aléatoires à l'équipement et au matériel. Comme leur taille et leur modèle d'organisation varient énormément, certaines se rapprocheront du modèle évoqué plus haut, alors que d'autres se rapprocheront du modèle individuel.

Finalement, mentionnons qu'en vertu des programmes dont il était question plus haut (comme les Réseaux de centres d'excellence au Canada), une équipe, rattachée ou non à un centre, peut faire partie d'un réseau structuré d'envergure nationale. Cette situation est de nature à favoriser l'établissement de contacts et de diverses formes de collaboration avec des chercheurs d'autres universités.

c)   Les chercheurs qui travaillent individuellement

Ces chercheurs ne sont pas membres d'une équipe de plusieurs chercheurs, mais il arrive qu'ils travaillent avec plusieurs assistants, des stagiaires postdoctoraux ou des attachés de recherche (personnes salariées détenant un doctorat mais dont le salaire provient des contrats ou subventions). Cela constitue une sorte d'équipe et, souvent, il y a une hiérarchie entre toutes ces personnes.

Dans un tel modèle d'organisation, les assistants de recherche font souvent « un peu de tout » et apprennent ainsi plusieurs des facettes du métier, à l'exception de l'une d'entre elles : l'organisation du travail collectif. Pour celui ou celle qui a l'intention de choisir la recherche dite théorique, ce genre de structure « légère » sera souvent d'office le contexte de son travail et ces chercheurs n'ont pas à gérer l'organisation du travail collectif. En effet, on l'a vu, les chercheurs qui ont principalement des activités d'expérimentation tendent davantage à travailler collectivement que les chercheurs dont les activités sont plus théoriques. Une mise en garde cependant : la recherche dite théorique s'appuie souvent sur les résultats produits par les chercheurs qui ont principalement des activités d'expérimentation, et les chercheurs des deux types travaillent souvent en étroite collaboration. La connaissance du travail d'expérimentation, par exemple pour en avoir fait l'expérience directe, peut être d'une grande utilité dans une recherche théorique.

Enfin, précisons que tous les chercheurs, quelle que soit la structure d'organisation dans laquelle ils travaillent, sont rattachés à des départements, qui sont des structures regroupant des professeurs-chercheurs appartenant à une même discipline. Leur rôle principal consiste à assurer la prestation et la répartition entre ses membres de l'enseignement aux trois cycles d'étude. Ils jouent toutefois un rôle non négligeable en matière de recherche, notamment par la définition des profils des nouveaux postes de professeurs et par l'attribution de certaines ressources (par exemple, des dégagements d'enseignement et l'attribution de locaux). Pour les étudiants travaillant en dyade, les ressources collectives d'infrastructure offertes par les départements seront souvent les seules dont ils disposeront.

Conclusion

Depuis toujours, la science est une activité intimement liée aux buts d'autres acteurs sociaux : entreprises privées, gouvernements, consommateurs de biens et de services. Elle subit les contrecoups des décisions et des actions de ces groupes mais elle contribue à les susciter aussi. Les scientifiques ont dans le passé gagné une relative autonomie pour gérer l'organisation et l'évaluation de leurs travaux, aidés en cela par le caractère hermétique de leur savoir. Cependant, cette autonomie n'est pas un fait acquis mais un objet de négociation permanente.

L'actualité scientifique en fournit bien des exemples ; retenons principalement la tendance contemporaine à favoriser la recherche établie en partenariat avec l'industrie et dont les proposeurs peuvent attester de l'utilité économique ou sociale. En outre, les bailleurs de fonds établissent des priorités qui revêtent la forme d'objets, de préoccupations qui ne respectent pas forcément le découpage des disciplines ; cela promeut le développement de la recherche multidisciplinaire ou transdisciplinaire. Pour les chercheurs en formation, cela exige, entre autres, l'acquisition de nouvelles habiletés car ils seront tour à tour entrepreneurs, lobbyistes, administrateurs.

Cela n'enlève pas aux associations scientifiques disciplinaires leur rôle, mais le modifie. La réputation se constitue toujours au sein des regroupements de pairs, mais le rôle des associations professionnelles ou locales peut devenir plus important dans un tel contexte. Il en va de même des colloques ou congrès. Les critères d'évaluation des contributions à ces activités sont appelés à se transformer dans la même direction.

Dans le même ordre d'idées, même l'organisation locale du travail de recherche subit l'influence du contexte plus global dans lequel s'intègre la recherche. Plusieurs facteurs influent sur les formes qu'elle revêt : la nature de la demande pour des connaissances ; les politiques scientifiques et celles des organismes subventionneurs qui en découlent ; le contexte du champ de connaissance et du type d'organisation dans lesquels s'insèrent les regroupements de chercheurs et, enfin, les objets et les méthodes qu'ont choisis les chercheurs. Les mathématiciens, par exemple, travaillent moins souvent en collaboration que les chercheurs qui usent régulièrement de méthodes expérimentales, comme les biologistes, les chimistes, les physiciens.

À leur tour, les formes d'organisation locale du travail influent sur les connaissances produites et sur la formation de chercheurs. On peut en effet déduire de ce qui vient d'être dit qu'on n'apprend pas les mêmes choses selon la forme d'organisation du travail qui est en place là où l'on occupe ses premiers emplois de recherche. Lorsqu'on travaille en centre de recherche, il est bon de veiller à éviter une spécialisation trop étroite dans ses tâches ; si on travaille en équipe de recherche non affiliée, on doit prendre soin de créer des liens qui permettent l'exposition à une grande variété de situations. Si, enfin, on travaille individuellement avec un directeur de recherche dans une perspective avant tout théorique, il est prudent de veiller à ce que la tendance que prennent ses travaux laisse une grande marge de manœuvre pour l'avenir.

Références

Bush, V. (1945). *Science : The Endless Frontier* (Charter document for the US National Science Foundation), Washington, DC, US Government Printing Office.

Callon, M., Laredo, P. et P. Mustar (1994). « Panorama de la science française », *La Recherche*, vol. 25, n° 264, p. 378-383.

Conseil de recherche en sciences naturelles et génie (CRSNG) (1994). *Regard sur 1993*, Ottawa, Gouvernement du Canada.

Gibbons, M., Limoges, C., Nowotny, H., Schwartzman, S., Scott, P. et M. Trow (1995). *The New Production of Knowledge. The Dynamics of Science and Research in Contemporary Societies*, London, Sage Publications.

Irvine, J. et B. R. Martin (1984). *Foresight in Science : Picking the Winners*, London, Pinter Publishers.

National Science Board (NSB) (1996). *Science & Engineering Indicators – 1995*, Washington, DC, US Government Printing Office.

Nature (1994). « Pay-by-results leads to funding shift in Australian universities », *Nature*, vol. 370, 11 août, p. 402.

Networks of Centers of Excellence (NCE) (1994). *NCE's Selection Comittee Final Report*, cité dans *Science Bulletin – Ottawa : Science & Government Bulletin*, vol. 6, n° 3, mai, p. 8.

OCDE (1994a). *Politique scientifique et technologique. Bilan et perspectives 1994*, Paris, OCDE.

OCDE (1994b). *The Measurement of Scientific and Technical Activities : Proposed Standard Practice for Surveys of Research and Experimental Development*, Paris, Frascati Manual : 1993.

CHAPITRE 3

LES ÉTUDES DE MAÎTRISE ET DE DOCTORAT

Marc Couture

Bien que d'autres établissements, comme des centres de recherche gouvernementaux ou privés, puissent être mis à contribution, l'apprentissage de la recherche scientifique s'effectue généralement dans le cadre d'un programme d'études de maîtrise ou de doctorat, qui ne peut être offert que par un établissement universitaire. Dans ces programmes, la plus grande partie des efforts et du travail, surtout au troisième cycle, est consacrée à la réalisation d'un projet de recherche et à la rédaction d'un mémoire ou d'une thèse qui en présente le déroulement, ainsi que les résultats et leur analyse.

Ces programmes s'étendent sur plusieurs années (entre dix-huit mois et trois ans pour la maîtrise ; au moins trois ans pour le doctorat). En fait, le cheminement complet menant de l'inscription à la maîtrise à l'obtention d'un emploi de chercheur peut facilement s'étendre sur près de dix ans, si l'on considère les stages postdoctoraux, incontournables dans la plupart des disciplines scientifiques. À diverses occasions durant cet apprentissage, des choix cruciaux doivent être effectués. Plusieurs décisions importantes, qui ont des conséquences importantes sur l'ensemble des études, voire sur la carrière, doivent être prises au tout début de celles-ci, alors que l'on ne dispose que de très peu d'éléments permettant d'évaluer les conséquences possibles de chacune des options disponibles.

En outre, une étudiante ou un étudiant sera confronté, tout le long de ses études, avec des difficultés face auxquelles il se sentira souvent démuni. Cette situation est en grande partie normale, et même souhaitable, car l'apprentissage le plus important que l'on aura réalisé au cours de ses études et que l'on devra pouvoir mettre en œuvre pendant sa carrière sera sans doute d'avoir appris à surmonter des difficultés imprévues. Cependant, bien qu'il faille apprendre à affronter ces difficultés d'abord avec ses propres ressources, il est utile de savoir tirer avantage des ressources et des mesures de soutien disponibles dans son milieu d'études.

Le présent chapitre, qui se fonde sur des entrevues effectuées auprès de directeurs de recherche et d'étudiants de doctorat, vise à présenter, pour les plus importants de ces choix, diverses options et leurs conséquences possibles. Celles-ci seront parfois présentées sous la forme d'avantages ou d'inconvénients, bien que nous sachions que ces notions soient loin d'être absolues. Il propose aussi un certain nombre de suggestions de démarches à accomplir, et présente des moyens ou ressources que l'étudiante ou l'étudiant en difficulté devrait pouvoir trouver dans son milieu. Ce chapitre ne donne pas une liste de recettes infaillibles : dans une situation donnée, chacun doit trouver la solution qui lui convient. Il vise plutôt à fournir aux étudiants des informations qui les aideront à effectuer, tout au long de leurs études, des choix plus éclairés, et à surmonter les difficultés qui, à coup sûr, surgiront en cours de route.

3.1 La maîtrise et le doctorat : pourquoi ? pour qui ?

À la fin de mes études de premier cycle en biologie, je trouvais que ce qu'il y avait comme genre d'emploi possible ressemblait trop à ce qu'on fait avec une formation technique de niveau collégial. Cela ne m'intéressait pas, car tant qu'à avoir fait un diplôme de premier cycle, je désirais quelque chose de mieux. (EV1, étudiante en sciences de la vie)

Il n'y avait aucun doute que j'allais faire une maîtrise. Le marché de l'emploi est complètement bouché pour le premier cycle. (EM2, étudiant en sciences de la matière)

L'été précédant mon entrée à la maîtrise, j'ai travaillé pour le laboratoire de recherche. Ça m'a disons... captivé nettement plus. (ET1, étudiant en sciences de la Terre)

La première décision, celle dont toutes les autres découlent, est évidemment de poursuivre ses études aux cycles supérieurs. Les raisons qui amènent les étudiants qui terminent un programme de premier cycle à s'inscrire à la maîtrise sont multiples — quoique pour certains d'entre eux on devrait plutôt parler d'une décision fondée simplement sur l'absence d'autre projet.

En premier lieu, on retrouve le désir de se trouver un emploi plus intéressant, ou simplement un emploi tout court. En effet, une formation de deuxième ou de troisième cycle donne accès, surtout dans l'industrie, à des emplois comportant plus de responsabilités, plus d'autonomie ; les conditions de travail risquent d'être plus intéressantes et les chances d'avancement meilleures ; de plus, certains emplois (particulièrement dans les universités et les centres de recherche) sont carrément réservés aux détenteurs de maîtrise ou de doctorat. Il est vrai que, dans des périodes où les conditions économiques ne sont favorables à aucune catégorie d'emploi, la décision de continuer ses études après le premier cycle ressemble parfois à un pis-aller, une fuite en avant.

On s'entend toutefois pour dire que malgré le caractère ultra-spécialisé des projets de recherche que l'on y poursuit, la formation de deuxième et, surtout, de troisième cycle, est beaucoup plus polyvalente qu'il n'y paraît et procure à qui la détient un atout majeur sur le marché de l'emploi — et dans des fonctions ou des secteurs d'activité parfois inattendus, auxquels souvent les étudiants n'auraient jamais songé. Ainsi, des étudiants ayant mené à terme des études de doctorat en physique et ayant choisi des sujets fondamentaux ont été embauchés par des firmes d'aéronautique ou d'informatique, où ils ont pu mettre à profit leur maîtrise de la modélisation et de la résolution de problème — et rien n'indique qu'ils soient malheureux de la tournure des événements. D'ailleurs, bon an mal an, les statistiques démontrent que le pourcentage de détenteurs d'emploi augmente avec la scolarité — doctorat y compris. Cependant, et les directeurs de recherche sont nombreux à le déplorer, cette seule motivation, toute légitime soit-elle, est loin d'être suffisante pour amener quelqu'un à consentir à l'investissement important en temps et en efforts que requiert l'apprentissage du métier de chercheur. Ainsi, certains directeurs hésitent à accepter les étudiants qui s'inscrivent à défaut d'autre projet, ou qui visent uniquement à accroître leurs chances de trouver un emploi, tout en admettant que les uns et les autres peuvent développer avec le temps la motivation nécessaire.

Cela nous amène à une autre catégorie de raisons, qui se rapportent à l'intérêt pour un domaine ou une spécialité, ou encore pour la recherche scientifique elle-même. D'une part, la formation de premier cycle est à la fois générale et spécialisée. On y fait bien le tour d'une discipline, de ses fondements à ses applications, mais en s'y cantonnant et en ne faisant qu'effleurer les grandes spécialités qui la composent, généralement par le biais de cours optionnels de fin de programme. L'étudiant qui désire approfondir une de ces spécialités, ou encore intégrer ses connaissances dans une approche multidisciplinaire, ne peut le faire qu'aux cycles supérieurs. D'autre part, si les techniques expérimentales font l'objet de cours tout le long du premier cycle — les laboratoires —, le processus de recherche n'y est généralement abordé que de manière superficielle ou partielle, par exemple par le biais d'un court projet de recherche de fin d'études, souvent optionnel (surtout dans les programmes de sciences).

Pour faire véritablement le tour de la réalité de la recherche, il n'y a qu'un moyen : les études de maîtrise et de doctorat. Certains s'y inscrivent au départ pour savoir s'ils sont à l'aise avec ce mode de pensée et de fonctionnement. D'autres désirent uniquement acquérir un complément de formation dans le cadre d'une maîtrise, soit parce que cela est important pour le travail qu'ils exercent déjà, soit afin de pouvoir postuler un emploi de personnel de recherche intermédiaire ; il leur sera d'ailleurs toujours possible de décider, à la fin de la maîtrise, de continuer au doctorat. D'autres enfin savent déjà qu'ils veulent acquérir toutes les habiletés nécessaires (à la fois en matière de technique, de gestion et de communication) au métier de chercheur et qu'ils s'engagent dans un très long processus. Plusieurs étudiants attendent la toute fin de leurs études de premier cycle avant de prendre cette décision. Cela les place dans une situation difficile : ils doivent choisir rapidement une spécialité ou un champ de recherche, de même qu'un directeur et un projet, et il est trop tard pour demander une bourse d'études pour leur première année, ce qui peut limiter leur liberté de choix en les rendant dépendants du financement que peut leur offrir le centre, l'équipe ou le directeur. À l'opposé, en s'y prenant suffisamment tôt, un étudiant aura le temps de recueillir plus d'information sur les divers programmes offerts par les universités, et de mieux s'informer sur les projets et la manière de fonctionner de directeurs potentiels. De plus, le directeur choisi pourra planifier ses projets et demandes de financement en fonction de la présence et, en partie, des intérêts de cet étudiant supplémentaire.

Certains étudiants sont déçus, quelque temps après avoir entrepris leur programme, lorsqu'ils découvrent la réalité de la recherche, dont ils s'étaient fait une image un peu mythique. Alors qu'ils rêvent de faire des découvertes importantes, voire de révolutionner leur champ de recherche, ils se rendent compte rapidement que le travail des étudiants comporte une large part de tâches routinières et que les avancées scientifiques majeures sont exceptionnelles, et bien souvent imprévues. De plus, même lorsqu'ils seront devenus chercheurs, ils ne pourront que constater que la créativité et l'invention ne représentent toujours qu'une part mineure d'un travail comportant d'importants aspects parascientifiques : recherche de financement, gestion des fonds et du personnel de recherche, mise sur pied d'activités de diffusion, participation à des organismes de toutes sortes, etc. La recherche est une activité fascinante, dont témoigne la passion avec laquelle la décrivent la plupart de celles et ceux qui s'y consacrent. Mais c'est en même temps un métier, exercé par des gens qui ne sont en fin de compte pas si différents de ceux que l'on rencontre dans le reste de la société. Pour cette raison, la pratique de la recherche comporte sa part de contraintes, de frustrations, voire de conflits, que certains arrivent difficilement à concilier avec leur vision de la science.

Le succès dans les études de maîtrise et de doctorat, et même dans une carrière en recherche, n'est pas garanti par le seul fait d'éprouver un intérêt, si grand soit-il, pour le sujet. Il est également favorisé par un certain nombre de qualités ou d'attitudes, et exige un certain nombre d'habiletés. Précisons d'abord que l'atteinte de résultats exceptionnels durant ses études de premier cycle n'est nullement un gage de réussite aux cycles supérieurs, sauf peut-être dans certains champs ou spécialités plus théoriques, où les habiletés requises en recherche ressemblent un peu plus à celles qui assuraient de bonnes notes aux travaux et examens. Et si les directeurs hésitent devant un dossier faible — les programmes de maîtrise fixent d'ailleurs un seuil minimal pour l'admission —, tous ont connu des étudiants qui, malgré des résultats moyens au premier cycle, ont eu beaucoup de succès par la suite, certains allant même jusqu'à devenir plus tard des sommités dans leur discipline ou leur spécialité. Pourtant, la qualité du dossier universitaire, à défaut d'autres critères objectifs, joue un rôle primordial dans l'admission à certaines universités particulièrement sélectives, ainsi que dans l'attribution des bourses et, par conséquent, dans la réponse de certains directeurs particulièrement sollicités, qui seront davantage intéressés par un étudiant qui se présente avec son propre financement en poche. En définitive, un excellent dossier donne la possibilité de choisir librement son directeur ou son université.

De l'avis général, parmi les qualités ou attitudes que doit manifester un chercheur, les plus importantes sont l'ardeur au travail, la motivation, la curiosité, la ténacité, l'esprit critique et l'autonomie.

Pour réussir en recherche, il faut travailler, et travailler fort. Cette activité s'accommode mal du 9 à 5, cinq jours par semaine. Et cela est dû non seulement aux caractéristiques de certaines expériences en laboratoire, mais c'est aussi un effet de la diminution des ressources et des débouchés, qu'il s'agisse des bourses et des emplois pour les étudiants ou des subventions pour les chercheurs. Pour certains, cette exigence ne constitue pas un problème, car la recherche constitue la principale activité, et de loin, dans leur vie. Pour d'autres, qui préfèrent ou doivent accorder une place importante à d'autres activités — songeons entre autres à celles et ceux à qui incombent des responsabilités familiales —, cela requiert une grande capacité de gérer son temps. Cette gestion exige une grande discipline, mais elle est justement facilitée par le fait que la recherche peut très bien s'effectuer en dehors des heures ou des jours réguliers. On peut aussi très bien soutenir qu'il est possible d'effectuer, en 40 heures bien planifiées et judicieusement employées, le même travail qu'en 50 ou 60 heures entrecoupées de longues périodes de repas, de pauses et de discussions non essentielles et de périodes moins productives.

Il est clair qu'il est beaucoup plus facile de maintenir — même s'il est possible de le moduler dans le temps — le rythme d'activité requis pendant toutes les années que durent ses études, ou même pendant toute sa carrière, si l'on est très motivé. En fait, si l'on ne ressent pas un très grand intérêt, voire le feu sacré, pour la recherche en général et pour son propre projet, on risque d'avoir plus de difficultés à le mener à terme, ou encore de devoir fournir davantage d'efforts. Les étudiants — et ils sont assez nombreux — qui s'inscrivent à la maîtrise surtout parce qu'ils n'ont pas trouvé d'emploi et qui ne développent pas cet intérêt pourront probablement obtenir leur diplôme, mais cela risque de demeurer une expérience pénible, et il sera rarement question pour eux de continuer au doctorat pour viser une carrière de chercheur.

Et qu'est-ce qui peut susciter cet intérêt, cette passion pour la recherche ? Avant tout, la curiosité. Curiosité à l'égard de ce qui nous entoure, de la nature, de l'inconnu ; désir d'apprendre pour mieux comprendre, arriver à expliquer. Curiosité envers soi-même aussi, désir de mieux se connaître, d'apprécier ses capacités, de s'améliorer, de se dépasser.

Mais la motivation, même nourrie d'une véritable passion, ne suffit pas toujours. La plupart du temps, les difficultés se succèdent, les résultats se font attendre, l'objet de notre recherche semble se moquer de nos tentatives de le maîtriser, de l'encadrer ou même simplement de l'observer. Parfois, les tâches routinières évoquées plus haut nous apparaissent dérisoires ou nous donnent l'impression de tourner en rond. Il faut dans ces moments-là pouvoir compter sur une bonne dose de ténacité, une grande persévérance, beaucoup de patience aussi. Dans ces moments difficiles, et ce malgré la présence des autres étudiants et du directeur, l'étudiant se retrouve seul en définitive. C'est son projet, et l'on s'attend à ce qu'il trouve lui-même — sans bien sûr renoncer à recourir aux expertises disponibles autour de lui — les solutions aux difficultés qu'il éprouve.

Cette autonomie est une qualité essentielle du chercheur, qui doit se développer tout au long des études. Certains directeurs souhaitent que les étudiants fassent preuve d'une bonne dose d'autonomie dès le début de leur maîtrise, et ajustent en conséquence les projets qu'ils leur proposent et l'encadrement qu'ils leur dispensent, tandis que d'autres, qui en font plutôt l'objectif terminal du doctorat, auront tendance au début à « prendre l'étudiant par la main ». L'autonomie va de pair avec l'esprit critique, qui fait qu'on ne se contente pas des explications qui nous viennent d'emblée ou de celles que l'on nous propose, l'esprit d'initiative, qui se manifeste lorsqu'on n'hésite pas à aller au-delà de ce qui nous est demandé, et le sens des responsabilités, qui amène à se préparer à justifier et à défendre ses interprétations et ses choix, et à accepter toutes les conséquences de ces derniers.

Autres qualités que l'on s'attend à retrouver chez un chercheur, et qui peuvent aussi être développées : le jugement, l'esprit de compétition, la rigueur dans le raisonnement et les actions, la minutie et, surtout dans les domaines multidisciplinaires, l'esprit de synthèse. Bien sûr, un étudiant qui s'engage dans un programme de maîtrise possède rarement toutes ces qualités et attitudes, mais il en a souvent bien plus qu'il ne le réalise lui-même. L'apprentissage de la recherche est d'ailleurs une excellente occasion de prendre conscience de ses forces et de ses faiblesses, et de travailler à acquérir ou à développer ces qualités.

Les études aux cycles supérieurs font aussi appel à une certain nombre de connaissances et d'habiletés de base. Certaines, qui portent sur les concepts, lois et techniques propres à la discipline, auront normalement été acquises au premier cycle, sauf si l'on change de discipline ou si l'on poursuit ses études dans un domaine multidisciplinaire ; elles feront alors l'objet des premiers cours du programme de maîtrise. D'autres connaissances sont plus générales et devront faire l'objet d'un apprentissage hors-programme, souvent individuel, si l'étudiant n'a pas eu l'occasion d'y pourvoir. On songe ici à la maîtrise du français écrit, ou même oral (pour les étudiants dont le français n'est pas la langue maternelle), de même qu'à la connaissance de l'anglais écrit et oral, langue de la communication scientifique internationale qu'il est absolument essentiel, dès le début de ses études, de pouvoir lire avec aisance.

On pense aussi à des connaissances utilitaires, comme l'informatique ou les statistiques. De plus, les étudiants qui auront eu l'occasion, lors de leurs études de premier cycle, de faire un stage dans un laboratoire de recherche ou encore un court projet de recherche bénéficieront de connaissances utiles en matière de fonctionnement en laboratoire et, souvent, de techniques propres à leur discipline ou à leur spécialité.

3.2 Le domaine, la spécialité et le champ de recherche

Au premier cycle, on touche à tous les sujets ; je voulais prendre une expertise dans un domaine en particulier, et j'ai choisi de faire une maîtrise dans ce domaine. Au premier cycle, on a la possibilité de faire ce qu'on appelle un projet de recherche ; alors, c'est surtout à ce moment-là qu'on décide dans quel domaine on va se diriger. (EM1)

Je suis allé aux départements qui m'intéressaient : physiologie, biologie moléculaire, parce que c'étaient les deux domaines qui étaient le plus reliés au niveau médical, où je risquais aussi le plus de travailler dans les sciences biomédicales. Ensuite, je suis allé rencontrer les professeurs qu'on m'avait suggérés à l'université, mais les sujets m'intéressaient un peu moins. Et puis — c'est peut-être un concours de circonstances — j'ai vu qu'il y avait deux ou trois projets de recherche au [centre de recherche affilié à l'université] dans le domaine de la génétique. Mais en même temps, j'ai pu faire le tour de quelques laboratoires du centre où il y a, je pense, une quinzaine de spécialités. (EV5)

Dans le cadre d'un emploi d'été, après ma deuxième année, j'ai découvert l'univers de la recherche en océanographie : comment on travaille dans un laboratoire, les commandes de matériel et tout ça, je suis même sortie en bateau ; j'ai rencontré les gens. C'est là que j'ai vu concrètement que ça me tenterait de venir faire ma maîtrise ici. (EV6)

Une fois que l'on a pris la décision d'entreprendre des études de maîtrise ou de doctorat, il faut choisir dans quel domaine, quelle spécialité et (ou) quel champ de recherche on effectuera ses études et, bien sûr, son projet de recherche.

Même s'il est généralement admis que la combinaison de deux formations procure un avantage, la spécialité que l'on choisira sera, sauf exception, située à l'intérieur de la discipline où l'on aura fait ses études de premier cycle. En effet, poursuivre des études de maîtrise ou de doctorat est très difficile en l'absence des bases disciplinaires normalement acquises au premier cycle. Même lorsque l'on s'inscrit dans une discipline hybride qui n'existe pas au premier cycle (comme la biochimie ou la biophysique) ou, encore, dans un domaine multidisciplinaire (comme l'environnement, l'énergie, les matériaux), on choisira une spécialité ou un champ de recherche qui nous permettra d'aborder notre sujet de mémoire ou de thèse du point de vue de notre formation disciplinaire de base. Il est par contre plus facile de changer de domaine, de spécialité ou de champ de recherche entre le deuxième et le troisième cycle. Même si la durée des études pourra être plus longue — jusqu'à une année de plus — à cause du délai requis pour se familiariser avec le nouveau domaine, il ne faudra pas hésiter si cela nous permet de choisir un domaine qui nous intéresse davantage.

Mais comment choisir un domaine ou une spécialité que, forcément, l'on ne connaît pas bien? Le plus souvent, ce sont les cours optionnels de fin de programme, au premier cycle, qui ont permis d'effectuer un survol de quelques spécialités. Les professeurs qui donnent ces cours peuvent être consultés sur le sujet, car ils connaissent bien ce qui se fait dans l'ensemble de leur spécialité, par exemple comment se distinguent les divers établissements qui y contribuent. Toutefois, les spécialités ainsi couvertes se limitent en général à celles qui font l'objet d'activités de recherche des professeurs qui enseignent dans le programme. Souvent, ces professeurs ou les équipes ou centres dont ils font partie offrent aussi des stages ou emplois d'été dans leur laboratoire. On ne saurait trop insister sur l'avantage, déjà évoqué, que présente cette occasion pour un étudiant qui songe à entreprendre des études de maîtrise. En effet, cela lui permet de se faire une bonne idée de ce en quoi consiste la recherche (dans la spécialité et en général). Et s'il décide d'effectuer son projet de recherche dans le même laboratoire — ce que les professeurs offrant ces emplois espèrent évidemment, tout en reconnaissant d'emblée que cela n'engage en rien l'étudiant —, il pourra prendre une longueur d'avance en commençant son projet de recherche de maîtrise, ou des travaux préalables, avant la fin de ses études de premier cycle. Le court projet de recherche offert en fin de programme peut constituer une autre façon d'atteindre le même objectif. Cette possibilité est surtout intéressante dans des universités de taille moyenne ou importante (plus de 10 000 étudiants), où l'on retrouve, dans chaque discipline, un certain nombre de spécialités ou de champs de recherche parmi lesquels choisir.

La lecture des revues de vulgarisation de haut de gamme (comme *Interface*, *La Recherche*, *Pour la Science*/*Scientific American*, *American Scientist*) ou même de revues scientifiques générales (*Science*, *Nature*) ou spécialisées constitue également un bon moyen de se familiariser avec les différents domaines et spécialités, sans se restreindre à ceux auxquels on est exposé. On pourra également consulter les brochures, ou mieux encore les sites W3, des départements pertinents de quelques universités, qui décrivent en général assez bien les programmes d'études de maîtrise et de doctorat qu'ils offrent et la recherche qui s'y fait.

Au sein d'une université, comme on l'a vu au chapitre précédent, les chercheurs d'un même domaine ou d'une même spécialité sont généralement regroupés en équipes ou en centres qui couvrent plusieurs champs de recherche, un professeur orientant généralement ses activités dans un champ, parfois deux ou trois. On peut rencontrer individuelle-ment les chercheurs afin de mieux connaître ces champs de recherche. Certains établissements organisent même, à l'intention de leurs étudiants de premier cycle ou de ceux de l'extérieur, des rencontres visant le même objectif.

Et comment choisir son domaine ou sa spécialité parmi ceux que l'on a retenus ? Ici encore, la question des possibilités d'emploi se pose avec acuité, mais même les chercheurs d'expérience qui estiment que certaines disciplines ou spécialités sont saturées et qu'il y a un manque d'étudiants dans d'autres doivent admettre que la stratégie gagnante est de choisir ce qui nous intéresse le plus, car c'est ainsi que l'on maximise ses chances de terminer son programme, d'effectuer une recherche de qualité et, par conséquent, de dénicher un emploi. Bien sûr, et tous en sont conscients, une bonne partie des étudiants trouveront un emploi dans une spécialité ou même une discipline différentes de celles de leur recherche de maîtrise ou de doctorat.

Compte tenu de la tendance croissante à la recherche multidiscipli-naire décrite au chapitre précédent, les domaines multidisciplinaires sont appelés à prendre de l'importance, et donc à accueillir de plus en plus d'étudiants. Il est certain que cette formation les prépare mieux à tra-vailler hors des universités et des centres de recherche gouvernementaux. Mais il faut savoir que les études dans ces programmes sont en moyenne plus longues que dans les programmes traditionnels, plus disciplinaires. En effet, on doit d'abord acquérir des connaissances de base dans des disciplines autres que la sienne, ce qui demande, entre autres, de suivre un plus grand nombre de cours, et l'intégration de toutes ces connaissan-ces au sein d'un même projet n'est pas chose aisée. De plus, la recherche dans ces domaines répond à des impératifs socioéconomiques qui favo-risent les projets à caractère appliqué et, corrélativement, un financement de type contrat ou commandite. Nous reviendrons plus loin sur les conséquences du choix d'un projet de ce type.

3.3 L'établissement d'accueil

Je ne suis pas venu à D... [université pour le doctorat] à cause de sa renommée, parce que plus je suis ici, plus je me rends compte qu'à plusieurs points de vue, dans mon domaine, M... [université pour la maîtrise] a beaucoup d'atouts qui sont nettement supérieurs à ce que D... pourrait offrir. Dans d'autres domaines par contre, D... est supérieure. La renommée, je trouve que c'est un peu ridicule, et ce n'est pas du tout ça qui a joué pour moi. (EM2)

Dans mon domaine, les spécialistes sont au pays, ça ne donne rien d'aller ailleurs. C'est sûr qu'il y a aussi des spécialistes ailleurs, mais on a les meilleurs ici. J'ai aussi obtenu une bourse qui était valide ici ; évidemment, ça aussi c'est quelque chose qui m'a aidé à faire mon choix. (EV3)

C'est la qualité de vie que j'aime ici... j'aime ça être hors des grands centres. Évidemment, quelqu'un qui a besoin d'aller dans un bar différent à chaque fois, ou qui aime les centres d'achats avec des tas de magasins, serait malheureux ici. Et si tu es malheureux dans ta vie en général, ça ne va pas bien dans tes études. [...] C'est sûr que les facilités sont plus grandes dans les très grosses universités, mais la considération pour la personne y est moindre. [...] Il y a aussi le fait que j'ai trouvé ici un directeur qui avait beaucoup de connaissances dans le domaine, avec qui ça m'intéressait de travailler, sinon, je ne pense pas que j'aurais tenu à venir ici à n'importe quel prix. (EV6)

Entre la maîtrise et le doctorat, les gens — surtout des étudiants — m'ont suggéré qu'il était bon de changer d'université, mais j'ai décidé de continuer au doctorat avec N... [directeur]. Ce n'est pas comme si j'avais décidé de continuer sur un sujet différent : je ne serais pas allée avec un autre professeur du département, je serais allée ailleurs. [...] Moi, j'aimais ce que je faisais. (EV2)

En plus de trouver le domaine ou la spécialité dans lesquels on désire faire ses études, il faut choisir un établissement d'accueil. Ici encore, de multiples considérations sont à l'œuvre dans ces choix, qui souvent se chevauchent.

Il faudra d'abord identifier les établissements offrant la spécialité qui nous intéresse. Ici aussi, la consultation des sites W3 des différentes universités, ou même une recherche globale dans Internet (voir le chapitre 5), pourra fournir une information de base. Cette information pourra être complétée et évaluée avec l'aide des professeurs qui travaillent dans cette spécialité ou qui la connaissent bien. Parmi les établissements que l'on aura finalement retenus — et ils ne seront jamais très nombreux pour la plupart des spécialités — on pourra retrouver :

— de grandes universités, offrant une multitude de programmes, et de petits établissements ne comptant, en matière de recherche et d'études de deuxième et de troisième cycles, que quelques spécialités ;

— des universités, petites ou grandes, situées dans des centres urbains et d'autres en région (en général, de petites universités) ;

— des universités locales (québécoises ou canadiennes) ou étrangères (en général, américaines) ;

— des universités « ordinaires » ou prestigieuses.

Les grandes universités offrent un environnement de recherche plus riche : habituellement établies depuis longtemps, elles possèdent plus de ressources matérielles, comme des bibliothèques bien garnies, des laboratoires mieux équipés. De plus, la présence de nombreux étudiants permet une plus grande possibilité d'interaction. Les établissements plus petits ne peuvent offrir les mêmes avantages, mais tablent sur un encadrement beaucoup plus personnalisé et une grande disponibilité de leurs professeurs ; la plupart du temps, elles ont développé une expertise reconnue dans une ou deux spécialités, pour lesquelles elles offrent une formation de premier plan. Et lorsqu'elles sont situées dans de grands centres, elles peuvent généralement compter sur les collaborations que leurs professeurs établissent avec leurs collègues des grandes universités situées à proximité, et il est toujours possible pour leurs étudiants d'y suivre des cours et d'en fréquenter les bibliothèques.

Si l'on choisit un établissement, même de petite taille, qui mène des activités significatives dans la spécialité ou le domaine qui nous intéresse, par exemple un établissement comptant quelques chercheurs ou équipes, on pourra bénéficier d'une offre de cours adéquate et de possibilités d'interaction avec des personnes menant d'autres projets dans le même champ. La recherche d'information sur les domaines et spécialités décrite à la section précédente aura permis en même temps de juger de cet aspect, et ainsi d'identifier les établissements potentiels. Bien entendu, d'autres facteurs, souvent d'ordre personnel, influenceront le choix de l'établissement, ou plus généralement de la ville ou de la région où l'on poursuivra ses études.

La décision de choisir une université américaine, même « ordinaire » mais jouissant d'une bonne réputation dans la spécialité qui nous intéresse, se heurte à un obstacle de taille : celui des frais de scolarité, beaucoup plus élevés que ce que l'on a à débourser au pays, ce qui en amène plusieurs à éliminer cette possibilité, considérant que l'on retrouve au pays, dans la plupart des domaines, des chercheurs ou équipes de qualité comparable.

Finalement, il reste la possibilité de choisir une université vraiment prestigieuse, c'est-à-dire faisant partie de la dizaine d'universités américaines renommées pour les sciences : MIT, Harvard, Yale, Stanford, Berkeley, Caltech, etc., qui, globalement, couvrent un très grand nombre de domaines. Il est clair que ces établissements offrent un environnement de recherche d'une richesse incomparable, si l'on songe par exemple aux ressources matérielles dont elles disposent et à la concentration de compétences qu'elles regroupent. Et il est certain qu'un *curriculum vitæ* faisant état d'un diplôme décerné par un de ces célèbres établissements influencera favorablement un professeur chargé de classer plusieurs candidats sollicitant une bourse ou un poste en milieu universitaire.

Mais avant de s'orienter vers cette voie, il convient de prendre en considération un certain nombre de facteurs. Premièrement, il est extrêmement difficile d'être admis dans ces établissements ; inutile d'y songer si l'on ne possède pas un dossier exceptionnel. De plus, les frais de scolarité exigés par ces universités sont beaucoup plus élevés que la moyenne américaine ; on parle de sommes qui peuvent atteindre quelques dizaines de milliers de dollars (US) par année, et le coût de la vie dans les régions où elles sont établies est en général assez élevé. De surcroît, les conditions auxquelles sont soumis les étudiants de ces universités peuvent être très difficiles : la compétition est particulièrement intense, les laboratoires fonctionnent à la manière de véritables usines gérées de loin par des directeurs très peu accessibles et où, dans les grands laboratoires du moins, chacun se voit attribuer une petite portion d'un vaste projet. C'est d'ailleurs là le prix de la formidable productivité de ces établissements. Certains y ont acquis une expérience unique, mais d'autres en sont revenus prématurément, bredouilles et désabusés. Il faut savoir aussi que ce ne sont pas tous les chercheurs ou toutes les équipes de ces universités qui jouissent d'une réputation enviable, et que l'avantage indéniable que procure en début de carrière un diplôme prestigieux s'estompe rapidement au bout de quatre ou cinq ans, lorsque chacun a eu l'occasion de faire ses preuves.

Par ailleurs, tous s'entendent sur la nécessité de changer d'établissement à un moment où l'autre durant sa formation scientifique. Il est possible de le faire à la fin de chacun des trois cycles d'études. Pourtant, personne ne semble croire réellement qu'une personne ayant reçu toute sa formation dans le même établissement risque de ce simple fait de se révéler moins compétente ou moins performante. Si ce changement est jugé essentiel, c'est qu'il permet de démontrer sa capacité d'adaptation à de nouvelles façons de faire ; il est utile à l'établissement et au maintien de contacts entre universités. Il faut savoir que le changement d'établissement, particulièrement entre la maîtrise et le doctorat, risque d'allonger la durée des études, à cause justement des difficultés d'adaptation que l'on peut éprouver, en matière de langue par exemple. Et lorsque ce changement signifie aller vivre dans un pays dont la tradition universitaire ou la culture sont très différentes de la nôtre, la situation est encore plus délicate. Il y a aussi le risque de se retrouver dans une situation moins avantageuse que celle dont on jouissait dans son établissement d'origine : il est inutile de changer si ce n'est pour le mieux ou, du moins, pour l'équivalent. Finalement, on se rappellera les considérations de nature financière évoquées plus haut. Pour toutes ces raisons, beaucoup ne voient aucun problème dans le fait de demeurer dans le même établissement pour les trois cycles, à moins que l'on n'y éprouve des difficultés majeures. Il est alors possible, et même indispensable pour qui songe à une carrière de chercheur, de changer d'établissement, et même de pays, au moment du stage postdoctoral ou au moyen de séjours, durant ses études de maîtrise ou de doctorat, dans un établissement avec lequel le directeur de recherche a déjà établi des liens. Il est beaucoup plus facile dans ces conditions de trouver une place dans un établissement prestigieux, et les obstacles financiers sont alors beaucoup moins importants.

En dépit de cette unanimité, on assiste parfois à une situation un peu paradoxale, où les directeurs de recherche voient d'un mauvais œil, ou encore tentent de retarder, voire d'empêcher, le départ de leurs étudiants vers d'autres établissements. Certains vont suggérer d'ajouter des éléments supplémentaires à la thèse ou au mémoire ; d'autres tenteront de convaincre leurs étudiants de rester avec eux pour leur doctorat ou leur stage postdoctoral. On comprendra facilement l'avantage que peuvent représenter pour ces directeurs des étudiants connaissant maintenant très bien le champ de recherche et le fonctionnement du laboratoire, mais on ne saurait blâmer les étudiants qui décident de faire prévaloir leur propre intérêt.

3.4 La directrice ou le directeur de recherche

> Le bureau de ma directrice est dans le laboratoire ; n'importe quand, j'entre dans son bureau, ou elle vient me voir [...] le suivi est là à tous les jours. Elle ne fait pas de pression [pour la présence des étudiants au laboratoire], mais elle aime mieux qu'on soit là ! [...] Je connais une étudiante qui me

disait que son patron était très occupé, il fallait qu'elle prenne rendez-vous pour avoir des indications sur ce qu'elle pourrait faire après, et comme son projet ne marchait pas... C'est dans ce temps-là que tu as besoin de plus de direction ; à un moment donné, tu ne sais plus quoi faire pour faire déboucher tes affaires, tu as tout essayé ce à quoi tu as pensé. (EV1)

M... [directrice à la maîtrise] était très très directive, et je n'ai pas aimé ça. Je l'avais quasiment sur l'épaule. J'ai trouvé ça plus dur, surtout que je me sentais un peu insécure aussi au niveau des manipulations. Avec D... [directeur au doctorat], je ne me suis vraiment pas trompé. On n'a pas de comptes à rendre à toutes les semaines, on n'a pas des réunions de labo à toutes les semaines ; quand on a un problème, on l'appelle ou on laisse un message à son bureau ; il est toujours prêt à nous rencontrer pour discuter. (EV4)

J'en connais des nouveaux professeurs au département ; je sais qu'ils vont aller loin, comme N..., que j'admire énormément. Mais quand j'étais plus jeune, quand je suis arrivée à la maîtrise, c'est sûr que je me suis dit « il faut que je trouve quelqu'un qui soit assez mature, qui ait assez de *background* ». Je n'ai même pas été voir N..., je l'avais comme un peu écarté ; c'est ridicule mais... (EV2)

Il avait une réputation derrière lui, ses travaux sont renommés, mais disons que la façon dont ils fonctionnent dans le laboratoire... C'était peut-être le côté négatif de sa réputation, sauf que moi, ça ne me dérangeait pas, je me disais que ce ne pouvait pas être si pire que ça, que je verrais sur place moi-même et que je m'arrangerais pour fonctionner avec lui. Au début, je pensais bien qu'on s'assoirait et qu'il me dirait « travaille telle chose, on se reverra et on en reparlera, et on verra si tu t'améliores ». Ça s'annonçait comme ça au début, puis le vent a tourné : il est devenu intransigeant, et il a pris la décision que non, ça ne valait pas la peine de mettre les efforts de ce côté-là. [...] Il m'a dit : « Oh non, tu n'arriveras jamais dans le temps... c'est une trop grosse entreprise. » Je me suis dit que peut-être il valait mieux que je ne me le mette pas à dos, que je m'en aille tranquillement pour l'instant, que je reste tranquille, et que lui ne me fasse pas, de son côté, de mauvaise publicité. Ça ne faisait quand même pas mon affaire, parce que je trouvais que c'était injuste, mais on [le directeur du département, le directeur de programmes, d'autres professeurs] m'a conseillé de partir, et j'ai suivi ce conseil-là. [...] Moi, la chose que j'aurais à recommander, c'est de ne pas juste se contenter d'aller rencontrer le directeur lui-même, mais d'aller rencontrer les étudiants dans le laboratoire, et de demander comment ça se passe au jour le jour. (EM1)

Le choix du directeur ou de la directrice de recherche est peut-être le plus important de ceux que doit effectuer un étudiant qui entreprend des études de deuxième ou de troisième cycle ; c'est probablement aussi le plus difficile.

Tout d'abord, il fait intervenir des aspects scientifiques et professionnels. On cherchera un directeur qui est familier avec le champ de recherche qui nous intéresse ; on pourra accorder de l'importance à la réputation qu'il y a acquise, ou encore à sa plus ou moins grande expérience dans la supervision d'étudiants. On pourra aussi considérer la taille du laboratoire, le nombre d'étudiants, l'équipement disponible, le fait que le directeur travaille en solitaire ou fasse partie d'une équipe ou d'un centre, ou encore maintienne des liens étroits avec des chercheurs d'autres établissements, universitaires ou non. Tous ces éléments joueront un rôle dans le type d'encadrement dont on pourra bénéficier et le type même de recherche que l'on sera appelé à mener. Il y a aussi la question du financement, pour les étudiants — et ce sont la majorité — qui ne sont pas déjà boursiers.

Mais, plus encore, ce choix fait intervenir des facteurs d'ordre personnel, et ce sont surtout ceux-là qui détermineront la satisfaction — ou l'amertume — qu'un étudiant ressentira au terme de ses études. Certains n'hésitent pas à comparer ce choix à celui d'une ou d'un colocataire, ou même à celui d'un compagnon ou d'une compagne de vie, tant les attitudes et les attentes de chacun se confronteront régulièrement, tant les erreurs de jugement risqueront d'être lourdes de conséquences. La situation est particulièrement complexe à cause des divers rôles que doit assumer un directeur : conseiller, dispensateur d'encouragement, confident et ami parfois, mais aussi enseignant, employeur et premier juge de la qualité scientifique des travaux de l'étudiant. S'il semble bien qu'il existe peu de mauvais directeurs, comme il existe peu de mauvais étudiants, force est de constater qu'il y a beaucoup de couples mal assortis. Comme si les premières impressions, qui déterminent la plupart du temps ce choix, étaient souvent trompeuses, ou bien simplement naïvement ignorées.

Une question d'attentes et d'attitudes donc ? Mais quelles sont-elles, de part et d'autre ? Les directeurs souhaitent des étudiants motivés, qui savent ce qu'ils veulent et qui contribueront le plus rapidement possible à la productivité de l'équipe ou du laboratoire. Certains ont des exigences très précises quant à la quantité de travail à accomplir, à l'organisation du temps, à la durée des études, à la présence au laboratoire ; il peut s'agir des directeurs qui financent les étudiants à même leurs budgets de recherche et qui, pour cette raison, perçoivent ces étudiants un peu comme un investissement. D'autres n'imposent aucune contrainte de cette nature à leurs étudiants. En matière d'autonomie également, les attentes des directeurs sont très variées. Certains, en général les professeurs en début de carrière, tiennent à suivre régulièrement, parfois quotidiennement, le travail de leurs étudiants. D'autres, par choix ou simplement parce qu'ils sont très occupés par des tâches de toute nature (surtout administrative) ou qu'ils supervisent un grand nombre d'étudiants, se contentent de demander des comptes à intervalles plus ou moins rapprochés, ou simplement d'espérer recevoir régulièrement des nouvelles de l'avancement des travaux. D'autres encore laissent l'étudiant complètement libre, quitte, cas extrême il faut le dire, à prendre connaissance de ses travaux dans les projets d'articles ou de chapitres de thèse ou de mémoire. Certains directeurs gardent la porte de leur bureau toujours ouverte pour accueillir leurs étudiants, d'autres — c'est souvent le cas des sommités en recherche — sont disponibles sur rendez-vous seulement, et encore quand ils sont en ville, ou au pays. Des directeurs effectuent eux-mêmes toutes les tâches reliées à l'encadrement de leurs étudiants ; d'autres les délèguent à des associés de recherche, des stagiaires postdoctoraux, voire à leurs étudiants de doctorat les plus expérimentés.

La codirection de mémoire ou de thèse, qui s'impose parfois pour des raisons reliées au projet, comme le fait de couvrir deux spécialités ou deux disciplines, répond souvent à cet objectif de délégation ; elle peut aussi être une occasion de créer ou de raffermir des liens avec d'autres établissements. Si la codirection présente ces avantages pour les professeurs, la situation peut être différente du point de vue des étudiants. Bien entendu, ceux-ci en retirent aussi des avantages, comme le fait de pouvoir facilement effectuer des stages dans d'autres établissements, de bénéficier d'autres points de vue sur leurs travaux et d'une plus grande disponibilité, dans le cas de directeurs très occupés. Par contre, la codirection peut devenir très lourde par moments, surtout quand les rôles respectifs n'ont pas été clairement établis au départ. Un étudiant peut ainsi se trouver aux prises avec des exigences beaucoup plus élevées que la normale, chacun des directeurs y allant de ses préférences ou de son expertise, voire formulant des demandes contradictoires.

Pour leur part, les étudiants arrivent avec leurs propres attitudes et attentes. Certains, particulièrement au doctorat, sont très autonomes et apprécient peu de se voir imposer des contraintes quant à l'organisation de leur temps ou de leurs études. D'autres préfèrent ou ont besoin d'un encadrement serré, surtout au début de leurs études de deuxième cycle. Si des étudiants sont prêts à consacrer tout leur temps et toutes leurs énergies à leurs études, d'autres veulent conserver malgré tout une vie personnelle ou familiale.

De plus, les attitudes et attentes des uns et des autres peuvent changer en cours de route, au gré de l'évolution des étudiants, qui en sont à une étape cruciale de leur vie personnelle et professionnelle, ou à celui de la carrière du directeur, qui progresse au rythme des demandes de financement et de promotion.

Le secret d'un encadrement couronné de succès réside dans le mariage d'attitudes et d'attentes compatibles ou complémentaires, couplé avec une grande souplesse et une réelle capacité de communication. Et cela ne peut se réaliser que si l'on prend le temps de se demander sérieusement ce dont on a besoin, si l'on se donne la peine de vérifier si un directeur potentiel est en mesure de nous l'offrir, si l'on pense être capable de répondre à ses exigences et, surtout, si l'on croit pouvoir discuter avec lui en toute confiance et en toute sincérité, des petits problèmes comme des grands.

On mettra les chances de son côté en accordant la plus grande importance aux rencontres avec des directeurs potentiels. On a intérêt à bien s'y préparer, et à ne pas hésiter à soulever toutes les questions qui nous préoccupent, quels que soient l'importance ou le caractère bassement pragmatique (par exemple, le financement) qu'elles nous semblent revêtir à ce moment. On peut aussi profiter de l'occasion pour s'enquérir des projets d'avenir du professeur : s'il occupe un poste précaire, quelles sont ses chances de rester à l'université pour la durée des études ; dans l'éventualité contraire, y aurait-il quelqu'un pour prendre la relève ? Le professeur prévoit-il quitter le pays à l'occasion d'un prochain congé sabbatique ? Plusieurs étudiants se sont retrouvés dans des situations difficiles à la suite de départs inopinés ou d'absences qu'ils n'avaient pas prévues. Les étudiants qui travaillent ou ont travaillé sous la supervision du ou des directeurs qui nous paraissent des choix valables sont aussi des sources de renseignements privilégiées.

Il est important d'accorder beaucoup d'attention à ce que l'on a ressenti durant ces discussions, et d'essayer de retracer l'origine de tout malaise qui aurait pu surgir lors ou à la suite de celles-ci. Cependant, il faut admettre qu'il est impossible de prévoir ce que sera vraiment cette relation, qui pourrait d'ailleurs s'améliorer avec le temps ! Et même s'il est possible de maximiser ses chances, ce choix demeurera toujours en bonne partie un coup de dés, sa pertinence ne pouvant être jugée qu'avec le temps.

Dans les cas où les choses tournent vraiment mal et que la communication devient difficile ou carrément impossible, les dégâts seront moins importants et les solutions plus faciles à trouver et à appliquer si l'on n'a pas tardé à réagir. Malheureusement, bien des étudiants laissent ces situations se dégrader lentement, jusqu'à un point où le coût des solutions possibles devient excessivement élevé. Certaines universités proposent aux nouveaux étudiants une période d'essai, où ils sont chapeautés par un conseiller, au terme de laquelle ils doivent choisir un directeur qui sera souvent ce même conseiller, mais qui pourra aussi être un autre professeur, ce qui permet une sortie discrète où l'honneur de tous est sauf. Si cette possibilité n'existe pas, ou si les problèmes surviennent plus tard, la meilleure solution pourrait être, à la maîtrise, de poursuivre malgré tout jusqu'au bout, quitte à changer de directeur entre les deux cycles. Même à la maîtrise parfois, mais surtout au doctorat, cette solution ne peut être envisagée. Il faut dans ces cas soumettre sans tarder le problème aux personnes désignées pour traiter ces situations — il s'agit généralement du directeur des programmes de maîtrise ou de doctorat ou du directeur du département — et se préparer à chercher un autre directeur. Bien que ces cas extrêmes soient relativement peu fréquents, ils se produisent dans toutes les universités, et il faut se rendre à l'évidence que la dynamique des relations humaines dans les départements universitaires fera souvent que la seule solution possible pour un étudiant — quelle que soit sa part de responsabilité dans la situation — consistera à quitter le département, ce qui signifiera la plupart du temps changer d'université, ou même de ville.

3.5 Le choix et la définition du projet de recherche

Je trouvais ce domaine exotique ; je n'avais jamais entendu parler de cela avant, mais ça avait l'air intéressant. Mais je ne peux pas dire que j'ai choisi mon projet [de maîtrise] parce que je l'aimais mieux qu'un autre ; c'est plutôt parce que mon directeur travaillait là-dessus à cause d'une subvention. (EI1, étudiant en génie)

Mon projet de maîtrise a très mal fonctionné. C'était quelque chose que jamais personne dans le laboratoire n'avait essayé sérieusement et finalement, effectivement, ça c'est révélé quasi impossible [...] Quand on commence, on est moins habile au laboratoire, et c'est embêtant de savoir si c'est juste parce qu'on commence qu'on a de la difficulté, ou si c'est le projet qui est difficile. [...] Il y avait quelqu'un qui travaillait sur un projet connexe, et avec ce qu'elle a eu comme résultats, par contre, cela démontrait que ce que je faisais ne donnait pas grand-chose. Sur le coup, je n'avais pas réalisé, mais maintenant je me dis que ma directrice aurait dû regarder ça avant. (EV1)

On m'a proposé un sujet lorsque je suis arrivé au doctorat, mais, contrairement à la maîtrise, il n'y avait rien de fait. Mon directeur n'était là que depuis neuf mois. J'entre dans une pièce : c'était un dépotoir, parce que personne ne s'était servi de ce laboratoire-là depuis quelques années. (EM2)

J'ai aidé M... [directeur] à rédiger une demande de subvention, qu'on a eue en fait. Ça a servi un petit peu à monter mon projet de doctorat ; donc on a monté mon projet ensemble ; j'ai aussi bien apporté mes idées que lui, et on a fusionné ça. À la même époque, une bonne partie des professeurs du département ont fait leurs commentaires sur le projet. (EV2)

Mon directeur m'a présenté ce qui avait été fait durant les quinze dernières années dans son laboratoire, les sujets sur lesquels il travaillait ; il m'a expliqué aussi comment il voit les recherches. À partir de ça, c'est moi qui ai créé mon projet [de doctorat]. (EV3)

[Pour le doctorat] je voulais faire quelque chose d'applicable, qui peut être tout de suite utilisé, commercialisable même. Pour ma maîtrise, j'avais pris un sujet de recherche qui n'intéressait pas tellement l'industrie, c'était plus de la recherche universitaire que de la recherche appliquée. [...] Il faut faire quelque chose de très utilisé, de plus universel, plutôt que quelque chose de limité, qui ne donne pas d'autres choix que d'aller travailler dans un centre de recherche universitaire ou gouvernemental. (EI3)

Le projet de recherche est le dernier des choix que doit effectuer un étudiant au départ de ses études de maîtrise ou de doctorat. En fait, c'est surtout à la maîtrise qu'il ne s'agit que d'un choix ; en effet, en sciences expérimentales, ce n'est en général qu'à l'étape du doctorat que les étudiants définissent eux-mêmes, en tout ou en partie, leur projet avant de commencer leur programme. Le directeur proposera un certain nombre de projets assez précis, faisant partie de ses projets en cours et bénéficiant déjà du financement approprié et de l'équipement requis. Il s'agira parfois, surtout dans les gros laboratoires, d'un élément d'un projet plus vaste sur lesquels plusieurs étudiants travaillent déjà. Comme pour le choix du domaine, on a avantage à choisir un projet qui nous intéresse. Plusieurs, directeurs comme étudiants, admettent que ce critère est toutefois beaucoup moins important dans ce cas, car tous les projets se valent en quelque sorte et qu'on finit toujours par s'intéresser à un projet à force d'y travailler. Ce choix peut aussi être influencé par des considérations d'ordre personnel, comme la capacité, l'intérêt ou encore des difficultés que présentent certains types de tâches, comme le travail sur le terrain. Mentionnons, à titre d'exemples, les sorties en mer, qui peuvent entraîner de sérieux problèmes physiques (mal de mer) ou psychologiques (difficulté à vivre la promiscuité) et l'expérimentation sur les animaux, que l'on pourrait vouloir éviter, à cause d'une allergie, par exemple, ou simplement pour des raisons d'ordre émotif.

Certains directeurs proposent au départ des projets volontairement incomplets, en insistant pour que l'étudiant participe activement à la définition de certains aspects de son projet ; un étudiant qui aura effectué un stage dans le laboratoire sera plus en mesure d'apporter une telle contribution. Bien que ces directeurs admettent que le projet résultant est souvent exactement celui qu'ils auraient pu d'emblée proposer à l'étudiant, ils jugent cette démarche essentielle à l'appropriation du projet par l'étudiant. En effet, et beaucoup d'étudiants le réalisent trop tard, le projet de recherche devient leur responsabilité sinon exclusive, du moins principale, quelle qu'ait été leur participation à sa définition. Et le jour où l'étudiant — car c'est lui qui aura généralement à le faire — présentera ses résultats à un public spécialisé, on ne lui reconnaîtra pas le droit de répondre, à un participant qui en remettrait en question le bien-fondé : « C'était l'idée de mon directeur... ».

Une des difficultés que l'on éprouve au moment de la définition d'un projet de maîtrise est qu'un tel projet doit répondre à des objectifs contradictoires. D'une part, il doit être complet, de manière à fournir à un néophyte l'occasion de toucher aux divers aspects du processus de recherche, tout en étant assez simple pour permettre à ce même néophyte de faire progresser les travaux de recherche pour lesquels le directeur a reçu du financement et dont il doit pouvoir présenter des résultats, parfois très précis (notamment dans le cas de contrats et de commandites). D'autre part, alors que les étudiants peu expérimentés ont tendance à vouloir embrasser trop large, le projet doit en principe pouvoir se réaliser dans un court laps de temps, soit moins d'un an si l'on considère le temps qu'il faut consacrer au choix du projet, à la scolarité et, en bout de ligne, à la rédaction du mémoire, et les pressions des instances supérieures (ministères, universités et organismes subventionneurs) pour réduire la durée totale de ces programmes. C'est le jeu de toutes ces exigences qui amène les projets de maîtrise à se situer le long d'un continuum où les extrêmes (loin toutefois d'être exceptionnels) sont :

— d'un côté, un « projet » consistant à effectuer une petite manipulation ou une mesure faisant partie d'un vaste projet dont les objectifs et la signification échappent en grande partie à l'étudiant, et qui ne lui donne l'occasion d'entrer en contact qu'avec une partie restreinte de la démarche de recherche ;

— de l'autre, un projet partant de zéro, ou encore visant des objectifs élevés en matière de contribution scientifique originale, qui présente un risque élevé d'échec ou d'allongement des études ; de tels projets, même lorsqu'ils se rapprochent énormément de ceux que l'on retrouve au doctorat, ne permettent pas de revendiquer autre chose... qu'un diplôme de maîtrise qui, *a priori*, en vaut un autre.

Un autre risque que courent les étudiants de maîtrise est de se lancer dans un projet aux objectifs mal définis, qui les amènera à effectuer toutes sortes de tâches expérimentales qu'ils auront beaucoup de difficulté à relier entre elles et à justifier au moment de rédiger le mémoire. Un étudiant aux prises avec une telle situation pourra tabler sur les exigences moindres, en matière d'originalité, des mémoires de maîtrise.

À ce propos, il faut dire que l'on accepte généralement — bien que certains directeurs expriment des réserves à cet égard — qu'un mémoire rende compte d'une expérience qui n'a pas donné de résultats, dans la mesure où elle offre une bonne explication de cet échec. Le passage direct au doctorat est aussi une solution qui peut être envisagée, soit pour récupérer le temps perdu à travailler sur un projet qui n'a pas fonctionné, soit pour se donner plus de temps, quand le projet s'est révélé trop ambitieux. C'est toutefois une solution à double tranchant, car elle peut mener à la situation où l'étudiant qui abandonne avant la fin du doctorat se retrouvera, au mieux, avec un simple diplôme de maîtrise pour attester de trois ou quatre années de travail — et encore, à la condition de rédiger un mémoire à partir de travaux incomplets.

Il n'existe pas de formule magique pour s'assurer que son projet de recherche est clairement défini et présente un risque limité — un certain degré de risque est d'ailleurs inhérent à toute activité de recherche. Dans certains établissements, on forme, pour chaque mémoire ou thèse, un comité de suivi comprenant le directeur et un ou deux autres professeurs ; dans d'autres, ce rôle est joué pour l'ensemble des étudiants par un comité de programme ou de supervision. Ce suivi peut aider à éviter certains problèmes, mais l'étudiant a toujours intérêt à se poser — et à poser à son directeur — les questions suivantes : Qu'est-ce que je dois faire ou que je me propose de faire ? de prouver ? d'obtenir ? En quoi les tâches que je suis en train d'accomplir contribuent-elles à cet objectif ? Les résultats des travaux antérieurs effectués sur le même sujet (dans le même laboratoire ou ailleurs) permettent-ils d'évaluer les chances de succès de mon projet ? Quelle expertise détient le laboratoire ou l'équipe sur le sujet ?

Au doctorat, les choses se présentent autrement. Le projet de doctorat peut constituer un prolongement ou un élargissement du projet de maîtrise, et l'étudiant, qui connaît maintenant beaucoup mieux le sujet, est alors bien placé pour définir de quelle façon cela doit se faire. Il peut aussi s'agir d'un projet complètement différent ; c'est presque toujours le cas lorsque l'étudiant change de spécialité, de domaine, ou même de directeur. Si certains directeurs proposent aussi au doctorat un projet précis, la plupart du temps sa définition est l'occasion d'une discussion, voire d'une négociation, où l'étudiant et le directeur mettront sur la table leurs objectifs, leurs intérêts, leurs forces, et tenteront de trouver un terrain d'entente satisfaisant les deux parties. On voit aussi plus souvent un étudiant arriver avec un projet clairement défini, auquel le directeur tentera seulement d'apporter quelques modifications ou précisions, visant notamment à mieux le situer dans le contexte de ses propres travaux, ce qui inverse la dynamique que l'on retrouve à la maîtrise. Il faut toutefois demeurer conscient que les contraintes reliées au financement et à la disponibilité de l'équipement restreignent la plupart du temps la gamme de projets possibles.

Dans la plupart des disciplines ou spécialités (même dans celles que l'on considère *a priori* comme appliquées), les projets de recherche se situent à des positions très variables sur l'axe fondamental-appliqué. Outre des possibilités de financement accrues, lorsque le projet s'inscrit dans un contrat ou une commandite par exemple, un projet appliqué offre certains avantages aux étudiants. Non seulement leur formation risque-t-elle alors de coller de près aux besoins des entreprises, mais le fait d'être présent dans les entreprises leur donne aussi l'occasion de se familiariser avec leur mode de fonctionnement et de s'y faire des contacts. Tous ces atouts pourraient se révéler fort utiles pour l'obtention d'un emploi, dans un contexte où les débouchés traditionnels se resserrent. Toutefois, cette situation soumet les étudiants à des contraintes difficiles à concilier avec la pratique de la recherche universitaire, comme des échéanciers très stricts et l'obligation de livrer dans des délais fixes des produits ou des résultats directement applicables. Les étudiants (tout comme les chercheurs) sont ainsi constamment soumis à une tension entre les aspects proprement scientifiques sur lesquels se fondera l'acceptation du mémoire de maîtrise ou, de manière encore plus importante, de la thèse de doctorat, et les intérêts techniques ou économiques des bailleurs de fonds. Dans des cas extrêmes, certains étudiants cessent carrément de travailler sur leur projet de mémoire ou de thèse pour se consacrer aux tâches techniques nécessaires à la réalisation des contrats.

Dans tous les cas, l'étudiante ou l'étudiant au doctorat devra consacrer une bonne période, souvent une année complète, à finaliser la définition de son projet et à déterminer quelle en sera la contribution originale. Un tel projet est, par définition, à risque, et l'étudiant passera presque à coup sûr par des périodes de « grande noirceur », au sortir desquelles le projet sera souvent radicalement transformé. Il est bien difficile, dans ces conditions, de prévoir le temps qui devra être consacré aux travaux expérimentaux et à l'analyse des résultats, avant de pouvoir passer à l'étape de la rédaction de la thèse. On retrouve ici encore la même tension causée par des objectifs de réduction de la durée des études : un doctorat doit se faire en trois ans, selon les organismes subventionneurs, mais force est de constater que peu d'étudiants arrivent, même avec la meilleure volonté du monde, à respecter cette norme.

Conclusion

Si, lors de leur parcours scolaire et universitaire, les étudiants ont eu à effectuer des choix — en matière d'orientation générale, de spécialisation dans un programme —, jamais auparavant ils n'auront eu à prendre autant de décisions et à en assumer aussi pleinement (et, souvent, de manière aussi solitaire) les conséquences. En cette matière, il est impossible de tout prévoir, et seule une meilleure connaissance de soi-même, qui ne peut provenir que de l'expérience, avec la part d'erreurs qu'elle comporte, est en mesure de leur permettre de réduire la part d'inconnu qui fait partie intégrante de l'univers de la recherche. Nous croyons toutefois qu'une connaissance préalable des enjeux majeurs entourant ces choix ne peut qu'aider les étudiantes et les étudiants dans cette quête de l'autonomie — car c'est bien de cela qu'il s'agit. En effet, à la maîtrise comme au doctorat, quelle que soit son implication initiale dans la définition de son projet, un étudiant devra progressivement en prendre possession, pour arriver, au terme de son programme, à l'avoir véritablement fait sien.

CHAPITRE 4

LE PROJET DE RECHERCHE

Marc Couture

La réalisation du projet de recherche est la partie la plus importante d'un programme de maîtrise ou de doctorat. C'est aussi celle qui prendra normalement le plus de temps, et qui comportera la plus grande part d'imprévus. Ceux-ci font partie intégrante tant du processus de recherche que de l'apprentissage de celle-ci, mais sont en même temps un des facteurs importants affectant la durée des études, que les autorités universitaires et gouvernementales souhaitent depuis un certain temps réduire.

La réalisation d'un projet de recherche comprend quatre grandes phases, dont plusieurs se chevauchent dans le temps : la recherche de l'information, information qu'il faut par la suite gérer ; la planification, dans le cadre ou non de la préparation d'un devis de recherche ; l'expérimentation, incluant ou non la tenue d'expériences préliminaires ; l'analyse des résultats.

4.1 La recherche et la gestion de l'information

Lorsqu'on a trouvé son objet de recherche, il faut d'abord recueillir assez d'information sur le sujet pour, d'une part, préciser son projet et, d'autre part, mettre à profit les travaux antérieurs sur le sujet ou sur des sujets connexes. Ainsi, on sera moins susceptible de « réinventer la roue », de répéter des erreurs déjà commises ou d'emprunter des voies qui se sont révélées stériles. On pourra aussi éviter — cas extrême mais peu probable semble-t-il — de réaliser sans le savoir un projet identique à un autre dont les résultats auraient déjà été publiés, ce qui en principe rendrait un doctorat inacceptable par manque d'originalité. Ensuite, il faut gérer cette information, c'est-à-dire la traiter et la classer de façon à pouvoir ultérieurement retrouver rapidement une information ou un document précis. Enfin, il faut mettre à jour cette information tout au long de la durée de ses études, jusqu'à la veille du dépôt du mémoire ou de la thèse.

a)   La recherche de l'information

Dans ce domaine comme dans d'autres, les façons de faire varient selon les habiletés, les préférences ou les habitudes de chacun. Certains préconisent d'effectuer une recherche exhaustive dans les bases de données bibliographiques avant de commencer le travail expérimental ; ce serait essentiel lorsque le projet constitue une avancée dans un champ nouveau pour le directeur. Pour les projets qui s'inscrivent au contraire dans la continuité des travaux du laboratoire, d'autres estiment — tout en reconnaissant que cela devient de plus en plus difficile — que le directeur devrait normalement connaître tout ce qui se fait d'important dans son champ de recherche et tous ceux qui y travaillent, et donc posséder sa propre bibliographie complète. Cela est d'autant plus vrai pour certains champs de recherche si pointus que l'on peut compter sur les doigts des deux mains le nombre de laboratoires qui y travaillent. Dans ce contexte, le directeur peut diriger sans risque l'étudiant vers les quelques ouvrages pertinents, dont les mémoires et thèses des autres étudiants du laboratoire, et lui suggérer quelques revues dont il serait bon d'éplucher les numéros des deux ou trois dernières années. Dans certains champs de recherche, la compétition et la frénésie sont telles qu'il faut consulter en priorité les documents qui présentent les résultats les plus récents. Le chapitre 5 décrit les diverses sources d'information scientifique et propose quelques stratégies de recherche dont on pourra s'inspirer.

Au début de la maîtrise, il est souvent difficile, sans l'aide du directeur ou d'une personne d'expérience, d'évaluer la pertinence ou la qualité des ouvrages que l'on consulte, de même que de reconnaître la contribution importante d'un article. Il est généralement admis que la qualité des articles est très variable, la pression à la publication amenant la parution d'articles mal rédigés, présentant des résultats partiels ou redondants, voire erronés, ou encore omettant des informations importantes. De plus, le jargon propre au champ peut également être source de difficultés importantes. Ce n'est qu'avec le temps que l'on arrive à développer une bonne compréhension des ouvrages spécialisés et un jugement sûr à leur égard. Au début, il est donc inutile de s'acharner à vouloir comprendre chaque ligne des articles ; il vaut mieux apprendre à vivre avec le malaise que procure cette incompréhension. Il n'est souvent pas nécessaire non plus de comprendre tous les éléments d'un article pour qu'il nous soit utile ; parfois, on pourra se contenter d'étudier la méthode proposée, quitte à revenir plus tard si nécessaire sur l'analyse des résultats. Par ailleurs, ce ne sont pas tous les étudiants qui sont disposés à passer des mois à lire des articles, d'autant plus qu'à la maîtrise on a intérêt à ne pas trop tarder à commencer son expérimentation. C'est pourquoi plusieurs suggèrent de commencer simultanément la recherche documentaire et les travaux expérimentaux, de sorte que ce qu'on apprend de chacune des deux activités nous aide peu à peu à mieux effectuer l'autre. Ainsi, la lecture de la description des méthodes dans les articles est essentielle pour commencer à les mettre en pratique, mais certains éléments, surtout techniques, demeurés obscurs à la première lecture, ne prendront un sens que lorsqu'on sera en contact direct avec l'expérimentation.

Le directeur de recherche peut jouer un rôle majeur dans cet apprentissage. Certaines activités, formelles ou non, peuvent aussi y contribuer, comme des cours ou rencontres d'équipe où chacun à tour de rôle doit présenter et expliquer au groupe un article. Tous les professeurs le diront : il n'y a pas de meilleure façon d'apprendre un sujet... que d'avoir à l'expliquer ou à l'enseigner.

Il reste que tôt ou tard, si on ne l'a pas fait au tout début, il faudra effectuer une recherche exhaustive sur son objet de recherche. Ce sera fait généralement en vue d'une présentation publique de son projet, dans le cadre d'une activité prévue dans les programmes d'études, par exemple au moment de l'examen de synthèse au doctorat, ou encore à l'occasion d'un colloque ou d'un congrès. À la limite — ce qui ne serait toutefois pas exceptionnel en pratique —, cette tâche peut être effectuée au moment de la rédaction du mémoire ou de la thèse.

b)   La gestion de l'information

Cette recherche nous permet de repérer l'information ; encore faut-il pouvoir la mettre à jour, de même que la retrouver au moment où l'on en aura besoin. Chacun pourra utiliser la méthode qui lui convient : si certains préfèrent un système précis et rigoureux, d'autres s'accommodent d'un classement « flou », considérant que le temps qu'ils perdent à chercher l'information équivaut à celui qu'ils auraient dû consacrer à créer et gérer un système de classement. Chose certaine, l'utilisation d'un tel système diminue considérablement le risque de perdre des informations précieuses. Si l'on choisit cette voie, on pourra s'inspirer des consignes suivantes.

On veillera d'abord à garder une trace détaillée (dates, banques consultées, mots clés employés) de toutes les séances de recherche que l'on effectue, de manière à assurer une cohérence dans les mises à jour et à éviter de faire plus d'une fois la même recherche. Ces recherches nous fourniront soit certaines informations seulement sur les documents repérés (comme la notice, avec ou sans résumé), soit les documents complets (photocopies d'articles). De plus, chaque notice ou document sera analysé : on lui attribuera un numéro, on le classera dans un système de catégories qui évoluera tout au long de nos travaux, on jugera de sa pertinence, on en fera parfois un résumé plus détaillé ou plus pertinent pour nos travaux que celui qui apparaît au début de l'article, on pourra aussi relever certaines données précises (comme des valeurs numériques ou des détails sur les méthodes).

On verra donc à se constituer un double système de classement. Le premier système regroupera sur support informatique l'ensemble des notices repérées ; on ajoutera à chaque notice diverses informations : catégorie, pertinence, possession ou non du document, support (papier ou informatique), résumé personnel, informations précises, etc. Ce système pourra être réalisé à l'aide d'un logiciel spécialisé, ou encore à l'aide de son traitement de texte habituel. Chaque technique possède ses avantages et inconvénients. Les logiciels spécialisés permettent des fonctions avancées comme le tri ou le formatage de bibliographies ; ils obligent toutefois à faire l'apprentissage d'un nouveau logiciel et à faire constamment la navette, au moment de la rédaction, entre deux logiciels, ce qui peut se révéler lourd à l'usage. Le traitement de texte oblige à faire manuellement certaines opérations mais permet d'en éviter d'autres, de sorte que le temps total requis risque souvent d'être réduit, à moins de faire face à des quantités astronomiques de références. Le second système consistera en un classement physique (chemises, classeurs pour les documents papier ; dossiers informatiques pour les documents numériques) fondé sur les mêmes catégories que le premier système. On ne saurait trop insister ici sur la nécessité de conserver au moins une copie de sûreté de chaque fichier ainsi créé ; on n'y échappe pas : tant les disquettes que les disques rigides présentent un risque relativement élevé de défaillance.

4.2 Le devis de recherche et la planification de l'expérimentation

Avant de commencer son expérimentation, il faut la planifier, c'est-à-dire dresser une liste des principales étapes des travaux et déterminer les ressources qui seront requises pour chacune ; cette liste devrait normalement être accompagnée d'un échéancier indiquant le moment et la durée de chaque étape. Cette planification se fait souvent dans le cadre plus général de la préparation d'un devis de recherche, qui présente les grandes lignes du projet. Ce devis constitue en quelque sorte une version réduite de la demande de financement, un des éléments centraux de l'activité des chercheurs en milieu universitaire.

a) Le devis de recherche et la demande de financement

La préparation d'un devis de recherche est un exercice dont l'utilité, pour un étudiant qui s'engage dans un projet de recherche, ne saurait être sous-estimée. En effet, il lui fournit l'occasion — le force même, pourrait-on dire, car il ne s'agit pas d'un exercice facile — de s'approprier les connaissances, tant théoriques que pratiques, nécessaires à son projet. Il lui permet aussi d'établir les liens qui donneront un sens et une unité aux travaux, souvent très variés, qu'il aura à accomplir. En outre, le devis pourra se révéler un outil particulièrement utile au moment d'entreprendre la rédaction d'articles, du mémoire ou de la thèse. Cet apprentissage préparera aussi le futur chercheur à une des activités importantes qu'il aura à exercer, soit la préparation de demandes de financement auprès de bailleurs de fonds, qui comportent toujours un devis de recherche. Certains étudiants seront même appelés à collaborer avec leur directeur à la préparation de telles demandes de financement.

Dans beaucoup d'établissements, un devis de recherche doit être soumis à un comité de supervision qui, à partir des informations contenues dans ce document, accepte les projets de mémoire ou de thèse sur la base de leur faisabilité et de leur réalisme. Le comité émet aussi des commentaires et suggestions de tout ordre visant l'amélioration ou la facilitation du projet.

Le contenu exact de ces devis varie évidemment selon le contexte. Ainsi, chaque organisme ou programme de financement possède ses propres objectifs et le chercheur doit démontrer que le projet qu'il soumet contribuera à les atteindre ; pour un devis de projet de mémoire ou de thèse, ce sont les objectifs du programme qu'il faut considérer.

Quel que soit le contexte, certains éléments doivent apparaître dans tout devis de recherche : la problématique, les objectifs, les méthodes et moyens, l'échéancier et la bibliographie. Dans cette section, nous présenterons chacun de ces éléments, en mentionnant, s'il y a lieu, ce qui relève spécifiquement de la demande de financement.

La problématique

Cette section constitue la justification scientifique du projet et des choix que l'on a faits. Elle vise à situer le projet dans le contexte de la recherche scientifique déjà publiée. Il s'agit d'abord de faire le tour des connaissances actuelles sur le sujet, en mettant en évidence les lacunes qui persistent dans ces connaissances et en expliquant comment le projet permettra de les combler. Même si cela semble un peu paradoxal, il faut montrer à la fois comment le projet constitue une continuité par rapport aux grands courants actuels de la recherche (un projet marginal a moins de chance d'être jugé intéressant) et, surtout pour un projet de doctorat, comment il s'en distingue (car il doit être original). Si diverses approches ou méthodes ont été proposées pour aborder le sujet, il faut les mentionner et indiquer laquelle on a retenue, sans toutefois la décrire (ce sera fait plus loin). On fera valoir également le lien entre le projet et les travaux que l'on a déjà réalisés soi-même, ou encore qui l'ont été dans la même équipe ou le même laboratoire. Sans entrer dans le détail (ce qui est fait dans les sections suivantes), la problématique donne ainsi une idée de ce que vise le projet et de ce en quoi il consistera, mais aussi de ses limites.

On veillera à appuyer ses affirmations par des références à des articles scientifiques pertinents. Question de stratégie, on veillera normalement à citer un certain nombre de travaux très récents, de manière à démontrer que le sujet est à l'ordre du jour et que l'on est au fait des derniers développements dans le champ de recherche. On citera aussi ses propres travaux et (ou) ceux de son laboratoire, dans la mesure où ceux-ci sont suffisamment pertinents, tout en prenant soin de conserver une certaine retenue.

En plus de la problématique, les demandes de financement comporteront souvent une section où l'on devra présenter la pertinence sociale ou économique du projet. On le fera de la même façon que dans la problématique, en montrant comment le projet pourra contribuer à résoudre des problèmes ou à répondre à des besoins sociaux ou économiques bien circonscrits. On citera cette fois des ouvrages moins spécifiquement scientifiques, comme des articles de magazines spécialisés ou des rapports gouvernementaux. Plus un projet est appliqué, plus ce volet de la demande devient important.

Les objectifs et les hypothèses

Il convient d'abord de distinguer un objectif d'une hypothèse. Un objectif est un énoncé indiquant ce qu'on désire obtenir, réaliser, ou vérifier dans le cadre du projet. Il peut être plus ou moins général. Par exemple, « étudier les caractéristiques de telle composante optique » et « étudier le phénomène de bioaccumulation chez l'espèce X » sont des objectifs très généraux, alors que « vérifier l'intérêt de telle composante optique pour la réalisation d'un laser NH_3 à haute pression » et « vérifier la capacité de l'espèce X à bioaccumuler le polluant Z » sont des objectifs plus particuliers. Une hypothèse est un énoncé particulier spécifiant une relation (de causalité ou autre) qu'il est possible de corroborer par l'expérimentation ou l'observation (voir chapitre 1). Ainsi, « l'utilisation de telle composante optique permet d'augmenter de manière significative la pression dans un laser NH_3 » et « dans les mêmes conditions, l'espèce X présente un taux de bioaccumulation du polluant Z supérieur à celui de l'espèce Y » sont des hypothèses que l'on peut soumettre directement à l'expérimentation.

C'est donc dans cette section que l'on énonce objectifs et hypothèses, en veillant à bien distinguer, parmi les hypothèses, celles que l'on tient pour acquises, celles dont on doute et celles dont le degré de validité est encore inconnu et que le projet devrait contribuer à corroborer, en mentionnant clairement la provenance de ces hypothèses. Ces objectifs et hypothèses ont normalement été évoqués dans la problématique, mais ils doivent être ici clairement énumérés et exprimés. En effet, ils serviront de fondement à l'évaluation du projet lorsque celui-ci sera terminé, alors que l'on devra confronter ce que le projet visait et ce qui en a résulté en réalité. Idéalement, le devis devrait être suffisamment explicite pour que l'on puisse alors dire quelque chose comme : « Le projet visait les quatre objectifs suivants : [liste des objectifs], et voici dans quelle mesure chacun d'eux a été atteint : [résumé des résultats]. »

Dans la tradition scientifique, incarnée par la recherche subventionnée, de tels objectifs ne constituent pas un engagement formel ; on l'a déjà dit, les projets doivent subir bien souvent des réorientations en cours de route, réorientations qui peuvent modifier les objectifs initiaux, la plupart du temps en les limitant. Cependant, dans un contexte de recherche appliquée, ces objectifs peuvent acquérir le statut d'éléments de contrat, qui ne peuvent dès lors être modifiés sans l'accord explicite des bailleurs de fonds. Il est prudent, dans ce contexte, de prêter la plus grande attention au caractère réaliste de ses objectifs.

Les méthodes et moyens

Ici, on décrit comment on s'y prendra pour atteindre les objectifs que l'on s'est fixés. Cette section doit répondre à des questions comme : Va-t-on utiliser des méthodes connues ? A-t-on déjà utilisé ces méthodes dans le laboratoire, ou va-t-on devoir apprendre à les utiliser ? Devra-t-on adapter celles-ci, ou carrément concevoir de nouvelles méthodes ? Il peut s'agir autant de méthodes expérimentales que de méthodes de traitement, d'analyse ou de modélisation des résultats. L'équipement dont on aura besoin est-il en place, et sera-t-il disponible au moment opportun ? Aura-t-on besoin de la collaboration d'autres équipes, d'autres établissements ? Certains travaux spécifiques demandent, ou encore gagnent, à être effectués dans d'autres laboratoires, et il faut s'assurer qu'ils pourront être réalisés au moment requis.

Dans une demande de financement, cette section sert de base à l'établissement du budget, qui fait l'objet d'une section indépendante. Ce budget fait état des ressources, tant financières et matérielles qu'humaines, nécessaires pour mener à bien le projet. Lorsque ces ressources ne sont pas disponibles, il faut prévoir les sommes requises. Ces ressources peuvent comprendre aussi bien des frais de déplacement, de participation à des congrès, de publication, que des équipements, des fournitures (comme des produits chimiques), des logiciels ou du personnel (techniciens, professionnels de recherche, assistants). On consultera soigneusement les guides, préparés par les organismes subventionneurs et les universités, présentant les normes budgétaires que ceux-ci ont fixées, notamment en ce qui a trait à la nature des dépenses admissibles et aux salaires pouvant ou devant être versés aux diverses catégories de personnel.

L'échéancier

En plus de l'expérimentation, dont il est question plus loin, l'échéancier prévoit les autres tâches reliées au projet, comme la recherche de l'information, l'analyse des résultats et la rédaction des rapports, des articles, du mémoire ou de la thèse.

Évidemment, il est toujours difficile de prévoir avec précision la durée de chacune des étapes d'un projet qui renferme, par sa nature même, une bonne part d'incertitude. Les travaux expérimentaux prennent presque toujours plus de temps que prévu, et même des chercheurs chevronnés peuvent évaluer à quelques semaines la durée de travaux qui prendront en fait des mois. En dépit de ce fait universellement reconnu, il n'est pas dans les traditions universitaires de prévoir dans les échéanciers une marge de manœuvre suffisante pour couvrir ces débordements. En contrepartie, les retards sont peu sanctionnés. Dans le contexte de la recherche subventionnée, l'échéancier comme les objectifs peuvent facilement être modifiés en cours de route par le chercheur. En bout de course, la recherche sera jugée moins en fonction de l'atteinte des objectifs initiaux que sur la base de ses retombées scientifiques (articles, communications, etc.). Encore une fois, les règles peuvent être différentes pour la recherche appliquée, car les gens de l'industrie suivent souvent de très près l'évolution des travaux qu'ils financent et s'attendent à obtenir les résultats promis au moment prévu.

La bibliographie

Finalement, la bibliographie ne consiste normalement qu'en la liste des ouvrages cités dans le devis ou la demande de financement. On s'assurera cependant que l'équilibre entre travaux récents et anciens, ainsi qu'entre travaux locaux (ou personnels) et extérieurs transparaît lors d'un survol rapide de la section.

b) La planification du travail expérimental

À la maîtrise, la planification de l'expérimentation et la préparation d'un échéancier se font sous l'étroite supervision du directeur et, la plupart du temps, à l'initiative de celui-ci. À ce stade, en effet, lui seul est conscient des problèmes qui peuvent survenir, des diverses contraintes limitant les possibilités (coût, disponibilité des équipements, des fournitures et du personnel technique). De plus, il doit coordonner plusieurs projets dans le cadre de sa planification d'ensemble. Cela implique notamment que c'est lui et non les étudiants qui doit prendre en charge les différends qui peuvent survenir lorsque les travaux de l'un dépassent la durée prévue, ou que des équipements extérieurs que l'on prévoyait utiliser sont convoités au même moment par un autre chercheur. Certains aspects de cette planification peuvent être laissés aux mains de l'étudiant, qui demeure toujours responsable de la planification à court terme (de semaine en semaine) de ses activités, en particulier des travaux en laboratoire. Ainsi, ce sont les étudiants qui géreront entre eux l'utilisation ponctuelle de l'équipement collectif.

Au doctorat, c'est l'étudiant qui deviendra le maître d'œuvre de la planification. Celle-ci continuera toutefois de se faire en étroite collaboration avec le directeur, qui demeure toujours responsable de la gestion du laboratoire et des budgets, ainsi que de la coordination des divers projets qui s'y déroulent.

Pour certains types de projets, une partie de l'échéancier échappe même au directeur. On songe ici à la recherche effectuée par de grandes équipes à l'aide d'installations coûteuses centralisées (*Big Science*), ou encore aux projets s'inscrivant dans le cadre de contrats qui prévoient des échéanciers stricts, en général beaucoup plus courts que ceux que l'on retrouve dans la recherche subventionnée : on parle d'un rythme annuel plutôt que d'échéances sur trois ans.

Cet exercice de planification est important, car il est l'occasion pour l'étudiant de faire le point sur ce qui a été fait auparavant dans le laboratoire et sur les ressources dont il pourra disposer. Il permet aussi, et ici le rôle du directeur est primordial, d'établir des priorités quand un projet comporte divers travaux qui peuvent être réalisés de façon indépendante. Les critères qui présideront à l'établissement de cet ordre de priorité sont multiples ; par exemple, on pourrait favoriser les travaux présentant un risque d'échec moindre, ou encore ceux qui sont plus susceptibles de déboucher rapidement sur la production d'un article scientifique. On peut aussi profiter de l'occasion pour prévoir des portes de sortie, des solutions de rechange pour les cas — fréquents — où les choses ne fonctionneraient pas comme prévu, ou que des événements fortuits nous empêcheraient de commencer une étape au moment fixé. Cet exercice demande aussi d'avoir une certaine idée du genre de résultats que l'on devrait obtenir et du genre d'analyse qui sera effectuée, car ces facteurs déterminent souvent l'ampleur — donc la durée — des expériences. Par exemple, le nombre d'échantillons à prélever sera fonction du type d'analyse statistique nécessaire pour confirmer ou infirmer les hypothèses.

Comme on l'a dit plus haut, l'expérimentation prend presque toujours plus de temps qu'on ne l'imaginait. On doit donc se faire dès le départ à l'idée qu'on ne réalisera pas, à terme, tout ce qu'on envisageait. On pourrait dès lors être tenté de considérer l'échéancier comme une formalité à remplir, que l'on se dépêche de reléguer aux oubliettes. Mais un échéancier détaillé, qui force à décrire toutes les étapes de l'expérimentation, peut s'avérer utile. Il peut par exemple servir à évaluer quand il est temps de renoncer à une partie récalcitrante de notre projet. Il peut également être invoqué par un étudiant pour décliner une invitation de son directeur à faire des tâches supplémentaires non prévues à l'origine, excédant les exigences de son programme ou ne présentant que peu ou pas de lien avec le projet : en effet, la durée des études est un critère qui sert à juger autant l'étudiant que le directeur. Au moment du travail sur le terrain, l'échéancier peut servir d'aide-mémoire. Il est utile également pour prévoir suffisamment à l'avance la réservation des appareils sophistiqués à usage collectif, lorsqu'on doit les monopoliser pendant des semaines ou des mois ou qu'ils sont situés dans un autre établissement. On peut dire la même chose des commandes d'équipement ou de fournitures, qui peuvent parfois prendre des mois à être livrées. À ce sujet, il pourrait être plus prudent d'éviter, à la maîtrise, de s'engager dans un projet qui ne dispose pas au départ de toutes les ressources requises. Finalement, la confection d'un échéancier est l'occasion d'évaluer la pertinence d'effectuer des expériences préliminaires et, le cas échéant, d'en fixer la nature.

Pour les projets qui comprennent un travail de terrain, cette planification est sujette à des contraintes particulières. Tout d'abord, la question des coûts, même si elle ne relève pas directement de l'étudiant, doit être considérée : le travail de terrain coûte très cher, et il faut au moins s'assurer que les budgets requis sont disponibles. Par ailleurs, ce travail ne peut s'étendre que sur quelques semaines ou quelques mois d'affilée, car il ne se fait normalement que l'été (sous nos latitudes, du moins). Si l'on entreprend son programme au trimestre d'automne, on ne peut commencer son travail expérimental avant le troisième trimestre ; il faut alors planifier soigneusement son emploi du temps dans l'intervalle, par exemple en alternant, entre les cours, la recherche documentaire et la préparation du travail de terrain. De plus, il y a toujours la possibilité de revenir bredouille ; à défaut de solution de rechange, on doit alors attendre une année complète avant de recommencer, ce qui pose un problème pour la durée des études, surtout à la maîtrise. Finalement, il y a beaucoup de détails à prévoir, surtout lorsque le travail s'effectue dans des régions isolées : qu'on songe au transport, à la survie en pleine nature (nourriture, protection contre les intempéries ou les animaux sauvages), aux questions de sécurité (il vaut mieux en général être deux à partir). Ces contraintes font parfois surgir la tentation d'éliminer carrément cette partie de la recherche pour la remplacer par une simple analyse de données ou de matériaux recueillis par d'autres, mais cela risque de tronquer sérieusement la formation que l'on acquiert normalement dans ce type de recherche. Heureusement, l'étudiant, surtout la première fois, pourra bénéficier de l'expérience acquise en la matière au sein de l'équipe.

Cette planification peut parfois se faire de manière informelle, ou même échapper complètement à l'étudiant, comme pour les sorties en mer sur de grands bateaux. Mais le plus souvent, elle est exigée soit par le directeur, soit par le programme d'études, au début de celui-ci, au moment de l'examen de synthèse (au doctorat) ou à chaque année.

4.4 L'expérimentation

L'expérimentation est une étape incontournable de l'apprentissage de la recherche. Elle donne aux étudiants, quand vient le moment d'écrire leur mémoire ou leur thèse, le sentiment unique d'avoir véritablement creusé leur sujet sous tous ses angles, même les plus triviaux. En même temps, elle peut à l'occasion apparaître comme la part ingrate du projet de recherche, car le temps qu'il faut y consacrer est parfois sans commune mesure avec ce que l'on a l'impression d'y avoir récolté. « Trois mois de travail pour trois lignes dans la thèse », comme le disait si bien un étudiant. Plusieurs ont vu ainsi la durée de leurs études augmenter considérablement, avec tous les risques de perte de motivation que cela comporte, à cause de problèmes survenus en cours de route. Or beaucoup de ces problèmes auraient pu être évités, ou du moins prêter moins à conséquence, si les précautions appropriées avaient été prises au moment opportun. Certaines ont trait à la planification du projet, comme la tenue d'expériences préliminaires et leur nature, alors que d'autres touchent le travail expérimental lui-même.

a) Les expériences préliminaires

L'expérimentation débute souvent par des expériences préliminaires. Celles-ci, qui font partie intégrante de la démarche expérimentale dans certains domaines, ne fourniront pas à proprement parler de résultats pouvant être utilisés dans des articles, même s'ils pourront être décrits dans un mémoire ou une thèse.

Les expériences préliminaires pourront constituer un banc d'essai pour les méthodes, si elles n'ont pas déjà été employées dans le laboratoire ou qu'un des objectifs du projet consiste justement à développer une ou des méthodes, et qu'elles sont alors nouvelles même pour le directeur. Un projet de maîtrise joue souvent ce rôle pour l'étudiant qui continue au doctorat dans le même champ de recherche, ou pour les projets d'autres étudiants du laboratoire.

L'étudiant à la maîtrise, ou au doctorat, en profitera pour se familiariser avec les techniques ou méthodes de la spécialité ou du champ de recherche, lorsque celui-ci est nouveau pour lui. Il commencera en général par suivre des sentiers battus, en se contentant de refaire d'abord ce que d'autres avant lui ont réalisé, avant de plonger dans l'inconnu. En fait, à cette étape, l'inconnue, pour le directeur, est davantage l'étudiant que le projet lui-même. Une fois cette étape franchie, l'étudiant pourra s'engager prudemment dans les aspects inédits du projet, en testant séparément divers éléments qui devront être combinés au moment de l'expérimentation définitive, ou en procédant à une application réduite de la méthode. Parfois, il pourra avoir l'impression de perdre son temps en faisant des manipulations qu'il lui faudra de toute façon reprendre plus tard, et pourra être tenté de passer immédiatement aux expériences définitives. Cependant, les expériences préliminaires constituent un excellent moyen d'évaluer rapidement et à peu de frais le risque ou l'incertitude du projet ainsi que le potentiel des hypothèses, compte tenu des ressources disponibles. Souvent, elles suggéreront la tenue de nouvelles expériences, ou même une nouvelle définition du projet.

Les expériences préliminaires ne sont pas toujours possibles en raison de contraintes financières ou de la nature même du projet. Dans ce cas, on accordera un soin particulier à l'analyse de la documentation afin d'y déceler tout indice permettant de juger de la valeur ou de la pertinence des choix effectués lors de la planification du projet.

b) Le travail en laboratoire ou sur le terrain

Que ce soit pour les expériences préliminaires ou définitives, le travail en laboratoire ou sur le terrain, que l'on apprendra d'abord par imitation des étudiants plus expérimentés et des techniciens, gagnera en qualité et en efficacité si l'on se conforme à certains principes. Tout d'abord, malgré la fébrilité qui s'empare par moments de l'expérimentateur qui voit poindre un résultat attendu, ou au contraire en dépit de l'impatience de celui ou celle qui ne voit rien venir malgré l'heure avancée ou l'imminence d'une échéance, il est important de ne pas travailler trop vite. Cela ne veut pas dire de « se traîner les pieds », mais bien de prendre le temps de procéder aux vérifications appropriées à chaque étape d'une expérimentation, avant de s'engager dans la suivante. Cela signifie aussi traiter avec un grand soin le matériel, qu'il s'agisse d'appareils ou d'animaux, car les erreurs ou la négligence peuvent entraîner des coûts importants ou des conséquences fâcheuses non seulement sur son propre projet, mais aussi sur ceux d'autres personnes (par exemple, lorsqu'un appareil à usage collectif devient inutilisable ou qu'une maladie se propage dans un élevage).

Cela veut dire également de prendre le temps de consigner dans le cahier de laboratoire (qui peut être accompagné d'un journal de bord, ou même en constituer un) tout ce qu'on a fait, tout ce qu'on a mesuré (c'est-à-dire, de plus en plus, le nom et la localisation des fichiers de données) et tout ce qu'on croit susceptible d'avoir exercé une influence quelconque sur l'expérience. Cette mémoire de l'expérimentation est essentielle à deux égards. D'une part, l'analyse des résultats pourra faire apparaître des phénomènes imprévus ou indésirables, non perceptibles lors de l'expérimentation, qu'il faudra tenter d'expliquer. Or cela ne pourra se faire que si l'on arrive à retracer le plus précisément possible les conditions qui régnaient lors de l'expérimentation et les gestes qui y ont été posés. D'autre part, les personnes qui travaillent en même temps (ou qui travailleront plus tard) sur les mêmes sujets ou avec les mêmes appareils, ou encore qui utiliseront les résultats de cette expérimentation, risquent fort, eux aussi, d'avoir besoin de ces renseignements.

C'est pour cette raison que plusieurs directeurs exigent que ces cahiers ne sortent jamais du laboratoire. Ceux-ci peuvent aussi être informatisés, ce qui présente le double avantage de faciliter la conservation de copies de sûreté et de pouvoir servir ultérieurement de canevas de base à la section « description de l'expérimentation » des articles, du mémoire ou de la thèse, ou encore aux rapports périodiques d'avancement des travaux exigés dans certaines équipes. Des étudiants ont dû reprendre des expériences, et des directeurs se sont retrouvés dans l'impossibilité de poursuivre certains travaux, simplement parce que les cahiers de laboratoire étaient incomplets ou que les étudiants les avaient emportés avec eux en quittant l'université.

Cette même approche, que nous pourrions qualifier de posée ou de réfléchie, est nécessaire pour conserver tant la concentration nécessaire à la qualité de l'observation que l'attitude de doute, indispensable en recherche. Le signal que l'on observe est-il vraiment un signal expérimental, ou bien un artefact de l'appareil de mesure, ou encore la conséquence de travaux dans le laboratoire voisin venant perturber l'alimentation électrique ? L'appareil que l'on croyait calibré l'est-il vraiment ? Bien des étudiants vous raconteront les jours, voire les semaines d'expérimentation dont les résultats ont pris le chemin de la poubelle, alors que des signes manifestes ou une simple vérification de routine auraient pu dès le départ les mettre sur la piste. À l'inverse, on peut aussi se demander combien de résultats, fondés ceux-là mais inattendus, ont également pris trop rapidement la direction du bac à recycler.

Bien sûr, il est toujours plus facile, rétrospectivement, de juger que « on aurait dû s'en rendre compte... », et il est inévitable que l'on fasse des erreurs. Cela fait partie du processus même d'apprentissage « sur le tas », et les directeurs sont en général indulgents à cet égard (ils ont commis eux aussi des erreurs). Certains directeurs considèrent même qu'il est préférable de laisser un étudiant découvrir son erreur par lui-même, quitte à intervenir si le retard devient trop pénalisant, et lui apporter alors tout le soutien requis pour réparer les pots cassés.

Ce qu'on acceptera difficilement par contre, c'est qu'un étudiant cherche à dissimuler ses erreurs, ce qui peut à la limite être assimilé à la fraude scientifique (voir à ce sujet le chapitre 9). On ne verra pas d'un très bon œil non plus, car c'est une attitude peu productive, le fait que quelqu'un insiste à tout prix pour résoudre seul ses difficultés. Il lui suffit d'accepter de faire preuve d'un peu d'humilité pour vite constater qu'il est entouré de personnes qui peuvent l'aider à résoudre ses problèmes. Il y a d'abord les autres étudiants, dont la solidarité à cet égard est proverbiale — sauf peut-être dans certains laboratoires où règne une intense compétition. Il y a aussi les associés de recherche et les stagiaires postdoctoraux, qui peuvent toutefois hésiter à s'engager dans ce processus d'aide, car ils se retrouvent en quelque sorte en conflit entre les exigences de productivité auxquelles on les soumet et des tâches d'encadrement qu'on ne leur reconnaît pas. Il y a également les techniciens, qui sont les seuls à assurer une réelle permanence au sein du laboratoire. Il y a finalement le directeur, quand le métier de professeur-chercheur ne l'a pas encore mené trop loin de la réalité quotidienne du laboratoire. En bout de piste, il est toujours possible de soumettre son problème à un forum ou groupe de discussion dans Internet, où l'on voit régulièrement apparaître ce genre de question (voir chapitre 5).

4.5 L'analyse des résultats

L'analyse des résultats est la partie cruciale du projet de recherche. Si les travaux de laboratoire présentent un caractère technique et répétitif, au point qu'une bonne partie de ceux-ci pourraient en principe être confiés à du personnel moins qualifié — techniciens, étudiants de premier cycle —, l'analyse des résultats est, avec la planification du projet et la rédaction des articles, le domaine exclusif du chercheur. Quand la chose est possible, les données sont traitées et les résultats analysés en parallèle avec l'expérimentation, ce qui permet de déceler rapidement toute anomalie et de réajuster le tir si nécessaire. Cette analyse gagne énormément à être effectuée en étroite collaboration avec le directeur, ou en groupe ; sinon, il est utile d'en discuter le plus tôt possible avec d'autres étudiants, ou un public réuni à cette fin. La participation à un congrès est aussi une excellente occasion de pouvoir discuter en privé avec des personnes qui travaillent dans le même champ de recherche et d'apprendre des choses que les articles ne mentionneront jamais. Il est très dangereux de s'isoler pour cette tâche, car l'enthousiasme que l'on ressent pour ses résultats peut facilement se nourrir de lui-même et rendre méfiant à l'égard de toute critique ; la nécessaire douche froide qui attend au détour n'en devient alors que plus traumatisante.

La prise et le traitement des données ainsi que l'analyse des résultats mettent à contribution de nombreux outils informatiques : appareils à affichage numérique, logiciels d'acquisition et de traitement de données, logiciels spécialisés pour certaines analyses, progiciels de statistiques, bases de données, logiciels graphiques, etc. Si le maniement de ces logiciels, de plus en plus puissants mais de plus en plus conviviaux, ne pose pas en général de difficultés, leur usage en recherche a fait surgir une difficulté majeure que nous nommerons l'*illusion de la vérité informatique*. En effet, les appareils de mesure à affichage numérique ont presque complètement remplacé les appareils à cadrans, quand ils ne sont pas directement reliés à un ordinateur. Les progiciels ont éliminé les calculs et le tracé de courbes fastidieux, qui occupaient auparavant une partie non négligeable du temps consacré à l'analyse des résultats. Il n'est pas question de regretter cette époque révolue et de prôner le retour à la plume d'oie, aux tables de logarithmes ou à la règle à calcul, mais on est forcé de constater que la révolution informatique semble, pour beaucoup, avoir rendu inutiles ou simplement inexistantes des opérations pourtant essentielles comme l'évaluation de l'incertitude des mesures et la vérification de la validité des résultats numériques.

On dirait que la facilité et la rapidité avec lesquelles l'informatique nous permet d'obtenir, de traiter et de mettre en graphique ces valeurs portent à oublier la nécessité de réflexion ou de sens critique à leur sujet.

Pourtant, ce n'est pas parce que l'ordinateur affiche une valeur avec 8 ou 12 chiffres que la quantité en question est précise à plus qu'un ou deux chiffres significatifs. Toute mesure a une précision limitée, que ce soit à cause de l'instrument de mesure lui-même, des conditions dans lesquelles il est utilisé, ou des caractéristiques de l'objet mesuré, et cet état de fait n'a pas changé avec l'avènement des ordinateurs. Cette précision, il faut l'évaluer à chaque fois, et harmoniser en conséquence l'ensemble de ses résultats ; c'est, à la limite, une question d'honnêteté intellectuelle. La plupart des progiciels sont réglés au départ pour afficher deux décimales ; est-ce un hasard si une bonne partie des tableaux que l'on présente affichent précisément ce nombre de décimales, quel que soit l'ordre de grandeur des quantités présentées ?

Dans le même ordre d'idées, un logiciel de statistiques pourra facilement calculer toutes sortes de paramètres décrivant une distribution, mais que fait exactement l'ordinateur avec les données qu'on lui fournit ? Que signifient exactement l'écart-type, la corrélation ? Quelle est la pertinence de ces quantités, compte tenu de la nature de notre échantillon ? Que nous apprend sur nos résultats la droite ou la courbe qui passe par nos points expérimentaux ? Comment se répercute la précision limitée de nos mesures sur la valeur de nos résultats finaux ? Il est vrai que certains projets de recherche ne font pas appel aux statistiques, ni même à des données numériques, mais une grande partie des étudiants risquent de se heurter à ce type de problème au moment de l'analyse de leurs résultats. Les cours de statistiques, obligatoires, ou fortement suggérés dans plusieurs spécialités ou champs de recherche, constituent une base utile mais non suffisante dans la plupart des cas. On doit alors compléter sa formation par soi-même, ou encore faire appel aux services d'un collègue plus aguerri ou, dans certains cas, d'une personne qualifiée en statistiques dont le mandat consiste justement à dépanner les membres de l'équipe ou du centre.

Finalement, une des tâches les plus difficiles demeure celle d'apprécier ses propres résultats à leur juste la valeur. Cette habileté ne s'acquiert qu'avec l'expérience, par le biais des innombrables discussions menées autour de ces résultats. Ainsi seulement arrive-t-on à mieux trancher, bien que jamais de manière définitive, entre des constats opposés : Est-ce normal que j'aie obtenu des résultats différents de ceux que l'on retrouve dans la documentation, ou bien me suis-je trompé ? Est-ce acceptable ou non d'obtenir des résultats différents dans des conditions en apparence identiques ? Ce que j'ai fait est-il intéressant ou dérisoire ? Ai-je accompli un travail original ou une simple adaptation de ce qui a déjà été fait ? Les étudiants sont bien souvent portés à douter de la qualité ou de l'intérêt de leurs travaux. En un sens, ce doute est créateur, mais il est en même temps source de tension et d'inquiétude. Un jour pourtant, les articles, le mémoire ou la thèse seront terminés, soumis et jugés valables. De tels moments de grâce effacent bien des années d'angoisse, et la fierté que l'on ressent est la meilleure récompense de notre persévérance.

CHAPITRE 5

LA RECHERCHE D'INFORMATION

Marc Couture

Tout projet de recherche, aussi novateur soit-il, doit s'appuyer sur les travaux antérieurs effectués dans le même domaine, en même temps qu'il doit s'en distinguer. Sa réalisation nécessite aussi un certain nombre d'informations ou de données factuelles, relatives aux matériaux, substances ou méthodes que l'on envisage d'utiliser. Il est donc essentiel de pouvoir retracer et obtenir dans des délais raisonnables toute l'information nécessaire. En général, le problème n'est pas la quantité d'information disponible : revues, volumes, banques de données et, depuis peu, documents et bases de données diverses accessibles par Internet, les sources ne manquent pas. Mais comment s'y retrouver dans cette masse d'information ? Comment repérer l'information pertinente, et comment juger de sa qualité ? La recherche d'information, qui comprend non seulement la recherche d'informations factuelles précises mais aussi la recherche documentaire, est à la fois une technique et un art, qui ressemble souvent au travail du détective ou du prospecteur. Heureusement, de nombreux outils ont été mis au point afin de nous aider dans cette tâche ; il suffit d'en connaître l'existence, de savoir comment y accéder et d'apprendre à les utiliser.

5.1 La documentation scientifique

Pour être en mesure de mener une recherche d'information efficace, il faut garder à l'esprit que chacune des étapes d'un projet de recherche donne lieu à l'échange ou à la diffusion d'informations relatives au projet. Ces informations, qui se retrouvent la plupart du temps dans des documents, se distinguent par :

— le type de support (imprimé ou, de plus en plus, électronique) ;
— la quantité de détails qui y figurent ;
— leur fiabilité (reliée à la présence ou non d'un processus de contrôle de qualité et à sa nature) ;
— leur caractère plus ou moins récent.

On distingue en outre les sources d'information primaires, comme les revues, qui présentent directement l'information, et les sources secondaires, comme les bases de données bibliographiques, qui compilent et indexent le contenu des sources primaires dans le but d'en faciliter le repérage.

Passons en revue, dans un premier temps, les principales étapes d'un projet de recherche et les formes de communication ou les types de documents (sources primaires) qui leur sont associés.

Lorsqu'un projet est en voie d'élaboration, le principal type de communication auquel il donnera lieu consistera en des discussions informelles avec des collègues. Certaines de ces discussions pourront se faire par échanges de courrier électronique privé entre les chercheurs, ou encore par le biais de **forums** ou groupes de discussion spécialisés dans un domaine de recherche, utilisant Usenet ou le courrier électronique (**listes de diffusion**) ; certains forums sont aussi archivés et leur contenu est accessible sur le W3. Lorsque le projet aura pris une forme plus précise, il donnera généralement lieu à une demande de financement, à laquelle on ne peut normalement avoir accès, à moins que l'auteur ne consente à nous la communiquer en tout ou en partie. Le projet pourra aussi être décrit, parmi l'ensemble des projets en cours, dans le rapport annuel de l'établissement du chercheur ou dans la page personnelle de ce dernier.

Pendant la réalisation du projet, des résultats préliminaires pourront être décrits dans des rapports internes (souvent versés sur un **site W3**), dans des rapports d'étape externes (*technical reports*) destinés à l'organisme ayant financé la recherche, ou encore seront présentés à l'occasion de congrès ou colloques. À la fin du projet ou, s'il s'étend sur plusieurs années, au terme d'une étape importante des travaux, des résultats définitifs et des pistes de recherche seront présentés dans des rapports externes ou des articles scientifiques ; les demandes de brevets seront également effectuées à cette occasion. Comme le délai entre la soumission d'un article et sa publication est généralement long (jusqu'à deux ans), les articles soumis mais non encore publiés, voire non encore acceptés, peuvent être diffusés de manière informelle, sous forme de photocopies ou par le biais d'un site W3 ; ce sont les prépublications (*preprints*). L'importance de cette pratique varie toutefois sensiblement selon les disciplines ou même les spécialités. Les résultats définitifs seront également présentés dans des communications à des congrès ou colloques, dont les résumés sont disponibles avant ou au moment de la tenue de l'événement. Les textes des communications présentées à ces congrès et colloques sont réunis dans des comptes rendus (Actes ou *Proceedings*). Ces textes sont parfois distribués sur place, mais ils sont le plus souvent publiés ultérieurement, parfois des années plus tard. Les résultats définitifs d'une recherche apparaîtront aussi dans les mémoires et les thèses qui, même lorsqu'ils sont rédigés après la soumission des articles scientifiques, peuvent être disponibles avant leur parution.

Finalement, des articles de synthèse (*review articles*) ainsi que des articles de vulgarisation de haut calibre (comme ceux que l'on trouve dans des revues comme *Interface, La Recherche* et *Pour la Science/Scientific American*), habituellement rédigés par des chercheurs reconnus du domaine, présenteront une vue d'ensemble des travaux réalisés au cours des dernières années sur un sujet avec, souvent, une évaluation critique. Aux congrès et colloques, les conférences sur invitation (en opposition aux communications régulières, soumises par leurs auteurs) comprendront souvent le même genre de travaux. Les manuels (ouvrages collectifs ou autres) présenteront également l'état des connaissances sur un sujet ou un domaine.

La figure 5.1 présente, pour les diverses étapes d'un projet de recherche et les objets de communication qui leur sont associés, les types de documents dans lesquels se retrouve l'information correspondante, avec pour chacun une idée approximative du délai au bout duquel l'information devient disponible. On remarquera que ce délai, qui peut atteindre plusieurs années, est extrêmement variable même pour un type donné de document.

En général, le degré de fiabilité de l'information augmente avec le délai de parution. Plus précisément :

— les informations versées sur les réseaux (forums et groupes de discussion, sites W3 des établissements), les prépublications non acceptées, les rapports externes et les demandes de brevets ne font l'objet d'aucune forme d'évaluation quant à la qualité scientifique ;

— les rapports internes font parfois l'objet d'une évaluation au sein du groupe ou du centre de recherche auquel appartient l'auteur ;

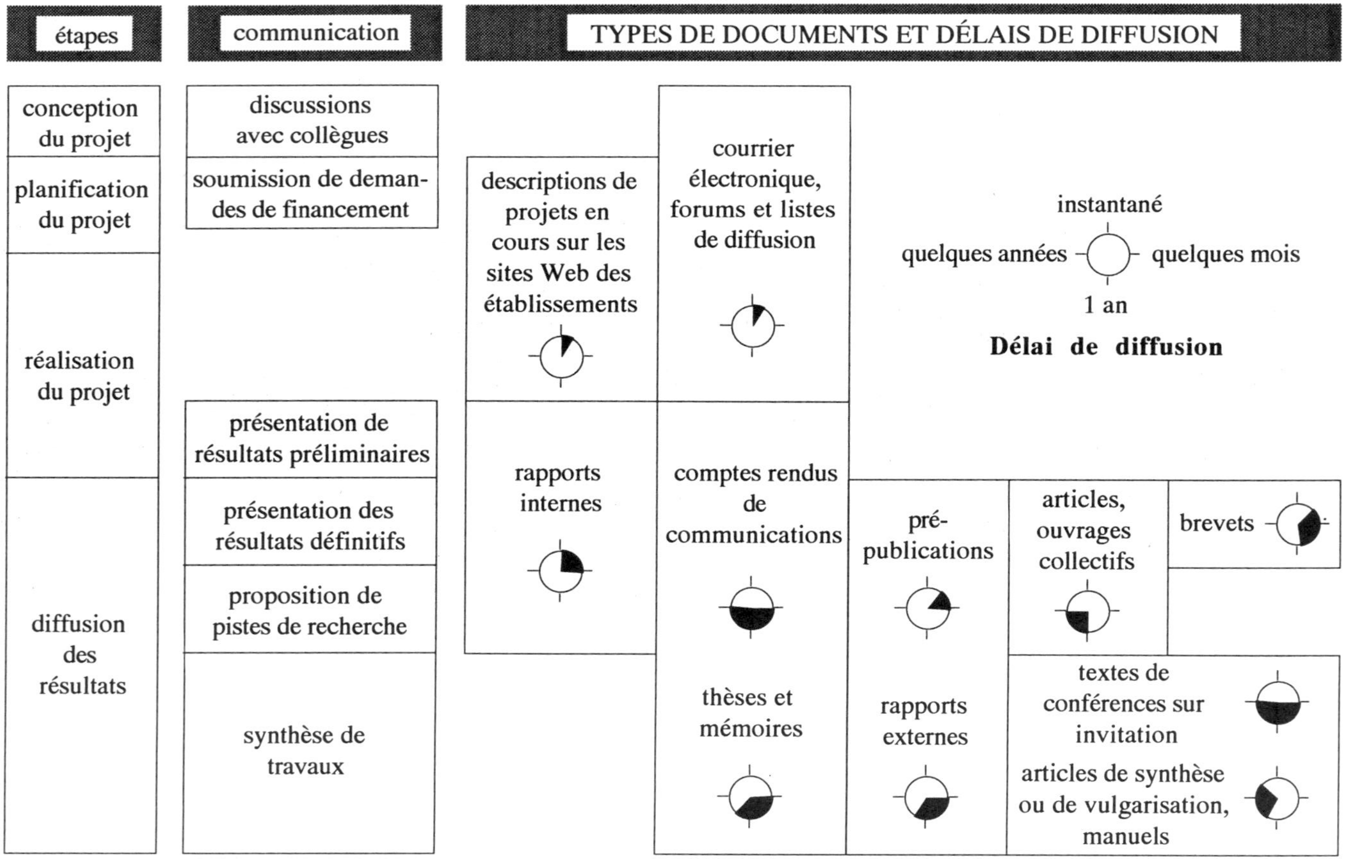

TYPES DE DOCUMENTS ET DÉLAIS DE DIFFUSION

instantané — quelques mois

quelques années — 1 an

Délai de diffusion

étapes	communication		
conception du projet	discussions avec collègues	descriptions de projets en cours sur les sites Web des établissements	
planification du projet	soumission de demandes de financement	courrier électronique, forums et listes de diffusion	pré-publications
réalisation du projet		rapports internes	
	présentation de résultats préliminaires	comptes rendus de communications	rapports externes
	présentation des résultats définitifs	thèses et mémoires	articles, ouvrages collectifs
diffusion des résultats	proposition de pistes de recherche		textes de conférences sur invitation
	synthèse de travaux		articles de synthèse ou de vulgarisation, manuels
			brevets

Figure 5.1 Les principaux types de documents associés aux étapes d'un projet de recherche et leurs délais de diffusion

— les comptes rendus de congrès et colloques sont généralement évalués, mais de manière très variable selon la nature de l'événement ;

— les autres documents (thèses et mémoires, articles divers, ouvrages collectifs et manuels) font l'objet d'une évaluation serrée, particulièrement dans le cas des articles, généralement évalués par au moins deux spécialistes du domaine ne travaillant pas dans le même établissement que l'auteur.

La quantité de détails varie également d'un type de document à l'autre. On retrouvera beaucoup plus de détails, particulièrement en ce qui touche l'expérimentation, dans les thèses et les mémoires de type traditionnel, ainsi que dans les monographies (ouvrages collectifs et manuels spécialisés), que dans les articles. Les articles sont souvent eux-mêmes beaucoup plus détaillés que les comptes rendus de conférences et les articles de synthèse.

Il importe donc, au moment de réaliser la recherche documentaire, de pondérer tous ces éléments parfois contradictoires en fonction des objectifs que l'on vise : a-t-on besoin d'obtenir beaucoup de détails, de connaître les plus récents développements, de faire le tour d'un sujet ou encore de se familiariser avec un nouveau domaine ?

5.2 L'indexation de l'information scientifique et les sources secondaires

Lorsque l'on a cerné ses besoins, il faut repérer l'information pertinente à l'aide des sources secondaires. Celles-ci comprennent divers types de documents qui ont été conçus expressément pour nous éviter d'avoir à chercher au hasard dans toute la documentation existante ; d'ailleurs, au rythme où celle-ci est produite, une vie n'y suffirait pas. Ces documents offrent une indexation de l'information, c'est-à-dire un classement des unités d'information (articles, communications, brevets, etc.) selon les sujets et, pour chaque unité une notice qui en décrit brièvement le contenu, à l'aide du titre, d'un résumé, de mots clés, de **descripteurs**, etc. Ils sont offerts sous forme de documents imprimés ou de banques de données numériques sur **serveur** ou disque optique compact (DOC, appelé aussi cédérom). Notons que plusieurs de ces documents sont disponibles dans plus d'un format.

Les plus importantes sources secondaires, en science et en ingénierie, sont :

— *Les index ou répertoires d'articles.* Ces périodiques classent par catégories et sous-catégories de sujets tous les articles parus dans les plus importants périodiques d'une discipline ou d'un grand domaine. Ils fournissent généralement les résumés tels qu'ils apparaissent au début de chaque article. Chaque domaine possède son propre système de classification (par exemple le PACS — *Physics and Astronomy Classification Scheme*), et les index utilisent des listes de mots clés ou de descripteurs préétablis (les thésaurus) ; ce sont souvent les auteurs d'un article eux-mêmes qui désignent les mots clés et les catégories pertinentes. Les plus importants de ces répertoires indexent ainsi à chaque année jusqu'à des centaines de milliers d'articles tirés de milliers de périodiques. On retrouve, sous forme imprimée et (ou) sur DOC, des répertoires comme les *Physics Abstracts*, *Chemical Abstracts*, *Biological Abstracts* pour les disciplines correspondantes, l'*Index Medicus* pour les sciences de la santé, le *Compendex* pour l'ingénierie. Il faut savoir que les articles mettent en général quelques mois à paraître dans ces répertoires, et que les versions DOC disponibles en bibliothèque ne couvrent souvent que les années les plus récentes.

— *Le Science Citation Index.* Cet index compile tous les documents cités dans un large éventail d'articles et de volumes parus une année donnée, en fournissant la référence complète de chacun des documents d'où proviennent les citations.

— *Les Current Contents.* Ces répertoires, pour sept grands domaines de la science (sciences de la matière et de la Terre, sciences de la vie, ingénierie, etc.), paraissent à chaque semaine. Ils présentent les tables des matières des numéros très récents (datant au maximum d'un ou deux mois) d'un grand nombre de périodiques et un index des mots des titres des articles. La version numérique contient aussi le résumé des articles. Dans le même registre, on retrouve des services payants proposés par des organismes comme l'Institut canadien d'information scientifique ou technique (ICIST) ou *Un-Cover* (qui n'est toutefois pas spécialisé en sciences), qui permettent le même genre de recherche par le biais d'Internet et qui offrent de surcroît l'envoi des articles sélectionnés par la poste ou par voie électronique.

— *Les répertoires de thèses.* Toutes les thèses de doctorat et certains mémoires de maîtrise sont indexés dans des ouvrages spécialisés, par exemple les *Dissertation Abstracts International*, section B (science et ingénierie).

— *Les banques de données bibliographiques interrogeables à distance.* D'autres répertoires, très nombreux et couvrant des domaines plus ou moins larges, sont stockés sur des serveurs accessibles à distance. La plupart contiennent le même type d'information que les répertoires imprimés (mots clés, résumés) ; certains sont même identiques à leur version imprimée. Les banques présentent l'avantage (par rapport au DOC, par exemple) de pouvoir être mises à jour continuellement plutôt qu'une fois ou deux par année ; toutefois, le délai entre la parution d'un article et son entrée dans la banque est très variable d'une banque à l'autre.

— *Les banques de données scientifiques et techniques.* D'autres banques contiennent des informations de nature variée : brevets, prépublications, annonces ou comptes rendus de conférences, logiciels, données relatives aux substances, matériaux, molécules, noyaux atomiques, etc., ou même des données expérimentales brutes.

— *Les listes de sites Internet.* Des établissements, associations ou même des individus offrent dans Internet des listes des sites (généralement des sites W3) qu'ils ont repérés sur des sujets donnés, en joignant parfois une brève description de chacun d'eux. Certains **outils de recherche** (*search engines*) offrent des listes arborescentes de sites classifiés par sujets. La qualité et la pertinence de tous ces types de listes sont très variables, à l'image de ce tout que l'on trouve dans Internet, mais on y fait parfois des découvertes qui nous épargnent des heures de recherche. Ainsi, une bonne partie de la documentation nécessaire à la préparation du chapitre 9 de cet ouvrage a été obtenue en quelques heures grâce à une liste versée sur la **page W3** d'une personne intéressée au sujet et facilement repérée à l'aide d'un outil de recherche.

— *Les catalogues de bibliothèques.* Toutes les bibliothèques possèdent un catalogue dans lequel les ouvrages et périodiques qu'elles détiennent sont classés selon divers critères. Les catalogues traditionnels sont formés de fiches réunies dans des tiroirs et classées de trois manières différentes : par ordre alphabétique d'auteur, de titre, ou de sujet, décrit par les vedettes-matière (*subject headings*). La plupart de ces catalogues sont maintenant informatisés et beaucoup sont accessibles à distance, mais ces trois catégories (les vedettes-matière étant remplacées par les descripteurs unitermes) ont été maintenues pour fins de recherche automatisée.

5.3 L'accès à l'information

Toute recherche documentaire demande donc, une fois que l'on a repéré les sources pertinentes d'information (primaires ou secondaires), d'y accéder. Deux moyens complémentaires peuvent être mis à contribution : la fréquentation des bibliothèques ou des centres de documentation (ces derniers, plus petits et plus spécialisés, étant en général situés dans les locaux des centres de recherche, lorsque ceux-ci sont suffisamment importants), et l'utilisation d'un ordinateur permettant d'accéder, soit directement, soit par le biais d'Internet, à l'information numérisée.

a)   La fréquentation des bibliothèques et des centres de documentation

Bien que la recherche documentaire planifiée, portant sur des sujets plus ou moins généraux, soit essentielle pour la conception de projets de recherche, on ne saurait trop insister sur l'utilité de consacrer une heure ou deux par semaine, en moyenne, à des séances de furetage dans la section des périodiques courants de la bibliothèque ou du centre de documentation. On profitera de l'occasion pour parcourir les tables des matières ou feuilleter les revues de son domaine, et même les périodiques plus généraux, comme les magazines destinés aux membres d'une discipline ou encore les revues de vulgarisation de haut de gamme. On arrivera ainsi à acquérir et à conserver une vision de l'évolution de la science en général et de son domaine, et parfois à trouver des façons de transposer dans son domaine des approches ou des techniques utilisées dans un autre contexte. Évidemment, en consultant aussi les revues de son domaine, on trouvera régulièrement des articles pertinents pour ses propres travaux. Il est très avantageux de se constituer une liste des revues couvrant son domaine disponibles à la bibliothèque ou couvertes par les *Current Contents*, liste où l'on indiquera, le cas échéant, la cote de chacune et, pour celles que l'on consulte régulièrement, le dernier numéro examiné.

Dans une bibliothèque, ce furetage est plus facile lorsque les revues sont classées par cotes : les revues d'un même domaine seront alors placées côte à côte. Si ce n'est pas le cas (certaines bibliothèques placent les revues par ordre alphabétique), notre liste personnelle de revues nous aidera à ne pas en oublier. Cette liste s'enrichira d'ailleurs tout au long de notre recherche, au fur et à mesure que nous serons amenés à explorer de nouvelles voies. Il est essentiel également de se constituer dès le départ une bibliographie personnelle, classée selon les sujets qui nous intéressent, qui sera elle aussi enrichie à chacune des visites à la bibliothèque.

De temps à autre, on profitera de cette visite pour mettre à jour une recherche sur DOC déjà effectuée pour un projet de recherche en cours, ou encore pour consulter la plus récente version des répertoires d'articles, qui donnent accès à un nombre de périodiques beaucoup plus grand que ce qu'offre la bibliothèque ou le centre de documentation. Lorsqu'on découvre un article qui semble pertinent, notre liste personnelle nous permet souvent de trouver la revue sans devoir consulter de nouveau le catalogue de la bibliothèque. Dans les cas où celle-ci n'est pas abonnée à la revue en question, on aura recours au prêt entre bibliothèques, service généralement rapide et offert à un coût minime.

De plus en plus, ce furetage peut être effectué à partir de notre ordinateur personnel, grâce aux ressources accessibles à distance (sites W3 des revues, *Current Contents* ou services similaires). La principale limite de ce mode de consultation demeure l'impossibilité (tant que la plupart des revues demeureront en version papier) de consulter immédiatement le contenu des articles.

Une autre bonne façon de se tenir à jour est de s'abonner à une ou deux revues générales ou spécialisées ; la réception d'un nouveau numéro constitue une source de motivation non négligeable. À ce sujet, soulignons que les associations disciplinaires ou scientifiques offrent souvent des conditions d'abonnement avantageuses à leurs membres, certaines incluant même cet abonnement dans la cotisation annuelle.

Au début d'un nouveau projet de recherche et à quelques occasions durant sa poursuite (du moins, avant la rédaction d'articles, de rapports du mémoire ou de la thèse), il conviendra d'entreprendre ou de mettre à jour une recherche en profondeur dans une des banques accessibles à distance. Les bibliothèques offrent généralement ce service, souvent sur rendez-vous, par l'intermédiaire d'une ou d'un documentaliste qui connaît bien les banques de données scientifiques, leurs modes d'interrogation et les stratégies de recherche d'information. Même si le service est directement accessible aux usagers (en particulier dans le cas des banques sur DOC), la consultation préalable du personnel de la bibliothèque demeure indiquée. Il faut toutefois savoir que la plupart des banques de données scientifiques sont gérées par des entreprises à but lucratif, qui demandent un tarif assez élevé (un tarif de base plus un tarif horaire d'interrogation) ; le coût d'une recherche atteint facilement quelques centaines de dollars.

b)   L'utilisation d'Internet

Né dans le monde scientifique (en fait, mis sur pied par le Département américain de la Défense mais rapidement colonisé et développé par les scientifiques), le réseau Internet est devenu un moyen de communication et de diffusion incontournable. Plusieurs scientifiques n'hésitent pas à affirmer que son avènement a transformé à plusieurs égards les pratiques scientifiques, et que c'est loin d'être fini (Hoke, 1994).

En plus des possibilités de communication rapide (courrier électronique) qu'il offre, et qui ont grandement facilité les collaborations à distance, le réseau Internet est aujourd'hui employé par les scientifiques pour accéder presque en temps réel (à condition, bien sûr, que les gestionnaire des sites les tiennent à jour) à l'information relative à toutes les étapes d'un projet de recherche, quelle qu'en soit l'origine. Il permet de contourner les problèmes des délais de parution, de difficulté d'obtention et, la plupart du temps, de coût (personnel ou institutionnel) d'acquisition des documents imprimés.

Le principal problème que présente Internet, que l'on peut considérer comme le mode d'accès à une gigantesque banque de données, est le caractère globalement anarchique de l'information qu'il renferme. En effet, dans Internet, l'information :

— est hétérogène : des documents de toute nature s'y côtoient, se présentant apparemment tous sur le même pied ; il n'est jamais facile de reconnaître dans la liste des résultats d'une recherche documentaire, le type d'un document donné : est-ce un résumé, une liste de sites, un texte complet, un simple chapitre, la **page d'accueil** d'un **hypertexte** ou une page W3 quelconque, une banque de données, etc. ;

— est indexée de manière très primaire : les structures globales (c'est-à-dire regroupant des informations réparties sur différents sites) sont constituées soit de manière automatique, à l'aide des logiciels utilisés par les gestionnaires des outils de recherche, soit par des individus ou organisations qui dressent de manière subjective des listes de sites, souvent très peu ou pas du tout commentées, sur un sujet donné ;

— est peu structurée : contrairement à ce que l'on trouve dans les banques de données commerciales, qui prévoient des champs bien distincts pour plusieurs types d'informations relatives à un document (type de document, auteurs, résumé, mots clés ou descripteurs, date, etc.), les informations caractérisant un document dans

Internet se résument à quelques éléments comme le titre, la date, le pays d'origine (désigné par les deux lettres de fin de l'**adresse URL** (.ca pour Canada, .fr pour la France, .uk pour le Royaume-Uni, etc.) ou le type d'organisation (surtout pour les sites américains : .edu pour un établissement d'enseignement, .gov pour un organisme gouvernemental, .com pour une entreprise privée). Et même si, au moment d'écrire ces lignes, la nouvelle version du langage universel des documents destinés aux sites W3 (le langage HTML) prévoit une catégorie « mot clé », la nature même d'Internet ne permettra sans doute pas, en l'absence de l'équivalent d'un thésaurus, de normaliser l'usage de ces mots clés ;

— est volatile et instable : alors qu'on peut dire qu'un document papier est stable, car il peut être retrouvé dans son état original même après plusieurs années, un document électronique stocké sur un serveur peut à tout moment être modifié ou retiré ; son adresse peut également être modifiée, de sorte qu'il peut devenir difficile ou même impossible de le consulter de nouveau ;

— échappe à tout contrôle de qualité, à moins qu'elle ne porte le sceau d'un organisme établi (revue scientifique, association disciplinaire, entreprise connue, etc.).

De plus, les outils de recherche disponibles sont très différents les uns des autres tant pour ce qui est de l'efficacité intrinsèque (le nombre de sites répertoriés, la rapidité de la mise à jour et la qualité de l'indexation) qu'en ce qui concerne la facilité et la souplesse d'utilisation. On en retrouve actuellement de trois types :

— *Les outils de type index* classent les sites en une hiérarchie de catégories ; certains permettent des recherches de sites par mots clés à l'intérieur des catégories. Ils sont utiles pour commencer une recherche assez générale sur un vaste sujet.

— *Les outils de recherche à logique booléenne* (du nom de George Boole, mathématicien anglais du 19e siècle) permettent de soumettre un mot ou une expression, c'est-à-dire une combinaison de mots reliés par des conjonctions comme ET, OU, SAUF (*AND NOT*), PRES DE (*NEAR*), ADJ (adjacent) ou FOLLOWED BY, et de retrouver les documents où ce mot ou cette combinaison apparaît.

— *Les outils de recherche contextuelle* qui considèrent les mots comme des indications permettant de cerner le sujet recherché et tentent de trouver des documents reliés à ce sujet, que ceux-ci contiennent ou non les mots exacts soumis, et les *outils de recher-*

che à logique floue qui interprètent de manière non stricte des conjonctions comme ET et SAUF.

En réponse à une requête, ces outils retournent généralement le nombre de documents dans lesquels les mots ou expressions ont été retrouvés, ainsi que les adresses (sous forme de liens) et, souvent, des extraits de ces documents. Le caractère non structuré des documents est compensé en principe par la présentation des adresses par ordre de pertinence, selon des critères comme la proximité des divers mots ou expressions, ou encore suivant leur fréquence d'apparition ou leur position dans le document. Ces outils évoluent constamment et rapidement ; il est donc conseillé, avant d'en choisir un, de consulter un des sites W3 offrant une description et une évaluation des outils de recherche. Pour retrouver ces sites, il suffit de formuler une requête à l'aide de l'un d'entre eux en utilisant une expression du type suivant :

(search ADJ engines) ET (web OU www OU w3 OU internet OU net) ET (compar* OU evaluat*).

Cette recherche risque même de dénicher de l'information sur la performance des outils pour des fins de recherche d'information scientifique (Lebedev, 1996).

Malgré les limites évoquées plus haut, Internet demeure un outil extrêmement utile. Il peut permettre, dès la conception d'un projet de recherche, d'obtenir de l'information à son sujet en parcourant les pages d'individus ou d'organismes repérées lors d'une recherche globale, c'est-à-dire une recherche portant sur l'ensemble des sites W3. Ces pages contiennent souvent des descriptions brèves des projets en cours et donnent l'adresse de courrier électronique des personnes qui y travaillent. On peut alors obtenir un complément d'information, des références, etc., en communiquant avec ces personnes. Il est facile à cet égard de vérifier que le délai de réponse à un message électronique est de beaucoup inférieur à celui d'une lettre, et la grande facilité d'envoi de cette réponse ne peut qu'accroître la possibilité d'en recevoir une, dans le cas d'une personne que l'on n'a jamais rencontrée. On peut également regarder du côté des forums ou groupes de discussion consacrés à des sujets ou à des domaines proches de celui qui nous intéresse, en demeurant conscient que ces tables de discussion sont accessibles à tout le monde, experts comme profanes.

Il est aussi possible de trouver, dans les pages personnelles ou les sites des établissements, le texte complet d'articles soumis à des revues ou à des conférences, ou encore (surtout dans le cas des organismes de recherche gouvernementaux ou privés) des rapports internes non destinés à la publication ou à diffusion restreinte. Il existe même des sites qui regroupent un grand nombre de textes de ce type et les classent par domaines. Il est facile également de trouver dans Internet les annonces de conférences scientifiques, souvent accompagnées des résumés. Enfin, on trouvera des résumés d'articles scientifiques publiés (ou sur le point de l'être) dans des revues papier ; on peut même trouver les articles complets dans le cas des revues électroniques et de certaines revues imprimées.

Mais Internet est plus qu'un moyen d'accéder à une gigantesque banque de données et d'y effectuer des recherches globales. Il constitue aussi un outil de transmission d'information qui permet l'accès à des banques de données locales (catalogues de bibliothèques, bases de données bibliographiques plus ou moins spécialisées, listes de brevets, données numériques, etc.) qui contiennent des informations qui ne présentent pas les limites évoquées plus haut. Certaines de ces banques sont d'accès libre et gratuit, mais plusieurs, et parmi les plus intéressantes, exigent un tarif d'utilisation ; il s'agit souvent des mêmes banques que celles qui sont accessibles en bibliothèque sur DOC ou au moyen d'un terminal.

Tout chercheur se constituera rapidement une liste d'adresses (appelée liste de signets ou *bookmarks list*) lui permettant de faire rapidement la mise à jour des informations provenant de ces diverses sources.

Une question reste à explorer : par où commencer ?

5.4 Les stratégies de recherche documentaire

Il n'existe pas de stratégie globale qui conviendrait à toute recherche, quels qu'en soient le sujet ou l'ampleur. Que l'on veuille connaître les données de base d'un nouveau domaine, repérer tout ce qui s'est écrit sur un sujet très pointu, être au courant des tout derniers développements d'un domaine en émergence, ou simplement obtenir une information très précise sur un objet donné, on sera amené à adopter une approche ou une autre. De plus, notre stratégie de recherche sera influencée par les informations dont nous disposons déjà. Avons-nous seulement une idée, ou bien dispose-t-on déjà de quelques articles ou d'un livre récent sur le sujet, qui eux-mêmes en citent d'autres ?

Pour une information factuelle ou précise, comme les propriétés d'un matériau, d'une substance ou d'un atome, ou les caractéristiques d'une méthode expérimentale donnée, la recherche par mots clés dans une banque de données est la méthode de choix. Le personnel de la bibliothèque peut nous aider à trouver la banque adéquate et le moyen d'y accéder. On peut aussi effectuer une recherche globale dans Internet, car notre objet de recherche peut être très bien défini par un ou quelques mots, surtout lorsque ceux-ci relèvent d'un vocabulaire spécialisé. On peut toutefois avoir des surprises : si une recherche sur un terme inusité comme « axicon » (une composante optique peu connue, même parmi les chercheurs en optique) donne un bon taux de références pertinentes, une recherche sur les propriétés de l'élément Au effectuée à l'aide des mots « gold » et « weight » pourrait bien nous fournir la liste des médaillés d'or en haltérophilie aux derniers Jeux olympiques ! Il est possible également de soumettre sa demande à un forum spécialisé dans le domaine, en espérant que quelqu'un répondra dans un délai raisonnable. Notez que ces forums ont établi un ensemble de règles de conduite (la « nétiquette ») dont il convient de prendre connaissance avant de soumettre une demande ou une réponse.

Pour une recherche plus générale, comme celle qui vise à retrouver ce qui s'est fait sur un sujet de recherche que l'on a choisi ou que l'on envisage, deux voies sont possibles, selon que l'on possède ou non quelques articles pertinents ou un article de synthèse sur le sujet, qui ont pu nous être suggérés par notre directeur de recherche.

Si l'on ne dispose pas d'une telle liste, il faut la constituer soi-même. À cette fin, on cherche d'abord une source générale, comme un manuel ou un article de synthèse, en consultant les catalogues de bibliothèques ou un répertoire d'articles de synthèse. Ces sources générales fournissent un grand nombre de références, en mentionnant souvent l'intérêt que présente chacune, ce qui nous permet de choisir celles qui constitueront un corpus de base d'articles pertinents.

Partant de ce corpus, on élargit la recherche en examinant les références que contiennent ces articles, en prêtant attention à ceux qui sont cités dans plus d'un article ou à ceux qui, d'après le titre (quand celui-ci est fourni) ou ce qu'on en dit dans le texte, semblent reliés plus directement à l'article original ou au sujet qui nous intéresse. On pourra aussi chercher, à moins d'en avoir déjà un en sa possession, s'il existe un article de synthèse sur le sujet. Il conviendra alors de discuter avec quelqu'un qui connaît bien le domaine pour s'assurer que les articles que l'on a jugés pertinents le sont bel et bien.

Cette recherche nous fournira des références datant d'au moins deux ans. Pour connaître les plus récents développements dans le domaine, on parcourra les tables des matières des derniers numéros des périodiques importants ; on pourra aussi effectuer une recherche par mots clés dans les *Current Contents*, en tentant de juger de la pertinence des articles à l'aide des titres d'abord puis, dans un deuxième temps, des résumés.

On est alors prêt à entreprendre une recherche exhaustive qui nous permettra, en particulier, de retracer les sources auxquelles se rattachent nos travaux. La recherche se fera normalement dans une banque de données puis, pour les ouvrages plus anciens, dans un répertoire approprié. Une fois cette recherche terminée, il peut être utile de la compléter par une consultation du *Science Citation Index*, qui permettra de repérer, parmi les articles qui citent les ouvrages plus anciens présentant une importance particulière pour notre sujet ou domaine, d'autres articles pertinents. On pourra être étonné du faible lien existant entre certains travaux et l'article qu'ils citent, mais on trouvera à l'occasion des ouvrages très pertinents qui nous auront échappé lors de la recherche par mots clés.

Finalement, on pourra compléter le tout par une recherche dans Internet ; il faudra toutefois s'attendre à obtenir, surtout pour les sujets assez spécialisés, beaucoup moins de documents, et un taux de pertinence beaucoup plus faible. Par contre, certains types de documents (par exemple, les rapports internes) ne peuvent souvent être retracés que de cette façon.

La recherche par mots clés utilisant la logique booléenne (que l'on peut appeler simplement « recherche booléenne ») s'avère d'une grande importance dans tout ce processus. Il convient donc, pour terminer, d'examiner quelques moyens susceptibles de nous aider à mieux la planifier et à la rendre la plus efficace.

5.5 La recherche booléenne

Le corpus de base d'articles dont on dispose au début d'une recherche nous donne une idée des termes importants, de la façon dont ils sont reliés et des diverses manières de désigner le même objet. Ces termes devront donner lieu à l'élaboration d'une stratégie de recherche booléenne fondée sur deux objectifs complémentaires.

Le premier est la recherche de la plus grande exhaustivité. On l'atteint par :

— le recours aux « jokers » (*wildcards*), c'est-à-dire à un caractère (souvent l'astérisque, parfois le point d'interrogation) placé dans un mot ou à la fin de celui-ci et remplaçant un caractère (au milieu du mot ; on parle alors de masque) ou plusieurs caractères (à la fin ou, plus rarement, au début ; on parle alors de troncature). Les jokers permettent d'englober diverses formes d'un même terme, par exemple, « measur* » renvoie à *measure, measures, measurement* et *measurable*, des mots qui pourraient tous être utilisés dans un même contexte. Cependant, il faut veiller à ne pas introduire ainsi des termes possédant un sens trop large, voire complètement différent ; ainsi, « physic* » recouvre *physics* et *physicist(s)*, mais aussi *physical(ly)*, beaucoup plus général, et *physician(s)* (médecin), qui a un tout autre sens. Notons que certains outils de recherche fonctionnent comme si chaque mot, à moins d'indication contraire, se terminait par un joker ;

— l'utilisation du OU pour combiner des synonymes (comme *ammonia* et NH3 ; puma, couguar et lion de montagne) ou des formes grammaticales associées à un même concept mais dérivées de racines différentes (comme cœur et cardiaque, *frequency* et *spectral*), ou encore les équivalents dans plusieurs langues (comme tigre, *tiger* et *panthera tigris*).

Le second vise l'atteinte de la plus grande spécificité, grâce à l'utilisation des conjonctions suivantes :

— le ET entre des mots (ou des groupes de mots reliés par des OU et placés entre parenthèses), afin de limiter la recherche aux documents traitant de plus d'un aspect du sujet ;

— le ADJ ou les guillemets (plutôt que le ET) pour des groupes de mots qui forment une expression consacrée (comme *local* ADJ *network**). Notons que certains outils remplacent la conjonction ADJ par la possibilité de mettre entre guillemets plusieurs mots que l'on désire retrouver côte à côte, comme "sodium carbonate") ;

— le SAUF, pour éviter d'étendre la recherche à des domaines connexes, ou encore aux divers sens d'homonymes ; par exemple, *mole* possède quatre sens : môle (croissance du placenta), jetée, mole (quantité de matière) et taupe, qui pourraient tous se retrouver dans des articles scientifiques.

Il faut toutefois demeurer conscient des limites de la recherche par mots clés, qui ne prend pas en compte la subtilité et le caractère implicite des énoncés du langage, même scientifique, ni les mauvaises habitudes de certains auteurs qui choisissent des titres peu précis ou carrément trompeurs.

Ainsi, si l'on fait une recherche documentaire sur le pompage optique (excitation d'un milieu laser par le rayonnement plutôt que par une décharge électrique, par exemple), on se rend vite compte que l'on peut trouver aussi bien « *optical pumping* » que « *optically pumped* » dans les titres, ce qui suggère d'employer l'expression booléenne suivante :

optical* ADJ pump*

Toutefois, une telle expression négligerait un titre comme « *New pumping scheme for high-pressure lasers* », dans lequel le terme « *optical* » est sous-entendu, la référence au laser étant suffisante pour indiquer qu'il s'agit de pompage optique et non de pompage mécanique. On serait alors amené à enrichir l'expression, qui deviendrait :

(optical* ADJ pump*) OU (pump* ET laser*)

tout en étant conscient que des documents traitant de pompes mécaniques destinées spécifiquement à des lasers ne seraient pas éliminés. On pourrait alors songer à une troisième version :

(optical* ADJ pump*) OU (pump* ET laser* SAUF mechanic*).

Il convient dans un premier temps de tenter de cerner le plus possible la recherche, donc d'utiliser le plus grand nombre possible de ET et de SAUF, en demeurant conscient que le SAUF est à utiliser avec précaution, car il risque toujours d'éliminer des références pertinentes. Parallèlement, on tente d'englober les variantes et synonymes à l'aide de la troncature ou de groupes de termes reliés par des OU. Un dictionnaire scientifique et le thésaurus de la banque de données peuvent nous aider à établir la liste de ces synonymes et homonymes. Il est en effet plus facile, durant l'interrogation de la banque, de biffer un à un les éléments restrictifs (c'est-à-dire reliés aux autres par des ET ou des SAUF) les moins importants lorsque le nombre de références obtenu est très faible, ou même nul, que d'ajouter à brûle-pourpoint des termes restrictifs supplémentaires afin de diminuer un nombre de références exagéré.

Si la recherche fournit malgré tout un nombre effarant de références (par exemple, plusieurs milliers), il faut alors réduire leur nombre :

— en limitant la recherche aux titres et/ou aux mots clés, qui contiennent normalement les termes les plus représentatifs du sujet principal de l'article ;

— en évaluant la pertinence des troncatures qui ont pu autoriser des termes que l'on avait pas prévus ; elles peuvent être alors remplacées par des OU reliant les seules formes pertinentes ;

— en ajoutant de nouveaux termes restrictifs (donc de nouveaux ET ou SAUF).

L'examen de quelques références peut nous donner une idée de la voie à suivre, les références clairement non pertinentes faisant souvent apparaître ces variantes imprévues ou donnant des pistes pour des exclusions supplémentaires.

Mais quand peut-on estimer que l'on a obtenu un nombre satisfaisant de références ? Il n'existe pas de règle absolue, car cela demeure toujours un compromis entre, d'une part, la difficulté d'évaluer en ligne un nombre très grand de références et, d'autre part, le risque de laisser tomber, par une recherche trop spécifique, des références pertinentes. Bien que chacun soit appelé à fixer sa norme à ce chapitre, il est clair que le nombre de références retenues pour consultation en ligne des titres ou résumés ne devrait pas excéder quelques centaines. On verra alors si les articles qui constituaient notre corpus de base ont été retrouvés. Si quelques-uns d'entre eux sont absents, on peut essayer de déterminer quelle modification mineure de notre expression pourrait les faire réapparaître. On testera la nouvelle expression en espérant que le nombre de références ne grimpera pas en flèche. Il restera alors à consulter la liste définitive, en ligne ou sur une version « téléversée » ou imprimée, pour repérer, à l'aide des titres et des résumés, les documents pertinents.

La même stratégie de recherche booléenne peut être employée pour une recherche globale dans Internet, à condition bien sûr que l'outil de recherche que l'on a choisi possède cette capacité. Toutefois, compte tenu du caractère non structuré des documents disponibles dans Internet, il est totalement déconseillé d'utiliser le SAUF, et il peut être avantageux d'employer plus souvent, dans les expressions booléennes, des groupes de mots entre guillemets ou reliés par les conjonctions PRES DE ou ADJ (au lieu du ET).

Pour en savoir plus

Brochard, Carole (1996). « Internet, un outil d'information et de documentation », communication présentée le 2 avril. [En ligne] Adresse URL : http://www.chu-rouen.fr/documed/ !conf24.rtf.

Fait un tour d'horizon des ressources documentaires (scientifiques, entre autres) accessibles par Internet.

Hoke, Franklin (1994). « Scientists predict Internet will revolutionize research » et « New Internet capabilities fueling innovative science », *The Scientist*, vol. 8, n° 8, 2 mai, p. 7, et n° 9, 16 mai, p. 2 ; [disponibles en ligne] Adresse URL: ftp://ds.internic.net/pub/the-scientist/the-scientist-940502 et-940515

Série de deux articles contenant des témoignages de scientifiques décrivant comment l'Internet a modifié leurs pratiques de recherche.

Lebedev, Alexander (1996). *Best Search Engines for Finding Scientific Information in the Net*, 10 juillet. [En ligne] Adresse URL : http://www.chem.msu.su/eng/comparison.html

Compare (de façon sommaire) les résultats de diverses recherches effectuées avec les outils disponibles dans Internet et ceux qu'il a obtenus à l'aide d'une banque de données bibliographiques commerciale.

Smith, Robert V. (1990). *Graduate Research : A Guide for Students in the Sciences*, 2ᵉ éd., New York, Plenum, chap. 7 et annexe A.

Fournit des listes de répertoires et de banques de données pour divers domaines scientifiques.

CHAPITRE 6

LA PRÉSENTATION DES RÉSULTATS

Marc Couture

Les résultats comptent parmi les aspects les plus importants d'une recherche : ils sont les témoins de la qualité et de l'originalité des travaux et constituent le matériau de base sur lequel s'appuie la vérification des hypothèses de recherche. Il est donc capital de les présenter d'une manière claire, concise et honnête, et qui permette que leur interprétation soit simple et limpide, s'imposant pour ainsi dire d'elle-même à l'examen. Il est essentiel également, surtout pour les résultats communiqués durant une présentation orale, de respecter certaines règles relatives à leur lisibilité.

Ce chapitre se veut avant tout un survol des règles en matière de présentation de résultats, illustrées par un grand nombre d'exemples. Ces règles ont été proposées par quelques auteurs, des scientifiques pour la plupart, qui ont abordé la question soit à partir de leur longue expérience en matière de conception et d'expérimentation de logiciels graphiques, soit en se fondant sur des études empiriques sur la perception relevant du domaine de la psychologie cognitive. Et même si les tableaux sont aussi anciens que l'écriture elle-même, si les premières représentations graphiques datent du Moyen Âge et si les graphiques proprement dits sont apparus dès le début du 19e siècle, ces auteurs n'ont pu que constater que la maîtrise de l'art de la présentation des résultats numériques est encore aujourd'hui fort peu répandue.

Il existe trois modes privilégiés de présentation des résultats numériques en sciences et en génie, que ce soit au sein d'un texte (article, rapport, mémoire, etc.) ou d'une présentation orale (communication ou séance d'affiches) : l'énoncé, le tableau et la représentation graphique. À chacun de ces modes sont associés un ou plusieurs dispositifs, qui sont en fait les formes concrètes de présentation : texte en retrait, encadré, tableau, diagramme, graphique, histogramme, etc. Ainsi, lorsqu'on juge qu'un résultat mérite d'être présenté, la première tâche à accomplir consiste à choisir le mode de présentation et le dispositif appropriés. La première partie de cette section présente quelques règles et critères dont on pourra s'inspirer à cette fin.

6.1 Le choix d'un mode et d'un dispositif de présentation

Chacun des trois modes de présentation (et les dispositifs associés) présente ses avantages et inconvénients ; le choix en la matière dépendra du type de résultats dont on dispose, de l'aspect de ces résultats que l'on désire mettre en évidence ou que l'on soupçonne d'intéresser le public à qui le rapport est destiné ainsi que des conditions dans lesquelles ce public prendra connaissance de ces résultats.

Pour un résultat qui ne comporte que quelques valeurs numériques, le simple énoncé est le mode le plus économique, tant du point de vue de l'auteur que de celui du public. Quelques lignes de texte suffisent pour décrire complètement un tel résultat et, si nécessaire, un simple artifice de présentation (retrait, modification de la taille des caractères) suffit pour le rendre davantage visible si l'on veut s'adresser aussi aux personnes qui ne feront que survoler le texte. C'est ce qu'illustre l'exemple suivant :

La taille des plants de 3 mois est $0,23 \pm 0,02$ m avec la dose de fertilisant recommandée et $0,32 \pm 0,03$ m avec la dose XYZ.

Toutefois, dans le cas d'une présentation brève, comme une communication avec diapositives ou acétates, et même parfois dans un texte (sous la forme d'un encadré), on aura intérêt à disposer les valeurs de manière plus ordonnée, comme à la figure 6.1. Ce mode de présentation facilite la comparaison entre les valeurs, qui constitue ici l'aspect important.

On remarquera qu'une telle disposition nous rapproche déjà d'un tableau, auquel on aura recours lorsque le nombre de valeurs est tel que la présentation sous forme d'énoncé devient confuse ou trop lourde. En effet, le tableau dispose les valeurs de manière plus ordonnée et symétrique que ne le fait une simple énumération dans le texte, ce qui permet de procéder plus facilement à des regroupements et à des comparaisons. Il permet aussi l'économie de la répétition d'informations communes à toutes les valeurs (comme les unités et l'**incertitude**), ce qu'illustre bien le tableau 6.1, lequel constitue le type le plus simple de tableau : il contient uniquement deux variables, une **variable indépendante (VI)** et une **variable dépendante (VD)**.

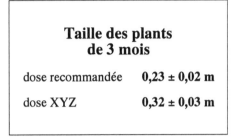

Taille des plants de 3 mois

dose recommandée	**0,23 ± 0,02 m**
dose XYZ	**0,32 ± 0,03 m**

Figure 6.1   Énoncé d'un résultat simple sur acétate ou diapositive, ou encore dans un encadré

Tableau 6.1

Longueur d'onde de la transition P(20) de la bande $00°1 \rightarrow 10°0$
de la molécule de CO_2 pour diverses compositions isotopiques
(*tableau à 1 VI et 1 VD*)

isotope	longueur d'onde (μm) $\pm 2 \times 10^{-5}$
$C^{12}O_2^{16}$	10,506 39
$C^{12}O^{16}O^{16}$	10,522 95
$C^{12}O_2^{18}$	10,591 04
$C^{13}O_2^{16}$	10,945 18
$C^{13}O_2^{18}$	11,149 40

Toutefois, l'analyse d'un tableau exige un certain travail d'interprétation et d'identification. D'une part, les chiffres qui y apparaissent ne prennent tout leur sens que lorsqu'on leur associe une unité et que l'on reconnaît leur nature, par le biais des informations apparaissant sur les premières lignes et colonnes et qui s'appliquent aux diverses parties du tableau. D'autre part, lorsque le nombre de valeurs augmente, il

devient difficile de se faire rapidement une idée d'ensemble des caractéristiques des séries de valeurs exprimées sous forme numérique, et
encore plus de déceler des tendances et de procéder à des interpolations,
des extrapolations ou des comparaisons. Le tableau 6.2, bien qu'il
comporte un nombre restreint de valeurs, illustre ce phénomène : toute
comparaison d'ensemble exige un va-et-vient continuel entre les colonnes et les lignes du tableau.

Tableau 6.2

Taille des plants de 1 à 5 mois de la variété A ;
dose de fertilisant recommandée et XYZ
(*tableau à 2 VI et 1 VD*)

âge (mois)	taille (m)	
	dose recommandée	dose XYZ
1	0,09 ± 0,02[a]	0,12 ± 0,02[a]
2	0,17 ± 0,03	0,23 ± 0,03
3	0,23 ± 0,03	0,32 ± 0,04
4	0,34 ± 0,04	0,45 ± 0,04
5	0,38 ± 0,04	0,51 ± 0,06

a.   L'incertitude choisie est égale à deux écarts-types.

La force de la représentation graphique réside justement dans cette
aptitude à faciliter les jugements sur l'ensemble des valeurs, la reconnaissance des tendances et les comparaisons, sans exiger de procéder à
un calcul mental. Les diagrammes et graphiques permettent ainsi de
saisir d'un seul coup d'œil certaines caractéristiques, comme la gamme
des valeurs, leur distribution, leur précision, le caractère particulier ou
marginal de certaines d'entre elles. Ils sont le point de départ de l'analyse,
qu'il s'agisse de tendance, d'interpolation ou d'extrapolation, d'adéquation entre les résultats et un modèle mathématique. De toute évidence,
le tableau 6.2 convient beaucoup moins que la présentation graphique du
même résultat (figure 6.2) à des questionnements du genre « l'écart entre
les effets des deux doses est-il significatif ? » ou « cet écart va-t-il en
croissant ? » ou encore « la variation de la taille en fonction de l'âge
est-elle bien représentée par une relation linéaire ? ».

On pourrait conclure que, dans le cas d'un résultat comportant un très petit nombre de valeurs et faisant partie d'un texte destiné à être lu avec attention, comme un mémoire, une thèse ou un rapport, le simple énoncé est nettement suffisant et plus économique. Par contre, pour un texte destiné à être lu très rapidement, présenté par exemple sur écran pendant une communication, le tableau ou la représentation graphique sont préférables. Les articles scientifiques et les rapports de recherche constituent des cas intermédiaires : certains les liront avec attention, d'autres ne feront que les survoler. Il conviendra alors de prendre en considération le nombre total de résultats contenus dans le document. Ainsi, s'il y a plusieurs résultats, même si chacun n'est composé que de quelques valeurs (comme dans notre exemple), la forme verbale pourrait devenir irritante ; le recours à des tableaux, diagrammes ou graphiques regroupant plusieurs résultats pourrait alors être envisagé.

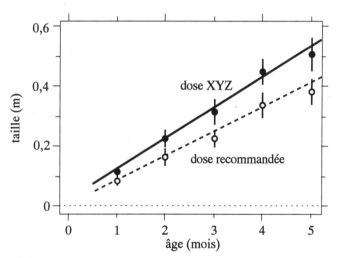

Figure 6.2   Taille de 5 variétés de plants et intervalles de confiance à 95 % ; dose de fertilisant XYZ et dose recommandée (*graphique à 2 VI*)

Mais comment choisir entre tableau et représentation graphique ?

Tout d'abord, un tableau est requis si un des buts de la recherche consiste à déterminer des valeurs avec une très grande précision, ou encore si les personnes appelées à consulter le tableau ont besoin de connaître ces valeurs avec toute leur précision, par exemple parce qu'elles peuvent s'en servir pour leurs propres travaux. Ainsi, un résultat comme les longueurs d'onde du rayonnement émis par une substance donnée, qui peuvent être mesurées avec une très grande précision et servir de base de comparaison dans de nombreuses expérimentations, voire d'étalons, requiert un tableau comme le tableau 6.2 (ces valeurs sont d'ailleurs extraites d'un tableau qui en contient plusieurs centaines). Un diagramme ou un graphique des mêmes quantités ne pourrait fournir cette précision, même au prix d'un soigneux travail d'interpolation.

Par contre, la représentation graphique est préférable s'il y a beaucoup de valeurs à représenter, si l'on désire mettre en évidence les tendances ou favoriser les comparaisons d'ensemble, ou encore si le public visé ne dispose que de peu de temps pour examiner le dispositif. Bien que le choix définitif relève d'un jugement difficilement quantifiable, on peut suggérer à titre de guide la règle suivante : même quand le public dispose du temps nécessaire pour lire un tableau, la représentation graphique est préférable quand la variable indépendante qui comporte le plus grand nombre de valeurs en compte :

— plus d'une dizaine, s'il s'agit d'une **variable qualitative** ;
— plus d'une demi-douzaine, pour une **variable quantitative**.

Cependant, le fait que ce mode rend moins précise la lecture des valeurs individuelles constitue parfois un sérieux handicap. On peut alors choisir une solution qui combine les avantages du tableau et du mode de présentation graphique. Il s'agit de porter sur le graphique ou le diagramme, près de chaque élément géométrique associé à une valeur que l'on désire faire connaître avec précision, le chiffre correspondant. On fait alors face à un double codage : un codage graphique qui donne une présentation visuelle de l'ensemble des valeurs et une approximation des valeurs individuelles, et un codage numérique qui fournit ces valeurs avec toute la précision requise.

Une fois que le mode de présentation approprié a été déterminé, il faut alors concevoir et construire le tableau, le diagramme ou le graphique selon les règles appropriées. Ces règles, que nous présenterons plus loin, sont fondées sur quelques principes généraux que nous résumons dans les sections suivantes.

6.2 Les principes régissant la présentation des résultats

Les principes généraux proposés par les auteurs qui se sont intéressés au sujet peuvent se résumer comme suit.

Principe n° 1

Les éléments qui communiquent les résultats ou des informations sur ceux-ci doivent être facilement perceptibles.

Trop de tableaux ou de graphiques n'atteignent pas leur but tout simplement parce que... on n'arrive pas à bien voir ce qu'ils contiennent. Cela est particulièrement fréquent lors des présentations orales avec acétates ou diapositives où, à coup sûr, une partie sinon l'ensemble des informations projetées sur l'écran sont tout simplement trop petites pour être décodées par la majeure partie de l'assistance.

Principe n° 2

Les aspects importants des résultats (en fait, ceux que l'on juge important de communiquer) doivent ressortir clairement, voire s'imposer d'emblée.

Un grand nombre de dispositifs de présentation souffrent d'un problème fondamental : les éléments importants (qu'il s'agisse ou non des valeurs numériques) ne ressortent pas suffisamment des autres éléments (cadres, lignes de référence, étiquettes) qui doivent certes être présents mais qui ne doivent pas trop attirer l'attention.

Principe n° 3

La simplicité est de mise : il faut éliminer les éléments qui sont source de distraction ou encore qui rendent plus difficile la lecture des résultats ; il faut réduire la redondance, l'encombrement, la nécessité d'un va-et-vient continuel entre divers éléments.

Le large usage des tableaux et représentations graphiques à des fins commerciales, en particulier en marketing, couplé à la popularité des logiciels graphiques permettant à chacun de jouer au graphiste, a rempli notre environnement de dispositifs artificiellement complexes qui ne font que déformer la nature des résultats, compliquer leur interprétation ou simplement ajouter de l'information inutile. On songe ici, en particulier, aux diagrammes où les valeurs sont représentées par des objets tridimensionnels vus en perspective. Une valeur numérique peut être représentée par un simple point ; la représenter comme un rectangle, une boîte ou une pointe de tarte, vus en perspective ou non, n'ajoute aucune information et, surtout, rend plus difficile tant sa lecture que sa comparaison avec d'autres valeurs.

Principe n° 4

Il faut respecter un équilibre entre la présentation des valeurs numériques elles-mêmes et celle du phénomène ou de l'interprétation que ces valeurs éclairent ou suggèrent.

Une bonne présentation de résultats n'est pas seulement celle qui permet de bien lire les valeurs qui les composent ; c'est celle qui suggère ou appuie l'interprétation que l'on en propose, qui met en évidence le phénomène en cause et qui montre dans quelle mesure les valeurs affichées participent à ce phénomène.

Ces principes se concrétisent à leur tour par des règles et des consignes s'appliquant aux divers dispositifs de présentation. Voyons ce qu'il en est pour chacun d'eux.

6.3 Les tableaux

Un tableau consiste essentiellement en une disposition ordonnée, sous forme de lignes et de colonnes, des résultats numériques, portant dans les premières lignes et colonnes des informations permettant d'identifier les variables et, le cas échéant, les caractéristiques communes des valeurs représentées : unités de mesure, incertitude (lorsqu'elle est la même pour toutes les valeurs). Un tableau présentant deux variables comportera ainsi deux colonnes, une pour la variable indépendante et l'autre pour la variable dépendante (tableau 6.1).

S'il y a une variable indépendante et plusieurs variables dépendantes, ou encore deux variables indépendantes, on ajoutera tout simplement des colonnes de manière qu'il y en ait une pour chaque variable dépendante (tableau 6.3) ou pour chaque valeur de la seconde variable indépendante (tableaux 6.2 et 6.4).

Tableau 6.3

Taille et nombre de feuilles des plants de 1 à 5 mois ;
dose de fertilisant recommandée (*tableau à 1 VI et 2 VD*)

âge (mois)	taille (m)	nombre de feuilles
1	$0,09 \pm 0,01^a$	21 ± 3^a
2	$0,17 \pm 0,02$	26 ± 4
3	$0,23 \pm 0,02$	39 ± 6
4	$0,34 \pm 0,02$	50 ± 7
5	$0,40 \pm 0,02$	58 ± 10

a.   L'incertitude choisie est égale à deux écarts-types.

Tableau 6.4

Taille (en mètres) des plants de 1 à 4 mois pour 7 doses de fertilisant
(*tableau à 2 VI et 1 VD*)

dose	âge (mois) 1	2	3	4
XYZ	0,12	0,23	0,32	0,45
E	0,12	0,24	0,31	0,40
A	0,10	0,21	0,28	0,36
B[a]	0,08	0,16	0,24	0,34
C	0,09	0,17	0,25	0,32
F	0,09	0,13	0,23[b]	0,30[b]
D	0,08	0,15	0,23	0,29

a. Dose suggérée par Ramsey (1989).
b. Mesures effectuées sur la moitié des échantillons seulement.

Cette même structure peut être adaptée pour inclure une autre variable indépendante, parfois appelée paramètre. Il existe deux façons de procéder. Tout d'abord, lorsqu'une des VI ne compte que deux valeurs, on peut dédoubler les colonnes associées à une autre VI, soit une à une (tableau 6.5), soit globalement (tableau 6.6).

Notons que les tableaux deviennent ainsi très larges, de sorte qu'ils doivent souvent être tournés de 90°. L'autre méthode, qui convient dans tous les cas et qui évite d'avoir à tourner les tableaux, consiste à multiplier plutôt les lignes, en insérant une nouvelle colonne où l'on répète, pour chaque valeur de la première variable indépendante, toutes les valeurs de la seconde (tableau 6.7). On constate que dans ce dernier type de tableau, les comparaisons sont plus faciles entre les valeurs de la VD associées aux deux dernières VI (ici, l'année et l'âge), qui sont voisines, qu'entre les valeurs associées à la première VI (la dose), qui sont distantes de quelques lignes. On choisira donc l'ordre des VI de manière que les comparaisons que l'on juge les plus pertinentes soient plus faciles à effectuer.

Tableau 6.5

Taille (en mètres) des plants de 1 à 4 mois pour deux doses de fertilisant (recommandée et XYZ) ; résultats pour deux années d'expérimentation (*tableau à 3 VI et 1 VD, 1er type*)

année	âge (mois)							
	1		2		3		4	
	dose recomm.	dose XYZ	dose recomm.	dose XYZ	dose recomm.	dose XYZ	dose recomm.	dose XYZ
1	0,10	0,12	0,21	0,23	0,28	0,32	0,35	0,45
2	0,14	0,16	0,26	0,25	0,33	0,33	0,45	0,43
moyenne	0,12	0,14	0,24	0,24	0,30	0,32	0,40	0,44

Tableau 6.6

Taille (en mètres) des plants de 1 à 4 mois pour deux doses de fertilisant (recommandée et XYZ) ; résultats pour deux années d'expérimentation (*tableau à 3 VI et 1 VD, 2e type*)

année	dose recommandée				dose XYZ			
	1 mois	2 mois	3 mois	4 mois	1 mois	2 mois	3 mois	4 mois
1	0,10	0,21	0,28	0,35	0,12	0,23	0,32	0,45
2	0,14	0,26	0,33	0,45	0,16	0,25	0,33	0,43
moyenne	0,12	0,24	0,30	0,40	0,14	0,24	0,32	0,44

Tableau 6.7

Taille (en mètres) des plants de 1 à 4 mois pour deux doses de fertilisant ;
résultats pour deux années d'expérimentation (*tableau à 3 VI et 1 VD, 3e type*)

dose	année	âge (mois) 1	2	3	4
recommandée	1	0,10	0,21	0,28	0,35
	2	0,14	0,26	0,33	0,45
	moyenne	0,12	0,24	0,30	0,40
XYZ	1	0,12	0,23	0,32	0,45
	2	0,16	0,25	0,33	0,43
	moyenne	0,14	0,24	0,32	0,44

On remarquera que dans les deux derniers types de tableau, les unités de la VD sont mentionnées dans le titre, car l'en-tête est occupé par le nom et les valeurs d'une variable indépendante.

Pour faciliter l'identification et la lecture d'un tableau et de ses différentes parties, on a recours aux moyens décrits ci-dessous. Notons toutefois que les revues peuvent exiger une présentation différente de celle qui est suggérée ici ; on prendra soin de vérifier les indications publiées par chaque revue, au moins une fois par année, sous la rubrique *Directives aux auteurs* ; cette information est souvent accessible par voie électronique.

— Au-dessus ou en dessous du tableau (comme pour une légende de figure), on place le numéro du tableau (en gras), puis son titre en minuscules, dans une police de taille inférieure à celle du texte courant. Ce titre doit nommer les variables et peut indiquer le nombre ou la gamme des valeurs de certaines d'entre elles.

— Des traits horizontaux fins limitent l'ensemble du tableau et séparent ses diverses parties : en-tête (contenant des noms des variables, des unités et, le cas échéant, des incertitudes et des valeurs de VI), zone des données (valeurs de variables), zone des notes. Le premier et le dernier de ces traits peuvent être plus épais. Le trait situé sous un en-tête qui contient les valeurs d'une variable indépendante peut être interrompu.

— Les noms des variables et leurs unités apparaissent en gras.

— Le titre, le texte des en-têtes et les valeurs numériques sont de la même taille (inférieure à celle du texte courant).

— Les valeurs numériques sont alignées sur la virgule décimale.

— Les valeurs d'une variable qualitative (par exemple, les doses dans le tableau 6.4) sont de préférence ordonnées selon l'ordre croissant ou décroissant de la variable dépendante.

— Pour faciliter les comparaisons, il peut être avantageux d'ajouter, à la suite des valeurs d'une variable qualitative, une catégorie « total » ou, plus souvent, « moyenne ».

— Des lignes vierges sont insérées soit pour mettre en évidence certaines valeurs (la dose que l'on compare à plusieurs autres dans le tableau 6.4, les moyennes dans les tableaux 6.5 à 6.7), soit pour séparer les groupes de valeurs associées à une même valeur de la première variable dépendante, soit encore à toutes les quatre ou cinq lignes, simplement pour faciliter la lecture selon l'horizontale.

— Les valeurs numériques sont arrondies au maximum tout en permettant que les variations significatives entre les valeurs demeurent visibles.

— Les renvois à des notes en bas de tableau sont marqués par des lettres placées en exposant ; les notes sont en caractères plus petits que le reste du tableau. Ces notes renferment soit des informations s'appliquant à une des valeurs ou à une partie d'entre elles, soit des références à d'autres travaux.

6.4 Les diagrammes

Les diagrammes sont employés lorsque la ou les VI sont qualitatives (comme le type ou la dose de fertilisant) ou quantitatives **discrètes** (comme le nombre de feuilles), ou encore si la ou les VI sont des **variables continues** possédant trop peu de valeurs pour justifier le recours à un graphique.

Les diagrammes les plus employés en science et en génie sont les diagrammes à barres ; les histogrammes s'imposent aussi pour certains types de résultats. Notons qu'il existe d'autres types de diagrammes (pointes de tarte, aires superposées, etc.) qui ne seront pas considérés ici, compte tenu des difficultés d'interprétation qu'ils présentent.

a) Les diagrammes à barres

Les diagrammes à barres sont constitués de rectangles de largeur constante et de hauteur proportionnelle à la valeur que l'on veut représenter. Lorsque ces diagrammes comportent deux variables indépendantes, une des variables est représentée par une caractéristique des rectangles, en général une trame (teinte de gris) ; la correspondance entre valeurs et trames apparaît dans une légende interne et les valeurs de l'autre variable sont indiquées sous l'axe horizontal. Il existe alors deux façons de construire le même diagramme, selon l'ordre des VI, comme l'illustrent les figures 6.3 et 6.4 ; le choix dépendra de la comparaison que l'on veut favoriser. Ici, la figure 6.3 montre bien les différences entre les diverses variétés, mais permet moins facilement la comparaison entre les deux doses de fertilisant. On remarquera qu'il est très difficile, surtout lorsque le texte est photocopié, de distinguer plus de quatre ou cinq teintes de gris (y compris le noir et le blanc) ; ce critère pourrait amener à mettre des trames à la variable qui comporte le moins de valeurs (comme à la figure 6.4 où les trames sont associées à la variable « dose » qui ne compte que deux valeurs). Et si aucune variable ne comporte moins de six valeurs, un diagramme devient de toute façon difficile à interpréter ; il est alors préférable de présenter les résultats en plusieurs diagrammes.

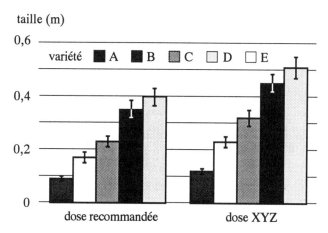

Figure 6.3   Taille de 5 variétés de plants de 3 mois ; doses de fertilisant recommandée et XYZ (*diagramme à barres à 2 VI et 1 VD*)

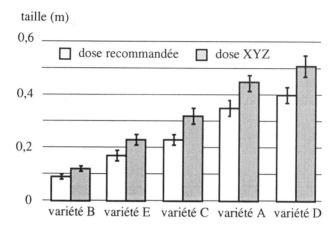

Figure 6.4   Taille des plants de 3 mois ; doses de fertilisant standard et XYZ appliquées à 5 variétés (*diagramme à barres à 2 VI et 1 VD, ordre des VI interchangé par rapport à la figure 6.3*)

On notera les caractéristiques suivantes de ces diagrammes.

— Les rectangles sont tracés avec une ligne assez épaisse, de manière à bien montrer qu'ils en constituent les éléments les plus significatifs.

— Une légende interne définissant les trames (à ne pas confondre avec la légende du diagramme, placée sous celui-ci) est placée dans une partie du diagramme où l'on ne retrouve pas de rectangle ; la présence d'un tel espace libre est favorisée par le fait que l'on a ordonné les valeurs de la variable « variété » selon l'ordre croissant de taille.

— Un réseau de lignes horizontales fines (plutôt qu'un axe vertical à gauche) permet d'estimer facilement les valeurs ; des sous-divisions ne sont pas essentielles : on peut aisément interpoler à l'œil, avec une précision de 1/10, dans un intervalle allant jusqu'à 3 cm.

— Des « rectangles d'incertitude » (voir l'encadré) ont été placés au sommet des barres ; les courtes sections horizontales ne servent ici qu'à améliorer leur visibilité.

— Le nom et l'unité de la variable dépendante (selon l'axe vertical) sont écrits horizontalement ; cela est toujours préférable, et essentiel dans le cas d'une présentation orale ou d'une séance d'affiches.

On peut aussi combiner sur un même diagramme deux variables dépendantes possédant des gammes de valeurs ou des unités différentes mais reliées à une même variable indépendante. On utilise alors une trame pour chaque VD, et des échelles distinctes à gauche et à droite, en plaçant les rectangles respectifs dans le même ordre et en associant clairement les trames aux axes correspondants (figure 6.5).

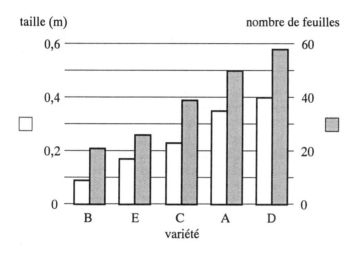

Figure 6.5   Taille et nombre de feuilles de 5 variétés de plants de 3 mois ; dose de fertilisant recommandée (*diagramme à 2 échelles*)

Remarquons qu'il existe d'autres types ou d'autres variantes de diagrammes à barres, dont on trouvera des exemples dans les ouvrages cités à la fin de ce chapitre mais que nous ne montrons pas ici, car la plupart d'entre eux présentent des difficultés d'interprétation. Mentionnons en particulier les diagrammes pseudo-tridimensionnels, où les barres prennent la forme de colonnes rectangulaires vues en perspective. Ce type de graphique, dont l'usage tend malheureusement à se répandre, constitue un parfait exemple de mauvaise utilisation de la représentation graphique.

Rectangles d'incertitude et intervalle de confiance

Selon l'usage en sciences et en génie, on prend comme demi-hauteur des rectangles d'incertitude l'écart-type de cette distribution ; quand la variable suit une distribution normale, cela correspond à une probabilité de 68 %. Cependant, cette incertitude doit souvent être estimée (comme lorsqu'on lit une valeur sur une échelle) ou encore, lorsque la variable suit d'autres distributions (comme les distributions, fréquentes en pratique, présentant une longue queue d'un côté de la médiane), être calculée à l'aide d'autres statistiques qui ne font pas intervenir la notion d'écart-type. Dans ces deux cas, la pratique est plutôt de choisir un intervalle (dit *intervalle de confiance*) assurant une probabilité beaucoup plus élevée ; 95 % est une valeur couramment utilisée.

Pour des fins de cohérence, il apparaît donc justifié de généraliser cette convention à tous les cas, ce qui suggère pour les distributions de type normal des rectangles s'étendant sur environ deux écarts-types de chaque côté de la valeur la plus probable. En tout état de cause, la légende du dispositif ou le texte qui l'explique devrait décrire la quantité que ces rectangles représentent et expliquer comment on a déterminé sa valeur.

Par ailleurs, il existe des façons de représenter graphiquement un plus grand nombre de caractéristiques d'une distribution ; on consultera à cette fin les ouvrages spécialisés sur le sujet.

Finalement, bien que l'usage des diagrammes à barres soit largement répandu, des considérations de lisibilité, basées sur les études empiriques précitées, ont amené à remettre en question leur pertinence. Ces études suggèrent entre autres que la représentation d'une valeur ponctuelle par une surface (un rectangle) peut entraîner une distorsion du message transmis, particulièrement dans le cas où les axes ne partent pas de zéro ou sont interrompus, et que les trames nécessaires dans les diagrammes à trois variables nuisent beaucoup à la lisibilité. On a ainsi proposé un nouveau type de diagramme, appelé diagramme à points, qui constitue en fait un compromis entre le diagramme à barres et le graphique, et qui offre en particulier l'avantage de la simplicité. L'appendice 1 présente quelques exemples de diagrammes à points.

b)   Les histogrammes

Les histogrammes sont en fait un type particulier de diagrammes à barres. Ils sont utilisés dans les cas où l'on a mesuré ou déterminé la valeur d'une VD pour chaque élément d'un groupe d'objets (souvent caractérisé par une valeur donnée d'une VI) et que l'on désire représenter la distribution des valeurs obtenues. Pour ce faire, on divise la gamme des valeurs en un petit nombre (généralement inférieur à 10) d'intervalles contigus, placés sur un axe horizontal. À chaque intervalle, on associe un rectangle de largeur égale à l'intervalle et dont la surface est proportionnelle au nombre d'objets pour lesquels la valeur fait partie de l'intervalle (figure 6.6). La plupart du temps, on choisit des intervalles égaux ; la hauteur des rectangles est alors proportionnelle au nombre d'objets. Cependant, on peut choisir des valeurs plus grandes pour les intervalles extrêmes, quand ils contiennent très peu d'objets ; la hauteur des rectangles correspondants est alors ajustée en conséquence.

Une telle distribution est souvent à son tour représentée par un point sur un diagramme ou un graphique. Dans ce cas, il existe diverses façons d'indiquer sur ce nouveau diagramme, en plus de la valeur représentative de la distribution (la moyenne ou la médiane, par exemple), quelques-unes de ses propriétés. Nous nous contenterons ici de mentionner le rectangle d'incertitude (illustré aux figures 6.3 et 6.4), qui indique, rappelons-le, l'intervalle de confiance.

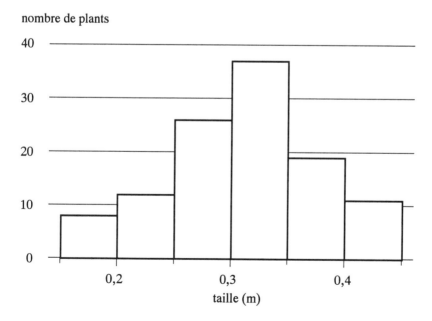

Figure 6.6   Distribution de la taille des plants de 3 mois de variété A ; dose de fertilisant XYZ (*histogramme*)

6.5 Les graphiques

Les graphiques sont employés quand au moins une des VI est continue et, normalement, qu'elle compte au moins une dizaine de valeurs. Ils conviennent aussi pour illustrer une tendance dans les résultats ou une corrélation entre les deux variables continues, pour comparer cette corrélation pour diverses valeurs d'une troisième variable (quel qu'en soit le type) ou encore pour estimer l'adéquation d'un modèle mathématique de la relation entre les variables, modèle qui sera représenté par une courbe sur le même graphique. Ils sont également très utiles pour mettre en évidence des anomalies, par exemple, une valeur s'écartant de façon exagérée de ce que suggérerait l'allure générale des résultats ou le modèle mathématique.

Dans un graphique, une valeur de la VD et la valeur de la VI continue qui lui correspond sont représentées par un point situé à l'intérieur d'un cadre appelé fenêtre des données. Les côtés de celle-ci, appelés axes, portent des divisions et subdivisions, des nombres (appelés étiquettes) couvrant la gamme des valeurs de la VI, sur l'axe horizontal, et de la VD, sur l'axe vertical, ainsi que les noms et unités de ces deux variables (figure 6.7). Les valeurs d'une autre variable (qualitative ou quantitative discrète) peuvent être représentées par le recours à divers types de points, qui jouent le même rôle que les trames dans les diagrammes à barres.

Afin d'éviter que des points ne risquent d'être masqués, les divisions ont été placées à l'extérieur de la fenêtre des données, dont les coins dépassent les valeurs extrêmes des échelles. On remarquera aussi que les divisions ont été répétées aux côtés supérieur et droit et qu'une ligne en pointillé marque, à l'intérieur de la fenêtre des données, une valeur de référence (ici, le zéro). Ces lignes, qui peuvent aussi indiquer la moyenne ou une valeur significative quelconque, doivent toujours être utilisées avec parcimonie, afin de ne pas nuire à la lecture des points ou à l'interprétation du graphique.

Lorsqu'il ne s'agit que de mettre en évidence la progression des valeurs, on peut relier les points successifs par des segments de droite ; ces segments ont pour but de faciliter la lecture des tendances. Ils aident également, dans des graphiques à deux VI ou à deux VD, à distinguer les séries de points associées aux diverses valeurs de la seconde VI ou aux deux VD, surtout lorsque les deux séries ne sont pas nettement séparées. Il convient dans tous les cas d'utiliser un style de ligne différent pour chaque série ; un trait plus épais que celui du cadre et des divisions est normalement employé.

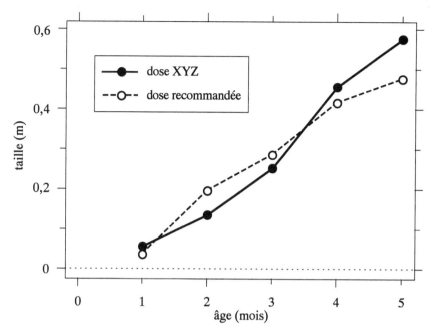

Figure 6.7   Taille des plants de la variété B en fonction de l'âge ; doses recommandée et XYZ (*graphique à 2 VI et 1 VD avec points reliés*)

Au-delà de quatre ou cinq séries, ou encore lorsque les séries empiètent trop les unes sur les autres, il devient préférable de recourir à des fenêtres des données juxtaposées verticalement, contenant chacune une seule série de points et partageant un axe horizontal commun.

Lorsqu'il y a deux VD possédant des gammes de valeurs, voire des unités différentes, on peut associer chacun des deux axes verticaux à l'une d'elles (figure 6.8), en indiquant bien à quelle série de points correspond chaque axe. Dans cette situation, il est fortement conseillé de faire démarrer les deux axes à zéro car, par le simple jeu d'un changement des échelles et des origines, on peut donner l'impression que n'importe laquelle des deux variables varie plus que l'autre pour une même gamme de valeurs de la variable indépendante.

Un graphique à deux variables où la variable indépendante possède un grand nombre de valeurs également espacées est appelé *série chronologique*, car cette variable est souvent le temps. La présence de segments reliant les points est essentielle pour ce type de graphique, surtout lorsque la variable dépendante présente des fluctuations rapides. C'est ce qu'illustre la figure 6.9, où l'on remarquera l'usage d'une échelle verticale logarithmique qui met en évidence les fluctuations aux faibles intensités, au centre et dans les bords du faisceau. Ce type d'échelle s'impose si l'une des variables quantitatives couvre deux ordres de grandeur ou plus (soit un facteur de l'ordre de 50 ou plus entre la plus petite valeur et la plus grande). L'échelle logarithmique est aussi indiquée lorsqu'on désire effectuer des comparaisons en pourcentage, des longueurs égales le long de l'axe logarithmique se traduisant par des pourcentages égaux de variation.

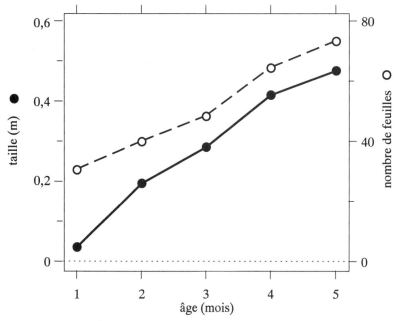

Figure 6.8   Évolution dans le temps de la taille et du nombre de feuilles de plants ; dose de fertilisant XYZ (*graphique à deux échelles*)

Lorsqu'une des valeurs dépasse très largement les autres, ou encore que celles-ci se concentrent en deux ou trois groupes distincts relativement éloignés, il peut être utile d'interrompre carrément un axe pour sauter à une nouvelle valeur, avec ou sans changement d'échelle. Cette interruption doit être clairement signalée ; une bonne façon de le faire est de scinder la fenêtre des données. Ce procédé est très utile pour mettre en évidence certaines parties du graphique. Ainsi, pour les mêmes données qu'à la figure 6.9, un double changement d'échelle (vertical et horizontal) donne un meilleur aperçu de la partie centrale du graphique (figure 6.10).

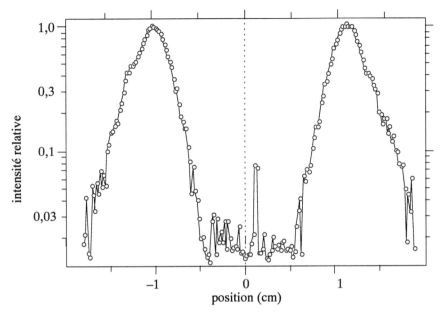

Figure 6.9   Intensité d'un faisceau en fonction de la position horizontale (*graphique de type série chronologique avec points reliés*)

Lorsqu'on associe un modèle mathématique au phénomène représenté, les courbes correspondantes apparaissent sur le graphique, mais cette fois sans passer par tous les points (figure 6.2 et fenêtre du haut de la figure 6.11). La nature du modèle et, souvent, la valeur des paramètres qui lui permettent de bien représenter le phénomène doivent être mentionnées dans le texte, la légende ou même à l'intérieur de la fenêtre des données.

Si le modèle mathématique prend la forme d'une courbe ou de droites de pentes très différentes, les comparaisons avec les points expérimentaux seront biaisées par notre tendance à estimer la distance perpendiculaire (plutôt que verticale) entre les points et la courbe. Lorsque les points sont très près de la courbe, cette évaluation est toujours difficile à effectuer. On peut pallier cette difficulté en juxtaposant au graphique présentant les points et la courbe associée au modèle un graphique des *différences* entre les points expérimentaux et les valeurs prévues par le modèle. C'est ce qu'on a fait dans la figure 6.11, où l'on n'a pas inclus de points sur le graphique des différences, car les valeurs individuelles des différences ne sont pas importantes. On remarquera aussi que, dans le graphique du haut, une échelle permettant d'exprimer le même résultat avec d'autres unités a été ajoutée sur l'axe de droite.

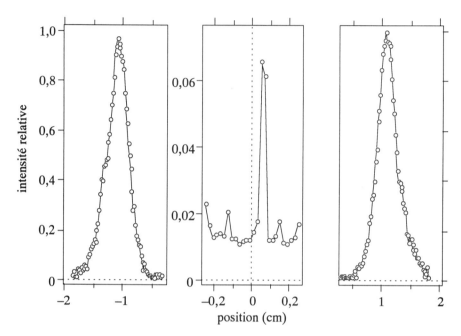

Figure 6.10   Intensité d'un faisceau en fonction de la position horizontale (*graphique de type série chronologique, fenêtre scindée en trois*)

Tous ces principes et ces conseils sont bien utiles, mais encore faut-il être en mesure de fabriquer ces tableaux et graphiques et de leur donner les caractéristiques qui leur permettront de conserver leurs propriétés, compte tenu du traitement qu'ils subiront avant de parvenir au public cible et des conditions dans lesquelles ce public les examinera.

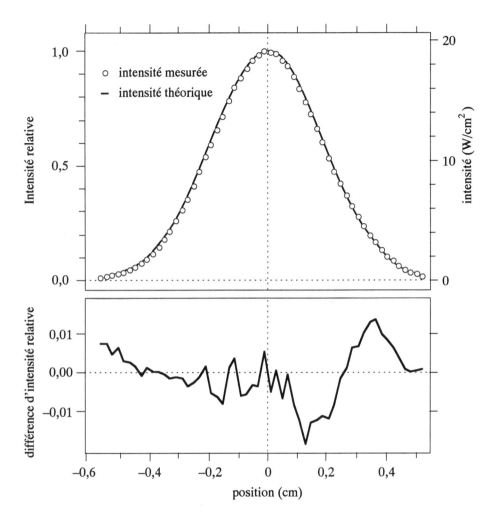

Figure 6.11   Haut : intensité mesurée d'un faisceau en fonction de la position
horizontale et gaussienne correspondante ($w = 0{,}38$ cm) ; bas :
différence entre intensité mesurée et intensité théorique (*comparaison à l'aide d'un graphique des différences*)

6.6 Les techniques et les normes d'édition

Il n'y a pas si longtemps, la fabrication des dispositifs de présentation graphique était confiée à des dessinateurs qui se chargeaient de leur
donner une allure professionnelle. Comme pour les autres aspects de la
production de textes, nous disposons aujourd'hui d'outils informatiques
nous permettant d'effectuer nous-mêmes ces tâches.

a)   La production des dispositifs de présentation

Tout d'abord, notons que même si les outils disponibles (traitements de texte, tableurs, logiciels de graphiques, logiciels intégrés) sont très performants, on constate que les formats prédéfinis ou disponibles ne respectent pas toujours les principes énoncés dans cette section. Pour les graphiques et les diagrammes (particulièrement les diagrammes à points), il est avantageux de recourir en plus à un logiciel de dessin (qui n'a pas besoin d'être un logiciel de type professionnel) et d'y importer les figures produites par les tableurs ou les logiciels de graphiques afin de les modifier ou de les corriger.

Il convient aussi de souligner que les tableaux et graphiques que l'on produit soi-même subiront divers traitements avant d'atteindre leur public. Ces traitements se traduiront soit par des changements de dimension (pour l'édition écrite ou la présentation sur écran), soit par des dégradations de définition et de contraste (dans le cas d'une reproduction par photocopie ou d'une projection à partir d'un ordinateur). Les principaux problèmes que l'on constate dans la pratique sont la trop petite taille des caractères ou des éléments graphiques, souvent jumelée avec la surabondance d'informations, et la dégradation des trames due à la reproduction par photocopie.

Pour éviter la plus grande partie de ces problèmes, il suffit en général de prendre quelques précautions élémentaires et de respecter quelques règles de base ; la technique suggérée ci-dessous vise à faciliter cette tâche.

Notons d'abord que dans sa version finale, un dispositif de présentation occupe un rectangle dont la largeur et la hauteur sont limitées par le gabarit d'édition ou l'appareillage de projection. Les largeurs se retrouvent en quelques standards :

— 7,5 cm (3 po) si le dispositif est limité à une colonne dans une revue sur deux colonnes ;

— 11 cm (4,5 po) pour un dispositif pleine largeur dans une revue sur une colonne ou un volume de format « roman » ;

— 15 cm (6 po) pour un dispositif inséré dans un document photocopié (format 8,5 po × 11 po, dit « lettre ») ou imprimé sur un acétate projeté en orientation « portrait », pour un dispositif couvrant deux colonnes dans une revue, ou encore pour un dispositif tourné de 90° dans un document de format « roman » ;

— 23 cm (9 po) pour un dispositif imprimé sur un acétate projeté en orientation « paysage » (tourné de 90°).

Si l'on doit remettre un manuscrit de dimension standard, qui sera par la suite mis en pages dans le format approprié, ou si l'on fabrique soi-même ses acétates, on suggère d'utiliser un gabarit de base unique, soit 15 cm de largeur et 23 cm de hauteur maximale (11 cm pour un dispositif tourné de 90°). Il suffira alors d'ajuster la taille des divers éléments (caractères, lignes, etc.) selon les normes de présentation correspondant au format final. On évitera beaucoup de travail d'édition en concevant les tableaux, diagrammes et graphiques en tenant compte dès le départ de ces normes. Il est cependant à noter que les dispositifs qui conviennent à un document écrit devront parfois être simplifiés ou scindés pour convenir à une présentation orale.

b) Les normes de présentation

Ces normes ou suggestions portent sur les éléments suivants : la taille et les polices de caractères, les trames ainsi que le style et la forme des lignes et des points.

Tout d'abord, le tableau 6.8 présente les tailles suggérées, exprimées en points (unité employée couramment par les logiciels) pour les deux types de traits et les trois catégories de caractères les plus fréquemment utilisés, pour les formats de présentation mentionnés plus haut et pour un format quelconque (dimension du plus petit côté égale à L).

Ensuite, en matière de police de caractères, on suggère d'utiliser la police Times (ou l'équivalent). Cette police, dite *avec empattement* (en anglais, *serif*), permet une meilleure discrimination entre les caractères dans des conditions non optimales (petite taille ou mauvaise qualité de reproduction), si on la compare aux polices *sans empattement* (Geneva, Helvetica, etc.), où les lettres sont constituées de simples traits. En particulier, les indices et les exposants sont beaucoup plus lisibles dans les polices avec empattement.

Pour ce qui est des trames employées pour distinguer les rectangles des diagrammes à barres, il appert que les trames à points de densité variable (voir figure 6.3) sont préférables aux trames formées de lignes parallèles ou croisées (horizontales, verticales ou obliques) ; il est déconseillé d'utiliser plus de cinq trames différentes.

Tableau 6.8

Taille suggérée (en points) des éléments d'un dispositif
sur un original de 15 cm, pour divers formats de présentation finaux

élément	format de présentation final							
	7,5 cm		11 cm		15 cm		L (cm)	acétate
trait fin	0,5[a]	1	0,5[a]	0,25[b]	0,25	0,25	4 / L	1
trait normal	1	2	1	1	0,5[a]	1	8 / L	2
trait accentué	2	3	2	2	1	2	12 / L	3
texte[c]	20		14		10		150 / L	20
notes au bas	16		11-12		8		120 / L	16
exposant/indice	14		10		7		105 / L	14

a. Lorsque cette taille n'est pas disponible, utiliser les valeurs de la colonne suivante.

b. Les traits de cette taille sont souvent appelés « filets ».

c. Titre, en-têtes, chiffres, texte explicatif et légende (interne et externe).

Finalement, à la figure 6.12, on présente :

— en a), une série de points beaucoup plus efficace pour la discrimination entre les séries et la lecture des points individuels en cas de
recouvrement que la série habituelle, formée de cercles, carrés et
triangles ;

— en b), une suggestion de lignes en pointillé à utiliser dans un
graphique pour associer les courbes ou les droites joignant les
points aux valeurs d'une variable indépendante ;

— en c), des traits en pointillé appropriés pour les lignes de référence
traversant la fenêtre des données.

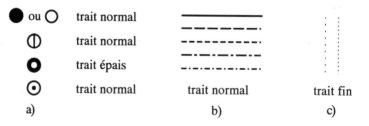

Figure 6.12   a) points recommandés pour les graphiques et les diagrammes, par ordre de préférence ; b) lignes pour courbes ou
joignant les points ; c) lignes de référence

Les logiciels de graphiques n'offrent en général que les deux premiers types de cercles (en plus d'autres formes géométriques), et ils ne permettent pas toujours de choisir la largeur des lignes. Un logiciel de dessin doit alors être utilisé pour ajouter ou adapter ces éléments. Quand cela est possible, on peut aussi recourir à la couleur pour distinguer les éléments d'un diagramme ou d'un graphique (voir encadré).

Enfin, pour ce qui est du diamètre des points, il n'existe pas de normes précises, car tout dépend de la quantité de points, de leur recouvrement, de la grandeur de l'incertitude et de la présence ou non d'une courbe de référence qu'ils ne devraient pas trop masquer. Lorsque les points sont très petits, comme dans les figures 6.9 et 6.10, il est préférable d'employer un trait plus fin pour les points.

Les diagrammes et les graphiques en couleurs

L'usage de la couleur a été longtemps confiné à toutes fins utiles aux présentations sur diapositives et réservé à qui avait accès aux techniques photographiques requises, particulièrement onéreuses. La généralisation d'outils comme les écrans d'ordinateurs pour rétroprojecteurs et les imprimantes couleur, de même que l'apparition de revues électroniques diffusées en mode graphique démocratise en quelque sorte cette option.

Au-delà de son caractère purement esthétique, la couleur offre d'abord et avant tout l'avantage d'une meilleure discrimination entre les diverses lignes ou surfaces. Elle permet aussi beaucoup plus facilement d'isoler mentalement les objets de même catégorie (identifiés par une même couleur), particulièrement lorsque les objets de diverses catégories se recoupent ou partagent le même espace. Le nombre de catégories que l'on peut aisément distinguer est également plus élevé qu'avec des tons de gris, mais ce nombre doit être tout de même limité à moins d'une dizaine, entre autres à cause des variations importantes que peuvent subir les couleurs entre la conception du dispositif et sa production ou sa présentation finales.

La couleur offre aussi la possibilité de créer des graphiques à deux variables indépendantes continues (par exemple, deux dimensions spatiales) ; les axes du graphique sont associés à ces deux variables, tandis que la variable dépendante est représentée par la couleur. Ses valeurs doivent toutefois être rendues discrètes par un regroupement en un nombre limité d'intervalles (au plus une vingtaine). L'interprétation de ces graphiques demande une certaine habitude afin que la relation d'ordre entre les couleurs devienne intuitive ; à cette fin, on a souvent recours à un ordre qui reproduit celui du spectre (du rouge au mauve en passant par l'orange, le jaune, le vert et le bleu et le violet).

En guise de conclusion, ne pourrait-on pas imaginer que l'avenir de la présentation des résultats numériques résiderait dans la transmission sur les réseaux non pas de dispositifs déjà construits, sous forme d'images fixes, mais plutôt des résultats numériques eux-mêmes ? Les lecteurs pourraient alors visualiser ces résultats à l'aide des logiciels appropriés, d'abord de la façon prévue par l'auteur, pour ensuite en modifier la présentation à leur guise pour un complément d'analyse.

Pour en savoir plus

Cleveland, W. S. (1985). *The Elements of Graphing Data*, Boston, Duxbury.

La référence la plus complète et la plus pertinente sur le sujet, qui présente tant les principes de base que des centaines d'exemples de graphiques et de diagrammes construits à partir de résultats scientifiques déjà publiés.

Tufte, Edward R. (1983). *The Visual Display of Quantitative Information*, Cheshire, Conn., Graphics Press.

Ouvrage provoquant qui met le doigt sur les problèmes et suggère une approche radicale, bien que peu applicable en pratique ; en dépit de cette limitation, Tufte a servi de source constante d'inspiration pour les auteurs qui ont abordé la question par la suite.

Wainer, Howard (1992). « Understanding graphs and tables », *Educational Researcher*, vol. 21, n° 1, p. 14-23.

Illustration vivante de quelques difficultés éprouvées avec les dispositifs de présentation, avec suggestions simples d'amélioration.

CHAPITRE 7

L'ARTICLE SCIENTIFIQUE

Gilles Lussier

La fonction du chercheur tourne essentiellement autour de trois types d'activités qui apparaissent indissociables : l'information, la recherche et la communication. Les deux premiers types ayant été abordés dans les chapitres précédents, nous traiterons dans les deux prochains chapitres du volet communication, c'est-à-dire de cette activité qui consiste à transmettre les connaissances nouvelles en une information disponible pour tous les chercheurs qui l'utiliseront alors comme point de départ ou comme point d'appui de leurs propres activités de recherche. Par la diffusion des connaissances acquises, le chercheur fournit à la collectivité une information à jour de ses recherches et crée un lien essentiel dans le monde scientifique. C'est dans une très large mesure sur ces échanges entre les réseaux de scientifiques que repose le progrès scientifique. Nul doute que les percées dans le domaine des télécommunications ont grandement facilité et multiplié ces activités de communication qui se présentent essentiellement sous formes écrite (imprimée ou électronique) et orale.

7.1 L'importance sociale et professionnelle des communications entre scientifiques

Comme on l'a vu au premier chapitre, pour être considérée réellement valide, toute activité ou réflexion scientifique doit avoir été évaluée et sanctionnée par les pairs de l'auteur et être présentée adéquatement à l'ensemble de la communauté scientifique qui en juge la valeur. Pour le scientifique, cette reconnaissance par les pairs constitue une mesure de la compétence. Indissociable de sa fonction de recherche, la communication représente l'une des tâches les plus importantes auxquelles il doit s'astreindre. La science est en effet inutile si elle n'est pas communiquée. À quoi servirait la recherche si ses résultats ne pouvaient être adéquatement présentés à l'ensemble du réseau de scientifiques ? La communication scientifique répond en définitive à une double fonction : 1) celle de conserver les résultats de travaux originaux sur un sujet particulier ou les réflexions sur un thème donné pour les mettre à la disposition de la communauté scientifique ; 2) celle de contribuer à la reconnaissance de l'auteur.

Tout travail de recherche ou tout effort de réflexion bien fait aboutissant à des résultats originaux ne doit pas demeurer inconnu. Le scientifique ne peut pas vivre seul, enfermé dans son laboratoire, isolé de ses collègues et du contexte économique et social qui l'entoure ; comme on l'a vu au chapitre 2, il fait partie d'une structure sociale qui le soutient financièrement et qui, de plus en plus, lui demande des comptes. Il a donc le devoir de diffuser ses connaissances pour le bien de la communauté : les communications enrichissent la science, évitent la reprise des mêmes travaux, suscitent de nouvelles hypothèses qui à leur tour sont le point de départ de nouvelles recherches.

Il est par ailleurs indéniable que le scientifique diffuse les résultats de ses recherches dans un but de valorisation personnelle, soit comme outil d'avancement de carrière, soit comme tremplin pour l'obtention de promotions ou de subventions de recherche. Le plus doué des scientifiques risque de demeurer dans l'ombre durant toute sa carrière s'il ne sait pas communiquer ses connaissances à ses collègues sous une forme qui attire et retient leur attention.

La communication ne doit cependant pas devenir un véhicule de publicité personnelle. Le scientifique doit protéger sa richesse la plus sûre qui est sa crédibilité en s'assurant toujours de la qualité de ses communications écrites ou orales. En effet, il est reconnu qu'un fort pourcentage de demandes de subventions de recherche est rejeté parce que les communications antérieures du demandeur n'inspirent pas la confiance des membres des comités d'évaluation (Allen, 1960).

Quelles que soient les raisons qui poussent le scientifique à communiquer, il doit toujours avoir à l'esprit que la plus importante est celle d'avoir quelque chose d'original à présenter. Il faut malheureusement déplorer, de nos jours, la prolifération de communications souvent prématurées ou rapportant les mêmes idées et les mêmes résultats. Bien souvent, des résultats qui pourraient faire l'objet d'une seule communication écrite ou orale sont scindés en plusieurs parties dans le but d'allonger le curriculum de l'auteur. L'abondance des communications inutiles et souvent de qualité médiocre s'explique, en grande partie, par la pression du milieu qui pousse le chercheur à communiquer à outrance afin d'être avantageusement évalué. La pression du milieu est en effet très forte : « publier ou périr », tel est le dilemme auquel le scientifique est malheureusement confronté. Il y a là un enjeu de nature éthique sur lequel nous reviendrons dans un prochain chapitre.

Sans aucun doute, on réduirait la masse des communications en changeant les critères d'évaluation de la carrière des chercheurs. Le nombre diminuerait si, par exemple, on prenait comme critère non pas seulement le nombre de publications d'un scientifique mais l'influence que celles-ci exercent sur les travaux ultérieurement publiés par des collègues. Aujourd'hui, grâce à l'informatique, on peut savoir rapidement combien de fois et par qui un auteur a été cité. L'utilisation de cet indicateur de citations démontre que moins du tiers des publications sont citées par d'autres scientifiques (Kronick, 1985).

Il faut toutefois s'empresser d'admettre qu'il est parfois difficile de se baser uniquement sur cette forme de décompte pour juger de la qualité du contenu d'une communication. Il peut arriver qu'un article soit cité par des collègues qui en font une critique négative, qui soulignent des erreurs ou y apportent les correctifs nécessaires. D'autres arguments montrent également que cette méthode d'évaluation quantitative n'est pas exempte de tout reproche : certains groupes de scientifiques pourraient, par exemple, abuser de ce système en se citant réciproquement ou en citant sans justification leurs propres travaux. Enfin, le contenu fait que certains articles, comme ceux qui décrivent une méthode fréquemment employée, sont beaucoup plus souvent cités que d'autres à caractère plus fondamental. Il faut également constater qu'une fois que le contenu d'un article fait partie intégrante des connaissances, cet article cesse rapidement de servir de référence comme ce fut le cas, par exemple, de l'article de Watson et Crick portant sur la structure de l'acide désoxyribonucléique (Garfield, 1985).

En science et en génie, la forme privilégiée de communication est la communication écrite, dont l'article scientifique constitue la manifestation la plus significative. Elle s'effectue par l'entremise de revues spécialisées dont les éditeurs soumettent généralement les travaux à des pairs qui jugent de leur originalité, de leur pertinence et de leur rigueur.

La publication orale entre scientifiques lors de congrès, colloques ou symposiums représente également un moyen de communication important entre collègues, même si elle obéit à une dynamique différente puisqu'elle est présentée à la suite d'une invitation particulière ou générale transmise par les membres du comité organisateur de l'événement. Bien que le contenu de la communication orale ne soit généralement pas soumis à l'arbitrage par les pairs, le résumé fait habituellement l'objet d'une forme d'évaluation.

Le rapport de recherche constitue également une autre forme de communication. Selon qu'il présente les résultats détaillés d'une recherche effectuée dans le but de répondre aux exigences de base de la maîtrise ou du doctorat ou qu'il donne les résultats d'un travail scientifique ou technique effectué en réponse à une question spécifique formulée ou commandée généralement de l'extérieur, le rapport prend alors des formes particulières.

La compétition de plus en plus vive et le nombre toujours croissant de communications forcent aujourd'hui plus que jamais les scientifiques à viser l'excellence, d'où l'importance de connaître les règles générales régissant la préparation et la présentation de communications scientifiques et techniques, écrites et orales. Le présent chapitre est consacré aux règles générales touchant la rédaction d'articles scientifiques. Ces règles demeurent valables pour les autres formes de communication scientifique, dont les particularités seront abordées au prochain chapitre.

7.2 Le langage scientifique

Le langage scientifique possède son style propre, bien défini, qui se différencie du langage littéraire parce qu'il révèle toujours « par le choix des mots et le tour des phrases, le besoin de ne montrer que la face objective des choses » (Bally, 1951). Le langage scientifique a comme critère la vérité et possède comme attributs l'objectivité, la précision, la sobriété et la neutralité : il est dénué de métaphores, d'humour, d'ironie et de polémique[1]. À la différence du langage littéraire qui entraîne

---

1.   Sur la présence dans les textes scientifiques de procédés comme la métaphore et l'ironie, voir les ouvrages de Bazerman (1988) ou de Gross (1996) (*Note des directeurs*).

souvent le lecteur avec subjectivité, émotivité et affectivité dans un monde fictif et imaginaire, l'expression scientifique est débarrassée des aspects subjectifs tant émotionnels qu'affectifs et relate des faits considérés comme véridiques[2] qui doivent être décrits avec clarté, précision et concision.

Les phrases doivent être courtes et bien structurées puisque la capacité de mémoire en ce domaine ne dépasse pas une quinzaine de mots à la fois. La concision facilite la lisibilité et évite la redondance : elle fait économiser les mots en s'efforçant d'éliminer ceux qui sont vides de sens. Clarté et précision vont de pair : le texte scientifique ne rapporte que ce qui est supporté par l'expérimentation en évitant d'aller au-delà des résultats obtenus. Le style technique et scientifique se caractérise en outre par de nombreux recours à l'illustration (tableaux, graphiques, schémas, dessins, etc.).

Le style scientifique recherche les mots justes et évite le jargon pour ne pas laisser place à l'ambiguïté et à la confusion. Dans son sens positif, le jargon désigne tout langage exclusif, technique et spécialisé, propre à un métier ou à une profession. Dans son sens péjoratif, le jargon désigne un ensemble de termes et d'expressions dont le sens n'est pas clair, soit parce que le lecteur ne les connaît pas, soit parce que l'auteur leur prête un sens nouveau que lui seul peut comprendre. Souvent utilisé dans le but d'impressionner le lecteur ou de masquer l'imprécision d'une pensée aux idées floues, ce genre de langage traduit des idées brumeuses et ne constitue donc pas un bon véhicule de la pensée scientifique.

7.3 La préparation de l'article

L'article scientifique est un document publié, décrivant les résultats d'une recherche originale, présenté dans le respect des normes et des critères fixés par une longue tradition. Le Council of Biology Editors (1983) en a défini les qualités minimales : l'article scientifique doit être la première publication de résultats d'une recherche originale, acceptée par les pairs de l'auteur, présentée sous une forme permettant à d'autres scientifiques de répéter l'expérience et d'en vérifier les conclusions et

---

2.   Voir le chapitre 1 pour une discussion des notions de fait et de vérité scientifiques (*Note des directeurs*).

être publiée dans une revue ou tout autre document facilement accessible à l'ensemble de la communauté scientifique.

Plusieurs étapes doivent être franchies lors de la production d'un article scientifique : elles commencent normalement avant même d'en entreprendre la rédaction et se poursuivent pendant et après la rédaction. L'auteur doit préciser dès le départ le but poursuivi par la rédaction de son article et choisir la forme que prendra celui-ci. Il doit identifier le périodique dans lequel il souhaite voir publier son article et par conséquent la catégorie de collègues à qui il veut s'adresser. L'auteur doit également arrêter son choix sur le nom et l'ordre d'apparition des coauteurs de l'article de même qu'il doit choisir la langue de communication. En plus de la rédaction proprement dite, il faut investir du temps pour les tâches reliées à l'édition de l'article, comme la révision du texte et la correction des épreuves.

a) Le but visé par l'article

Avant d'entreprendre la rédaction d'un article scientifique, et tout au long de son élaboration, l'auteur ne doit jamais oublier l'objectif qu'il veut atteindre par une telle publication. Pour ce faire, il lui est nécessaire de préciser dès le départ les particularités qui caractériseront l'ouvrage et qui lui donneront son originalité et sa pertinence. Ainsi une révision exhaustive de la documentation révélera si le sujet envisagé a déjà fait l'objet de publication. Le périodique dans lequel sont parus des articles portant sur des sujets connexes donne, par surcroît, une idée du groupe de scientifiques à qui l'article s'adresse.

Il est indispensable de cerner au départ le message que l'on veut transmettre. À ce stade, les premières questions à se poser sont les suivantes : qu'ai-je d'original à présenter et est-ce que cela mérite d'être écrit et publié ? Par exemple, le constat que l'administration de tel antibiotique est de beaucoup supérieure à l'administration de tel autre dans le traitement d'une infection intestinale spécifique et qu'il réduit de façon significative le taux de mortalité dans une colonie d'animaux de laboratoire constitue un objectif précis et porte sur un point particulier. Si par contre l'on envisage de recenser, pour fins de publication, les vingt-cinq dernières appendicectomies pratiquées dans un service de chirurgie simplement parce que l'on souhaite partager avec des collègues le fruit de son expérience sur le sujet, il apparaît évident que l'on ne poursuit pas un objectif précis par la rédaction d'un tel article.

Il est également important de fixer les limites de l'article. Les activités d'un scientifique portent en effet très souvent sur plusieurs facettes d'un même sujet : il doit donc préciser sur quel point particulier portera l'article et par conséquent quels seront, parmi les résultats accumulés, ceux qui seront inclus ou ceux qui devront être laissés de côté. Un tel exercice permet d'élaguer les points non pertinents et de préparer le terrain pour les sections portant sur l'introduction, les résultats et la discussion.

b) Les principaux types d'articles

L'article scientifique peut prendre plusieurs formes selon l'objectif poursuivi, le genre de travail présenté ou le réseau de collègues visé. En plus de l'article scientifique original, la communication peut se présenter sous forme d'une lettre à l'éditeur, d'un article de synthèse, d'un article soumis pour communication rapide, d'un éditorial ou, dans le domaine médical, d'une observation clinique.

— *L'article scientifique original* représente la forme la plus courante de la rédaction scientifique. La majorité des publications rapportant les résultats de travaux expérimentaux entrent dans cette catégorie. Ce type d'article vise à présenter des résultats nouveaux obtenus par suite d'une recherche expérimentale ou d'une série d'observations ; il représente le véhicule principal de communication entre scientifiques.

— *La lettre à l'éditeur* sert généralement à présenter un point de vue sur une publication parue dans un numéro récent de la revue. L'auteur de la lettre peut faire part de ses résultats ou observations pour confirmer ou infirmer les résultats publiés. L'éditeur de la revue demande généralement à l'auteur de l'article qui avait fait l'objet de critiques une réponse à cette lettre, réponse qui est également publiée.

— *La communication rapide* (*short communication* ou *synopsis* des Anglo-Saxons) constitue, comme son nom l'indique, une façon simple et rapide de présenter des résultats originaux et intéressants sans avoir à les inclure dans un article complet. Cette formule permet ainsi à l'auteur de faire état de ses propres résultats de recherche afin de s'inscrire rapidement au nombre des auteurs du domaine. Cette forme peut, par exemple, être utilisée pour la présentation de résultats préliminaires. Lorsque ce type d'article est accepté, il paraît habituellement peu de temps après sa réception.

— *L'article de synthèse* prend habituellement un caractère didactique en rapportant et en analysant l'ensemble de la documentation sur un sujet donné. Du fait de ses connaissances ou de son expérience personnelle sur le sujet, l'auteur y apporte un certain esprit critique sans généralement inclure des résultats personnels originaux. Dans ce type d'article, la revue de la documentation doit être complète et la bibliographie, exhaustive. Ce type de publication, parfois rédigée à la demande de l'éditeur du périodique, constitue très souvent un point de repère dans l'évolution des connaissances sur un sujet donné.

— *L'éditorial* est plus personnel que l'article de synthèse. Il fait le point sur l'état d'un travail au moment de sa rédaction ou sur un sujet d'actualité.

— *L'observation clinique*, en sciences de la santé, rapporte une ou plusieurs observations susceptibles d'éclairer, par exemple, un aspect d'une pathologie ou d'un traitement. Il faut attirer l'attention sur la difficulté d'une recherche rétrospective qui s'appuie sur des observations antérieures (rapports d'autopsie, expériences thérapeutiques, etc.) ; ces informations n'ayant pas toujours été retenues en fonction des buts du travail, de nombreux dossiers ne peuvent être utilisés pour l'analyse statistique du fait d'observations incomplètes ou imprécises.

c) Le choix de la langue et du périodique

Force est de constater que dans le domaine scientifique, le français a perdu sa prédominance internationale. Plusieurs études confirment que depuis un siècle l'usage de l'anglais a continuellement progressé comme langue de publication (Tsunoda, 1983 ; Gablot, 1985 ; Conseil de la langue française, 1991). Cette présence envahissante de l'anglais n'est pas unique au Québec, un très fort pourcentage des travaux publiés par des chercheurs français le sont dans cette langue (Corène et Portnoff, 1990). L'anglais est devenu le principal véhicule des communications entre les scientifiques à l'échelle internationale tout comme le fut le latin pendant longtemps. Il apparaît que l'anglais a commencé à prédominer dès 1880 dans les périodiques se rapportant aux disciplines de la médecine, de la biologie, de la chimie, de la physique, de la géologie et des mathématiques (Tsunoda, 1983). Ce phénomène s'expliquait alors par l'essor industriel et économique de l'Empire britannique : après la Seconde Guerre mondiale, les États-Unis ont exercé la même influence. Les revues scientifiques américaines ont commencé à jouir d'un grand prestige et leur diffusion étendue permet maintenant aux textes d'être lus et cités beaucoup plus couramment. L'usage de plus en plus répandu de l'anglais et la publication dans des revues américaines ou de langue anglaise résultent en définitive du désir bien légitime qu'ont les scientifiques de rejoindre le plus grand nombre possible de collègues.

La communication dans une langue étrangère

La science existe indépendamment des langues qui la véhiculent : elle n'est ni française, ni américaine, ni allemande. Cette vocation universelle force le chercheur à choisir la langue de communication qui permettra la plus large diffusion possible avec la plus grande clarté. La rédaction scientifique exige cependant la formulation, écrite ou orale, la plus précise possible du sujet, capacité que ne possède pas toujours le chercheur désireux de communiquer dans une langue qui n'est pas la sienne. Deux possibilités peuvent alors s'offrir à lui : rédiger dans sa langue maternelle et retenir les services d'un traducteur ou rédiger directement dans la langue seconde et avoir recours à un réviseur.

Le traducteur devra être capable de prendre le texte de départ et de le transposer avec exactitude en une langue à la fois correcte sur le plan de langue de destination et conforme à l'usage et aux normes du domaine. Le réviseur, quant à lui, devra posséder les compétences requises pour modeler le texte selon les standards de la revue et les règles linguistiques ; il devra procéder à un contrôle de la qualité du texte en fonction de la forme en accordant son attention au style. Dans la réalité, le processus de rédaction dans une langue étrangère se matérialise souvent par un va-et-vient entre le scientifique d'une part et le traducteur ou le collaborateur d'autre part ; l'un connaissant bien les termes techniques et se concentrant sur le fond, et l'autre possédant les capacités linguistiques et se concentrant sur la forme.

Le choix du périodique

Les revues scientifiques sont tellement nombreuses aujourd'hui que seul un très petit nombre d'entre elles sont lues dans chaque spécialité, d'où l'importance de faire un choix judicieux. Ce choix doit normalement s'effectuer avant d'entamer la rédaction de l'article : il n'est cependant pas toujours facile à faire en raison du vaste éventail de journaux édités par suite de l'éclatement des connaissances en de multiples spécialités de plus en plus hermétiques. Chaque périodique possède généralement son domaine particulier et vise des clientèles différentes de scientifiques. Il possède ses exigences propres qu'il importe de connaître avant d'entreprendre la rédaction de l'article. Les informations pertinentes relatives au domaine couvert et, par conséquent, au groupe de lecteurs potentiels sont habituellement publiées mensuellement ou à tout le moins annuellement ; elles sont également accessibles sur les sites W3 des organisations responsables de la publication. Ces directives renseignent sur le mode de présentation du manuscrit concernant, entre autres, le nombre maximal de pages, le nombre de copies, le format de présentation, la bibliographie, le nombre et le format des tableaux et des illustrations, les abréviations, etc. Une fois le choix du périodique arrêté, tout ce qui est inclus dans la publication doit l'être en fonction de ce choix et du groupe de lecteurs ciblé. Cette démarche permet d'ajouter ou de retrancher des détails explicatifs en fonction de la catégorie de lecteurs visée.

Le choix du périodique au tout début du processus de rédaction peut permettre de gagner du temps et d'éviter des déceptions. En effet, si l'article n'est pas soumis au bon endroit, il pourrait être refusé parce que jugé « non pertinent » dans le périodique choisi ; une telle réponse prend généralement plusieurs mois à parvenir après la soumission de l'article. Si, par ailleurs, l'article se situe juste à la limite de l'admissibilité, il pourrait subir une révision inadéquate par des pairs ou par un éditeur qui ne possèdent pas toujours toutes les connaissances nécessaires pour en faire une évaluation judicieuse. Malheureusement, le manuscrit risque alors d'être rejeté ou de faire l'objet d'une demande de modifications qui n'en amélioreraient pas la qualité. Enfin, si l'article est accepté et publié dans un périodique qui ne convient pas au sujet traité, il risque alors de passer inaperçu parce qu'il ne touche pas le bon réseau de scientifiques.

Le prestige dont jouit un périodique constitue sans contredit un critère de choix par excellence. Tous les périodiques scientifiques ne jouissent pas, en effet, du même prestige. Certains sont très exigeants et refusent la majorité des articles qui leur sont soumis, d'autres, au contraire, sont beaucoup moins sélectifs et publient des travaux de moindre valeur scientifique. C'est en examinant les numéros antérieurs de la revue, en vérifiant dans quel périodique ont été publiés les plus importants travaux dans son propre domaine d'activité et en prenant connaissance de la liste des membres du comité de rédaction ou comité scientifique (*editorial board* des Anglo-Saxons) que l'on peut porter un jugement sur le prestige dont jouit un périodique. Ce comité regroupe un nombre variable de personnalités scientifiques renommées dans leur spécialité et chargées de choisir, après lecture et en consultation avec l'éditeur, les articles dignes d'être publiés dans le journal. Le facteur d'impact tel qu'il est évalué par l'ISI (Institute for Scientific Information : Garfield, 1979) constitue également un moyen additionnel d'évaluation du prestige d'un périodique. Ce facteur est calculé à partir du nombre moyen de citations générées au cours d'une année par tous les articles parus dans ce périodique durant les deux années précédentes : plus le facteur est élevé, plus la visibilité des travaux qui y sont publiés est grande.

La rapidité de parution peut également servir de critère de choix. Alors que certains périodiques ont été spécifiquement mis sur pied en vue d'une parution rapide en utilisant un procédé photographique pour copier le manuscrit soumis, d'autres au contraire ont un délai de parution beaucoup plus long. Il est facile de déterminer ce délai dans le cas des périodiques qui indiquent la date de réception et la date d'acceptation du manuscrit. Avec cette date, il est possible de déterminer le temps nécessaire pour sa mise en pages, la correction des épreuves, l'impression et la reliure. Le retard de parution peut parfois causer des problèmes lorsqu'il s'agit de déterminer la priorité d'une découverte par rapport à une autre : c'est une des raisons pour lesquelles la plupart des périodiques indiquent la date de réception d'un manuscrit.

Lorsque le manuscrit est accompagné d'images dont les détails sont importants, comme c'est le cas par exemple pour les microphotographies, la qualité des reproductions est importante et constitue, par conséquent, un autre critère de choix du périodique.

d) Les auteurs et leur ordre d'apparition

On constate aujourd'hui que le nombre d'auteurs de publications scientifiques a considérablement augmenté au cours des dernières décennies. Cette augmentation résulte en partie du fait que les résultats de la recherche sont généralement le fruit du travail d'équipes dont les talents et les compétences s'harmonisent et se complètent : il est donc normal d'y voir apparaître les noms de plusieurs auteurs. On peut cependant s'interroger sur la nécessité de toujours voir autant d'auteurs. Cette tendance ne diminuera toutefois pas tant que le nombre de publications demeurera un important moyen de valorisation personnelle.

Plusieurs scientifiques seront toujours tentés de vouloir faire inscrire leur nom afin d'enrichir leur curriculum vitæ. Le choix du nom des auteurs d'une publication demeure toujours une question d'éthique ; ce point sera abordé plus en détail au chapitre 9. Pour le moment, mentionnons seulement la règle générale suivante : afin d'être considéré comme coauteur, un individu doit avoir apporté une contribution significative au travail présenté.

L'ordre dans lequel doivent apparaître les noms des auteurs constitue parfois un autre point épineux, d'autant plus que les façons de faire sont très diverses et que des considérations de nature éthique peuvent jouer un rôle de premier plan. C'est en partie pour obvier à cette difficulté que certains périodiques présentent maintenant les auteurs par ordre alphabétique ; à ce jour cependant, peu de périodiques ont emboîté le pas. Pendant longtemps, ce fut la prérogative du directeur de laboratoire d'apparaître en tête de liste. Cette place est aujourd'hui généralement attribuée au scientifique qui a effectué l'essentiel du travail et qui s'est chargé de la rédaction de la majeure partie du manuscrit. La place qui doit revenir au deuxième auteur n'est pas aussi clairement définie. Certains considèrent que celui qui a guidé le premier auteur dans son travail et qui a participé activement à la recherche doit voir son nom apparaître en deuxième place. Cette position se justifie par le fait que plusieurs périodiques ne publient que les noms des trois premiers auteurs dans leur liste bibliographique et substituent l'abréviation « *et al.* » aux noms des autres auteurs. D'autres cependant considèrent que celui qui a guidé la recherche doit être cité en dernier et être reconnu ainsi.

Lorsque les mêmes auteurs cosignent plus d'un article (ce qui est très fréquent), il est possible d'indiquer plus clairement l'importance relative des contributions : l'apparition du même nom en premier dans une majorité d'articles indique alors une contribution majeure de cet auteur à l'ensemble des travaux, alors que l'alternance des noms en première place est le signe de contributions équivalentes.

e) Le titre et le résumé

Même si le titre et le résumé peuvent ultérieurement faire l'objet de modifications, il est recommandé d'en faire l'ébauche au tout début de la rédaction d'un article. Cet exercice permet de clarifier et de préciser sa pensée et d'éliminer toute question non pertinente. Au moment d'entamer la rédaction de son article, l'auteur doit avoir une bonne idée de ce qu'il a l'intention d'écrire. Il possède les résultats de sa recherche et sait comment ils s'intègrent dans le cadre des connaissances actuelles sur le sujet. Il peut donc cerner l'essentiel et le transposer dans le titre et le résumé : c'est la meilleure façon de délimiter le sujet et d'en définir le cadre.

L'importance de la rédaction du titre et du résumé est également reliée à leur diffusion : ce sont très souvent des facteurs déterminants dans le fait qu'un article est lu ou non. C'est également par eux que l'article est référé et indexé. Le titre jouit, par exemple, d'une diffusion beaucoup plus étendue que l'article lui-même et est lu par beaucoup plus de gens. Il doit donc être rédigé pour attirer l'attention des lecteurs et pour permettre le bon fonctionnement des systèmes de recherche documentaire. La sélection de chacun des mots du titre doit être faite avec soin. Un bon titre définit brièvement mais précisément le contenu de l'article et doit faire abstraction d'expressions inutiles telles que « Contribution à l'étude de... » ou « Étude de... » ; il ne doit pas non plus contenir d'abréviations.

Le résumé forme un tout avec le titre et les noms des auteurs. Il doit être suffisamment significatif pour être compris indépendamment de l'article puisqu'il peut être diffusé séparément dans différents systèmes d'analyse bibliographique. Le résumé a d'abord pour but d'attirer et de soutenir l'attention des lecteurs intéressés par le sujet et de les inciter à lire l'article en entier. Il doit également fournir le plus possible de renseignements à ceux qui n'ont qu'un intérêt marginal pour le sujet. Il a aussi pour but d'augmenter l'efficacité des revues d'analyse en leur permettant d'utiliser le résumé préparé par l'auteur.

Le résumé ne se limite pas au simple énoncé des résultats. Il doit pouvoir renseigner le lecteur sur la problématique soulevée, sur la méthode utilisée, sur les résultats obtenus, sur les conclusions tirées et sur la signification qui en découle. Il ne doit pas, par ailleurs, contenir des données qui n'apparaissent pas dans l'article et doit être rédigé dans un style impersonnel mais non télégraphique. Enfin, il ne doit contenir ni tableau, ni figure et ne doit pas non plus s'y référer.

7.4 La rédaction de l'article

L'article scientifique original comprend généralement cinq sections : introduction, matériel et méthodes, résultats, discussion et bibliographie. Notons que selon les disciplines et les périodiques, certaines de ces sections pourront être regroupées ou porter des appellations différentes[3]. Chacune d'elles répond respectivement aux questions suivantes : quel est le problème ou quelle est l'hypothèse ? comment l'a-t-on étudié ? qu'a-t-on trouvé ? quelle en est la signification ? et quels sont les autres travaux pertinents ?

Il est difficile de dicter une seule ligne de conduite pour la rédaction proprement dite d'un article scientifique, chaque auteur doit trouver celle qui lui convient le mieux. On doit toutefois éviter de tenter de rédiger l'article d'un seul trait : les idées et la patience s'essoufflent rapidement. Dans un premier temps, il est préférable de se concentrer sur les idées et d'attendre plus tard pour la révision de la forme. On peut suggérer d'ouvrir cinq dossiers, chacun correspondant aux cinq sections de l'article : introduction, matériel et méthodes, résultats, discussion et bibliographie. Lorsqu'une idée surgit, on l'inscrit dans la section appropriée : la rédaction peut ainsi se faire à différents moments et être échelonnée sur une période de plusieurs jours ou même de quelques semaines.

Dans un second temps, au moment de la révision de la première version, l'on procède à la mise en place, dans un ordre logique et chronologique, des idées qui ont été jetées pêle-mêle dans chaque dossier. Ainsi, au chapitre de la méthode, les étapes de la manipulation du matériel doivent être ordonnées chronologiquement et les résultats présentés par ordre d'importance décroissant en commençant d'abord par les plus concluants et en terminant par ceux qui apparaissent plus ambigus. Afin d'assurer une meilleure continuité, il est recommandé de rédiger cette première révision du manuscrit d'un seul jet, sans se préoccuper des aspects linguistiques : le peaufinage se fera dans un dernier temps.

a) L'introduction

L'introduction doit être brève et ne contenir que le minimum de références bibliographiques jugées nécessaires à la compréhension du

---

3. Le découpage décrit dans cette section est celui que l'on rencontre généralement en sciences de la santé. En sciences de la matière, par exemple, les résultats et la discussion font partie d'une même section, et sont suivis d'une conclusion qui rappelle les résultats importants et suggère des pistes pour de futurs travaux (*Note des directeurs*).

sujet. Le contenu de l'introduction doit être adapté aux lecteurs de la revue choisie. Dans une revue spécialisée, on peut situer rapidement le problème étudié tandis que dans un journal d'audience plus générale, il convient de rappeler brièvement les données indispensables à la compréhension du travail. On peut réduire le nombre de références en s'aidant, lorsque c'est possible, d'un article de synthèse récent qui contient lui-même toutes les références essentielles.

L'introduction a d'abord pour but de situer le cadre général du travail en indiquant ce qui manque à nos connaissances ou en précisant ce qui est connu mais qui fait l'objet de contestation. Elle définit également l'hypothèse sur laquelle on s'appuie ou la question que l'on se posait avant d'entreprendre le travail. Enfin, dans cette section on énonce l'objectif de la publication. L'introduction est très importante parce qu'elle influencera le verdict de l'éditeur et des juges tout comme, ultérieurement, celui des lecteurs.

b) La section « Matériel et méthodes »

Dans cette section, on expose sans commentaires, mais avec précision la façon dont la recherche a été menée en y décrivant le protocole expérimental adopté ou la technique utilisée. L'auteur doit fournir suffisamment de détails pour que le lecteur désireux de reprendre le travail puisse le faire à partir des données qui apparaissent dans le texte. L'expérience montre en effet que ce sont souvent les détails de méthodologie qui expliquent des résultats apparemment contradictoires. Toute technique originale doit être exposée de façon exhaustive ; par contre, il n'est pas nécessaire de décrire celles qui ont déjà fait l'objet de publications antérieures. Il suffit alors d'en donner les références bibliographiques en s'assurant qu'à la lecture des articles, les scientifiques désireux de le faire pourront reproduire l'expérience décrite. Il est évidemment nécessaire d'indiquer, au besoin, les modifications qui ont été faites aux méthodes rapportées. Dans une revue non spécialisée, il est recommandé de résumer en une ou deux phrases le principe de la méthode utilisée pour rendre l'article intelligible.

La méthode utilisée doit être présentée selon la chronologie d'exécution de l'expérimentation. Ainsi, dans un travail de biologie, on doit d'abord préciser l'origine, la sélection et la répartition des lots étudiés et poursuivre par l'exposé des techniques employées en donnant tous les détails possibles sur les conditions expérimentales. Les méthodes statistiques utilisées doivent également être précisées dans cette section. Il est aussi indispensable de définir, avec le maximum de précision, les critères de sélection des sujets faisant partie de l'étude.

c)   La section « Résultats »

En principe, cette section est facile à rédiger et doit être courte. Elle se compose en bonne partie de dispositifs de présentation (tableaux, diagrammes et graphiques) dont les règles de production ont été décrites au chapitre précédent. Cette section est la partie la plus importante du travail, elle constitue le cœur de l'article puisqu'on y retrouve les données nouvelles, originales, servant à la vérification de l'hypothèse de départ ou de réponse à la question posée dans l'introduction. Si l'auteur a été capable de rassembler et de sélectionner, parmi les données recueillies, celles qui sont essentielles à la vérification de l'hypothèse, cette section devrait alors être facile à rédiger, tout particulièrement si elle est précédée d'une description claire des procédures utilisées et suivie d'une bonne discussion des résultats.

Quel que soit leur mode de présentation (schéma, tableau ou dispositif graphique), les résultats sont d'abord annoncés et décrits de manière simple, concise et claire. Le texte est court et fait référence explicitement aux tableaux et aux dispositifs, qui doivent parler d'eux-mêmes et porter un titre résumant bien leur contenu (voir le chapitre 6). Il faut toutefois se garder de répéter le contenu des tableaux dans le texte. Bien qu'il soit difficile, voire souvent impossible de le faire, l'idéal serait tout simplement d'écrire une phrase comme celle-ci : « Les résultats obtenus sont contenus dans les tableaux 1 à 4. »

d)   La discussion et la conclusion

C'est la partie la plus difficile et la plus importante de l'article. Il faut éviter de répéter dans cette section ce qui est contenu dans la section « Résultats » mais s'astreindre à en discuter la teneur. La discussion est l'endroit où l'on compare les résultats présentés, afin d'en évaluer la cohérence, et où on les confronte aux hypothèses de départ. C'est ici aussi qu'on les confronte aux différents travaux consacrés au même sujet et qu'on indique leur signification. Si les résultats obtenus ne concordent pas avec ceux publiés dans d'autres travaux, l'auteur doit l'indiquer et fournir les explications justificatives. À ce titre, il est cependant très imprudent de citer un travail dont on n'a pris connaissance que par le résumé ou par une citation parue dans un autre article. Le lecteur s'attend à trouver dans cette section la conclusion à laquelle l'auteur est arrivé ou à obtenir la réponse à la question posée dans l'introduction.

Dans la discussion, l'auteur doit souligner les relations entre les faits en pesant soigneusement ses assertions pour ne dire que ce que les résultats permettent réellement d'affirmer. Il est important de bien faire apparaître les conditions d'interprétation des résultats, les limites de sensibilité et de reproductibilité des méthodes utilisées plutôt que de prétendre apporter une solution définitive au problème étudié. Toutes les possibilités doivent être examinées avant d'en retenir une en particulier. La discussion doit se terminer en laissant entrevoir les perspectives ou les applications découlant des conclusions : dans ce cas, la prudence est toujours de rigueur.

e) Les références bibliographiques

Les citations servent à situer le travail dans son contexte scientifique et à démontrer que l'auteur connaît bien le sujet abordé ; elles permettent également aux lecteurs d'effectuer leurs propres recherches bibliographiques sur le sujet. Le choix des citations pertinentes au sujet abordé dans la publication est un critère important pour juger de la qualité de l'article au même titre que la description minutieuse des techniques expérimentales ou que la discussion des résultats obtenus en fonction des connaissances sur le sujet. Elle constitue, en outre, une excellente source de références complémentaires. La règle d'or énoncée il y a plus d'un siècle (Billings, 1881) prévaut toujours aujourd'hui : c'est la vérification du contenu de toutes les références citées dans le texte. Cette vérification est nécessaire pour s'assurer de la fidélité à la pensée des auteurs dont on rapporte le travail. Il est en effet toujours risqué de citer un travail que l'on ne connaît que par un autre article.

On pourrait grouper en quatre catégories les articles qui peuvent être cités dans une publication scientifique (Wilson, 1952) : 1) ceux qui sont nécessaires pour situer le travail dans son contexte historique ou qui rapportent une tentative de solution au problème abordé ; 2) ceux qui décrivent précisément l'appareillage ou les techniques utilisés ; 3) ceux qui contiennent des résultats auxquels on fait référence dans l'article ; 4) ceux qui arrivent à des conclusions identiques ou différentes de celles qui sont présentées dans l'article. Bien qu'il n'y ait pas de règles précises quant au choix des citations, l'éthique impose de citer une référence pertinente au travail présenté, tout comme elle impose de ne pas citer un travail qui n'a pas été lu parce qu'il est introuvable pour diverses raisons ou parce que, par exemple, écrit dans une langue étrangère, il risque d'être incompris.

Bien que les références bibliographiques n'apparaissent qu'à la toute fin de l'article, il importe d'en faire la notation tout au cours de la rédaction, car la bibliographie est appelée à évoluer et à se modifier avec la progression de l'article. Pour ce faire, il fut un temps où l'emploi de fiches permettant les ajouts et facilitant le classement final était suggéré. Toutefois, l'usage de l'informatique a grandement facilité cette compilation. Selon les moyens à sa disposition, il appartient à chacun de trouver le système manuel ou informatique qui lui convient le mieux. En cours de rédaction, on inscrit entre parenthèses le nom de l'auteur et l'année de parution de son article. Au moment de la révision ultérieure du manuscrit, le nom des auteurs apparaissant dans le texte pourra être remplacé par un numéro si la revue l'exige.

Malgré les efforts déployés pour uniformiser la présentation des références bibliographiques, les périodiques n'ont pas encore tous adopté les mêmes règles de présentation. Les auteurs doivent donc se plier aux exigences de chaque périodique. L'une des trois formes suivantes est généralement retenue pour la présentation des citations : elles peuvent être présentées suivant le système dit de Harvard dans lequel les noms des auteurs et l'année de publication sont indiqués dans le texte et les références sont classées par ordre alphabétique ; elles peuvent également être présentées par ordre numérique séquentiel selon leur apparition dans le texte ; enfin, elles peuvent être présentées par numéro dans le texte et listées par ordre alphabétique dans la bibliographie. L'appendice 4 présente un extrait de texte et les références correspondantes sous chacune de ces trois formes.

Par ailleurs, l'abréviation des noms de périodiques se fait d'après des normes internationales proposées par l'Organisation internationale de normalisation (1968, 1972). Certaines revues, tel l'*Index Medicus*, reprennent annuellement cette présentation. L'Association française de normalisation a, pour sa part, publié des normes intitulées *Code d'abréviation des titres de périodiques en langue française*.

f) Les schémas et les équations

Comme on l'a souligné plus haut, les périodiques prévoient des normes assez précises tant pour le texte (nombre de pages ou de mots, interligne, taille de caractère, longueurs des résumés) que pour les éléments non textuels (figures, graphiques, équations), normes dont il convient de prendre connaissance au début de la rédaction. De plus, on a passé en revue au chapitre précédent les règles s'appliquant à la présentation des résultats à l'aide de tableaux ou de graphiques ; les périodiques peuvent imposer des formats particuliers en ce qui a trait aux titres et aux légendes, par exemple. Nous suggérons ici quelques règles s'appliquant aux schémas et aux équations, qui peuvent eux aussi faire l'objet de directives particulières dans certains périodiques.

Les schémas

Les principes énoncés au chapitre précédent relativement à la conception des dispositifs de présentation graphique s'appliquent aussi aux schémas : il faut s'en tenir à l'essentiel, éviter d'inclure ou de mettre l'accent sur des éléments d'importance secondaire. Il est également préférable d'éviter d'obliger le lecteur à effectuer un va-et-vient continuel entre la figure et la légende : lorsque l'espace est suffisant, on inscrit le nom (complet ou abrégé) des objets représentés sur le schéma plutôt que des lettres dont il faut donner la signification dans la légende. Finalement, il est déconseillé de placer les schémas dans un cadre, car le texte et les marges qui l'entourent jouent déjà ce rôle. Les seules exceptions sont les schémas composites et les schémas placés en médaillon.

En règle générale, les schémas sont préférables aux photographies, car ils permettent d'éliminer les éléments ou détails non pertinents et de mettre mieux en évidence les plus importants. À cette fin, il convient souvent de modifier les proportions des diverses parties d'un schéma. Ainsi, un schéma de montage a rarement besoin d'être à l'échelle, car il est souvent difficile de bien représenter les objets qui le composent lorsque à la fois ceux-ci et les distances qui les séparent sont tracés à la même échelle. On veillera toutefois à indiquer sur un tel schéma les distances qui peuvent avoir une influence sur les résultats ou le déroulement de l'expérimentation.

Pour ce qui a trait aux tailles des caractères et des traits apparaissant dans un schéma, les normes présentées au tableau 6.6 demeurent valables.

Les équations

Les équations constituent un cas intermédiaire entre les figures et le texte. Grammaticalement, elles sont partie intégrante des phrases, jouant le même rôle qu'un mot ou un groupe de mots. En même temps, leur forme, leurs dimensions et le fait qu'elles peuvent porter un numéro en font de véritables corps étrangers dans un texte. On les place donc sur une nouvelle ligne, même lorsqu'elles arrivent au beau milieu d'une phrase. Elles peuvent être centrées ou alignées à gauche, légèrement en retrait de la marge. Le numéro de l'équation est toujours aligné sur la marge de droite. À ce sujet, un débat se poursuit dans le monde scientifique : faut-il numéroter toutes les équations, seulement les plus importantes ou uniquement celles que l'on cite dans le texte ?

Un autre débat du même type touche le fait de placer ou non un signe de ponctuation à la fin de l'équation, lorsque l'exigent les règles de ponctuation, comme si l'équation était une partie de la phrase qui commence avant elle et qui, souvent, se poursuit sur la ligne suivante. La pratique semble avoir consacré le recours à la ponctuation, lorsqu'elle est requise bien sûr, aussi bien à la fin de la ligne qui précède l'équation qu'à la fin de cette dernière.

En guise d'exemple, la citation (fictive) suivante intègre ces diverses normes. « C'est ainsi que Newton proposa sa seconde loi :

$$\mathbf{F} = m\mathbf{a}, \tag{7.1}$$

une des plus célèbres de la physique, donnée ici sous sa forme moderne et non celle qu'a employée Newton. »

Les équations peuvent être composées à l'aide des outils intégrés aux logiciels de traitement de texte standard ou de logiciels spécialisés pour la production de textes scientifiques (comme les logiciels de la famille $T_{E}X$). Ces outils invitent généralement à respecter une série de conventions et de normes régissant le format et la disposition des différents éléments composant une équation. Bien sûr, les périodiques se chargent de rectifier, au moment de la mise en pages, la forme des équations qui leur sont transmises. Cependant, pour les documents que l'on produit soi-même ou qui seront simplement reproduits à l'aide d'un procédé photographique, et même pour ceux que l'on soumet à une revue, il vaut la peine, tant pour la facilité de lecture que pour l'esthétique, de respecter ces normes. Celles-ci sont présentées à l'appendice 2 de même que des suggestions destinées à améliorer l'apparence générale et la lisibilité des équations.

7.5 L'édition et la publication de l'article

a) La révision du texte

Lorsque la rédaction de la première version est terminée, il faut en réviser le contenu en se concentrant d'abord sur le fond puis, dans un deuxième temps, sur la forme. Quatre points doivent particulièrement retenir l'attention au moment de la révision du contenu : la logique de la présentation des idées, l'ordre de présentation dans chaque section, la précision des citations et l'examen des tableaux et des figures.

— *La logique de la présentation des idées.* Le texte doit être relu pour voir comment les conclusions se situent par rapport à l'hypothèse de départ, pour vérifier les relations entre les faits présentés et pour déceler toute ambiguïté dans les termes utilisés.

— *L'ordre de présentation dans chaque section.* Il faut relire chaque phrase et chaque paragraphe en s'assurant qu'ils sont clairs pour le lecteur et qu'ils correspondent bien aux idées énoncées dans le titre et le résumé. En faisant cet exercice, l'auteur peut être amené à retrancher certaines parties qui ne cadrent plus dans le contexte.

— *La précision des citations.* Même si la révision des références citées exige passablement de temps et d'effort, c'est à ce prix que l'on acquiert ou que l'on maintient sa crédibilité. À l'étape de la révision du manuscrit, il faut également s'assurer que la référence citée de chaque auteur dans le texte apparaît dans la liste bibliographique et que toutes les références listées sont présentes dans le texte. Certaines erreurs peuvent se glisser au moment de la compilation et d'autres peuvent avoir été reprises successivement par d'autres auteurs qui n'auraient pas vérifié la référence citée par un prédécesseur. C'est pour éviter ce type d'erreur qu'il est important d'avoir consulté soi-même le document cité. Si le texte intégral n'est pas disponible, il faut vérifier la référence dans une revue secondaire et l'indiquer dans la bibliographie. Les références apparaissant à la fin doivent également être facilement repérables par quelqu'un qui voudrait les consulter.

Plusieurs études ont mis en évidence des erreurs trouvées dans presque la moitié des références citées (Evans et coll., 1990). Les plus fréquentes ont trait à la mauvaise orthographe des noms des auteurs cités tandis que les autres se rapportent surtout à la pagination et à l'année de parution. La précision à apporter aux références bibliographiques est une question de conscience professionnelle et de courtoisie envers les lecteurs. On en comprend bien l'importance au moment où l'on perd soi-même plusieurs heures pour rechercher une publication dont la référence est inexacte ou incomplète.

Une fois le travail portant sur le fond terminé, il reste à préparer la version finale du manuscrit.

— *La révision des « directives aux auteurs ».* Avant de préparer la version finale, il convient de relire ces directives et, s'il y a lieu, d'en remettre une copie à la personne qui effectuera, le cas échéant, la mise en pages finale du travail. Les points suivants doivent, entre autres, faire l'objet d'une attention particulière : la présentation ; les formats des fichiers informatiques ; l'agencement de la page de titre ; le résumé et les mots clés ; la bibliographie ; les tableaux et les figures ; la légende des illustrations ; les abréviations et la procédure de soumission du manuscrit.

— *L'examen des tableaux et des figures.* Un examen attentif des tableaux et figures peut révéler qu'ils ne sont pas tous nécessaires et que certains peuvent être éliminés ou ont avantage à être regroupés. On peut également décider qu'ils doivent être présentés sous une autre forme pour mieux expliciter les résultats présentés.

— *La révision du style.* Elle n'a pas pour but l'ajout d'artifices littéraires pour impressionner le lecteur mais bien de s'assurer de l'application des règles de logique, de clarté et de précision qui s'appliquent autant pour le style que pour le fond. À ces qualités s'ajoute également la brièveté. Pour parvenir à cet objectif, l'on peut multiplier les recommandations presque à l'infini, comme la suppression soit des mots inutiles qui ne modifient en rien le sens de la phrase, soit des phrases qui ne changent pas le sens du paragraphe, soit encore des paragraphes qui n'altèrent pas le sens de l'article.

— *Les remerciements.* Toute aide importante accordée au cours du travail pour le support scientifique, physique ou financier, de la part d'individus ou d'organismes, doit faire l'objet de remerciements appropriés. Toutefois, lorsque ces remerciements s'adressent à des individus pour leurs idées, leurs suggestions ou pour l'interprétation des résultats, il est important d'aviser auparavant ces personnes. La publication de leur nom pourrait, en effet, laisser sous-entendre qu'elles acceptent le contenu de l'article alors qu'il peut en être tout autrement.

— *La préparation finale des tableaux et des figures.* Comme la révision du texte peut entraîner certaines modifications dans la présentation des tableaux et des figures, il est recommandé d'attendre à ce stade-ci pour en achever la présentation. Si l'on ne dispose pas des logiciels appropriés, on a tout intérêt à se prévaloir des services d'un graphiste. Il est alors recommandé de soumettre, en même temps que son travail, une copie des *Directives aux auteurs* de même qu'un ou plusieurs tableaux et/ou figures déjà parus dans des numéros antérieurs du périodique.

— *La révision du titre et du résumé.* Le choix du titre effectué en début de rédaction avait pour but de définir les objectifs visés par l'article. Une fois la rédaction à peu près terminée, il est nécessaire de le réviser pour vérifier qu'il rend toujours les idées essentielles de l'article. On révise également le résumé, pour voir si on y trouve des énoncés qui n'apparaissent plus dans la version finale du texte et s'il n'est pas alourdi par des détails devenus d'intérêt secondaire.

b) La soumission de l'article et son évaluation

L'article scientifique reflète un va-et-vient constant entre la production et l'évaluation de la science. Ainsi, à l'obtention des résultats et à la rédaction de l'article succède maintenant l'étape tout aussi difficile de l'évaluation.

Le « vieillissement » du manuscrit

Après avoir terminé la rédaction de l'article, il est préférable de le mettre de côté pendant quelques jours. On l'aborde ensuite d'un œil nouveau et plus critique en se demandant si le texte est structuré en fonction du problème posé dans l'introduction. Cela peut conduire à supprimer certaines parties qui ne cadrent pas dans le travail et qui trouveraient mieux leur place dans une autre publication. Il faut ensuite s'interroger sur le sens de chaque mot et s'assurer qu'il ne subsiste aucune ambiguïté et imprécision. Chaque abréviation doit être explicitée dans le texte à la première occurrence. C'est alors que la deuxième rédaction de l'article se rapproche de la forme définitive. Pour accéder à ce stade, l'auteur a avantage à faire appel à la collaboration de certains collègues.

L'opinion des collègues

S'il n'y a pas de mécanisme institutionnel prévu pour la révision des communications avant leur soumission, il est toujours fort avantageux de solliciter l'avis d'un ou de quelques collègues. En plus d'un spécialiste du sujet, on peut recourir à un collègue d'une spécialité différente et à un non-scientifique. Le scientifique travaillant dans la même sphère d'activité ou dans une sphère connexe pourra formuler des critiques valables relatives au fond de l'article, aux méthodes utilisées, à l'interprétation des résultats et à la discussion. Le collègue travaillant dans une sphère différente pourra apporter ses commentaires afin de mieux situer le travail dans son contexte et pourra suggérer des améliorations dans la présentation des résultats. Quant au non-scientifique, sa contribution pourrait porter particulièrement sur la forme de l'article, surtout au regard des questions linguistiques.

La soumission de l'article

Les copies du manuscrit et des tableaux et illustrations sont envoyées au rédacteur de la revue. Certaines revues scientifiques acceptent, et même recommandent, l'envoi de disquettes ou le recours au courrier électronique pour l'acheminement des manuscrits. Toutes les précautions doivent être prises pour éviter la perte de matériel et l'endommagement des illustrations et des tableaux au cours du transport en utilisant le matériel d'expédition approprié. On accompagne l'envoi d'une lettre indiquant que le travail n'a pas été publié ailleurs et que le manuscrit ne fait pas présentement l'objet de révision dans d'autres périodiques. On précise également que les permissions ont été accordées pour la reproduction, s'il y a lieu, de toute figure déjà publiée ailleurs et pour l'utilisation de photos qui risqueraient, dans le domaine médical par exemple, d'identifier les patients. Dans cette lettre, on indique aussi le nom et l'adresse du responsable à qui la correspondance sur le sujet devra être adressée. Il est souhaitable d'indiquer que les coauteurs ont pris connaissance du manuscrit final et qu'ils en acceptent le contenu. Certains périodiques demandent de préciser en quoi l'article est original et significatif et/ou de suggérer les noms de deux ou trois personnes susceptibles d'en évaluer le contenu. La soumission de ces noms a pour but de permettre une meilleure sélection de gens ayant une solide connaissance du sujet et également d'assurer à l'auteur un choix approprié de réviseurs. L'éditeur conserve cependant le droit de nommer d'autres personnes dont le nom n'apparaît pas sur la liste, s'il considère que les intérêts de la science et ceux de la revue sont ainsi mieux servis. Sur réception du manuscrit, l'éditeur le soumettra à deux ou trois lecteurs de son choix qui, après évaluation, en recommanderont l'acceptation ou le refus.

Les périodiques exigent également que l'auteur remplisse un formulaire de cession de droits d'auteur, par lequel il renonce notamment à son droit de diffuser l'article. Il est important de réaliser qu'à partir de ce moment, l'auteur n'est plus le « propriétaire » de son article, et que ce n'est pas lui qui pourra autoriser ou interdire une quelconque utilisation de celui-ci. Il n'en conserve que la propriété intellectuelle, c'est-à-dire le droit d'interdire (à moins que la déclaration de cession ne le prévoie expressément) toute modification à son texte. La plupart des périodiques américains, qui sont souvent les plus prestigieux, exigent aussi des frais de publication substantiels (habituellement un tarif par page). La plupart du temps, ces frais sont en fait facultatifs : le non-paiement de ces frais est possible si l'auteur le justifie par sa situation particulière (par exemple, un chercheur isolé, un étudiant sans financement, etc.), mais il retarde parfois la publication de l'article.

Que le manuscrit soit imprimé pour être présenté tel quel, qu'il soit préparé pour la reprographie ou pour composition typographique, une présentation soignée laisse toujours une meilleure impression au rédacteur de la revue et aux réviseurs.

L'évaluation par les pairs

La communication scientifique est une activité fortement encadrée pour une raison évidente et peu contestable : la diffusion d'information fausse risque, du fait du processus de création de la science, d'engager d'autres chercheurs sur de mauvaises voies. Tout article présentant des résultats originaux d'une recherche sera donc, avant d'être accepté pour publication, soumis à une révision par des pairs à qui l'on demande d'en apprécier la clarté et la crédibilité. La révision des manuscrits par les pairs représente ainsi la porte d'entrée par laquelle une recherche originale prend place dans les revues scientifiques : c'est la voie que doivent nécessairement prendre les chercheurs pour faire accepter et reconnaître leurs travaux. En dépit des critiques qui lui sont adressées, ce système de révision est généralement jugé efficace et plusieurs croient que si la documentation scientifique a su garder sa respectabilité et sa crédibilité au cours des ans, c'est en très grande partie grâce au travail d'évaluation par les pairs.

Cette méthode est cependant loin d'être parfaite. Pour évaluer un résultat, les scientifiques recourent à un ensemble de critères qui ne sont pas nécessairement toujours d'une « pureté » rationnelle et qui peuvent parfois être teintés de préjugés. C'est très souvent le cas pour des articles qui heurtent de plein fouet les principes établis du savoir scientifique du moment. Les exemples abondent du poids de ce conformisme dans la recherche. La communauté scientifique doit cependant savoir trouver l'équilibre entre la rigueur indispensable et l'audace nécessaire, et le chercheur doit pouvoir naviguer entre ces deux écueils.

Malheureusement, peu d'études ont été entreprises pour tenter d'évaluer l'effet de différentes procédures de révision sur la qualité du processus lui-même. Certains éditeurs croient par exemple que la qualité de l'évaluation augmenterait si les réviseurs ne connaissaient pas le nom et l'affiliation des auteurs et s'ils avaient à s'identifier eux-mêmes auprès des auteurs qui ont soumis les manuscrits. Il semble qu'effectivement l'anonymat des soumissionnaires augmente la qualité du processus de révision (McNutt et coll., 1990) : un travail provenant de scientifiques chevronnés ou attachés à un laboratoire prestigieux a généralement plus de chances d'être accepté que s'il vient d'un scientifique novice ou d'un laboratoire peu connu. Une étude a déjà indiqué qu'une modification mineure à des articles déjà publiés dans des revues bien cotées, dans lesquels on substituait le nom de l'auteur et de son affiliation, avait entraîné le rejet de ces articles par la très grande majorité des pairs et des éditeurs (Peters et Ceci, 1982). Les raisons évoquées pour ce rejet portaient sur des points tels que la méthode, les analyses statistiques, le style et le matériel utilisé. Une telle étude donne du poids aux plaintes occasionnellement formulées relatives à la révision des manuscrits par les pairs où l'on met parfois en doute la valeur du système qui aurait tendance à favoriser les plus connus au détriment des néophytes. Cependant, l'utilisation d'un système de révision où les réviseurs ignoreraient la provenance des articles créerait des problèmes difficiles à surmonter. Il serait en effet difficile, par exemple, de ne pas identifier l'origine d'un manuscrit dans lequel on peut lire que « les résultats obtenus précédemment dans nos laboratoires démontrent que... » ou que « ces conclusions viennent confirmer nos travaux antérieurs ».

Il est plus difficile d'établir si la qualité de l'évaluation est différente lorsque le nom des évaluateurs est dévoilé (McNutt et coll., 1990). Il semble cependant que la divulgation du nom des évaluateurs soit bénéfique. Par exemple, les éditeurs sont d'avis que les révisions se font de façon plus constructive et plus courtoise et que les auteurs, quant à eux, considèrent qu'elles sont plus justes. De plus, les réviseurs qui doivent s'identifier ont tendance a être moins sévères et recommandent plus fréquemment l'acceptation des manuscrits.

L'acceptation ou le refus

L'article peut être accepté tel quel, ce qui est plutôt rare. Il peut aussi être accepté sous réserve que des modifications mineures ou souvent même majeures soient apportées. Enfin, il peut malheureusement aussi être rejeté. Dans chacun des cas, l'opinion des évaluateurs est explicitée.

L'évaluation porte entre autres sur l'originalité du travail, sur le fond et la forme de l'article. L'originalité du travail, généralement inscrite dans les exigences de la revue, n'est pas toujours respectée par certains scientifiques. Elle est importante puisqu'elle permet d'éviter la publication de données redondantes qui encombrent la documentation. Le fond de l'article est plus difficile à juger. Les évaluateurs doivent notamment se demander si les faits ont été correctement observés, si les variables ont été bien mesurées, si le calcul des résultats et si les comparaisons statistiques sont exacts, si l'interprétation des résultats est juste et si la conclusion qui en est tirée est valable. La forme de l'article est plus facile à juger, mais elle peut faire l'objet d'une demande de révision, particulièrement si l'article est écrit dans une langue qui n'est pas familière à l'auteur.

Les revues de haut calibre ont des pourcentages de rejet très élevés, pouvant facilement atteindre 40 %, alors que les revues de moins grande envergure ont un taux de rejet d'environ 25 %. Si l'article est refusé, il faut chercher à en comprendre les raisons. On peut alors découvrir les failles qui lui sont reprochées ou tout simplement se rendre compte d'un mauvais choix de revue. En considérant les commentaires formulés, il faut se remettre à la tâche et adapter l'article pour le soumettre à une autre revue, car il est bien évident qu'ayant été rédigé pour une revue en particulier, il ne peut être soumis à un autre journal tel quel.

Si l'auteur considère que les modifications demandées ne sont pas justifiées, il lui est toujours possible de faire valoir ses arguments à l'éditeur qui a cependant le dernier mot. Dans le cas d'un refus, il ne faut surtout pas se laisser abattre mais plutôt se rappeler que des articles soumis par des détenteurs de prix Nobel ont également déjà été refusés. Une enquête effectuée en 1977 a révélé que 44 % des articles soumis pour une première fois étaient refusés : de ces publications refusées, 28 %

étaient acceptées lors d'une seconde soumission dans une autre revue (Lock, 1985).

On connaît plusieurs exemples de difficultés qu'ont éprouvées des scientifiques à faire accepter pour publication des travaux qui sont maintenant jugés fort importants (Horrobin, 1990; Martin et coll., 1986). Parmi ceux-ci se trouve l'article de Glick et de ses collaborateurs portant sur l'identification des lymphocytes B et qui marque un tournant dans l'histoire de l'immunologie. Pourtant, cet article fut rejeté par plusieurs revues tant générales que spécialisées avant de paraître finalement dans la revue *Poultry Science* en raison de l'espèce animale chez qui le travail avait été effectué. Ce périodique est certes fort respectable mais ce n'est certainement pas l'endroit où l'on aurait dû voir paraître un article aussi fondamental que celui-là. L'article de Krebs sur le cycle de l'acide citrique, jugé comme l'un des articles les plus importants de la biochimie moderne, fut d'abord rejeté par les évaluateurs mais valut cependant plus tard un prix Nobel à son auteur. Ce fut la même chose avec le travail de Berson et Yalow sur le dosage radio-immunologique d'abord rejeté mais qui s'est soldé plus tard par l'attribution du prix Nobel à ses auteurs.

La correction des épreuves

Avant la publication de l'article, les épreuves typographiques sont soumises à l'auteur pour vérification et corrections, le cas échéant. Ces épreuves doivent être lues attentivement, corrigées avec soin et retournées à l'éditeur dans les plus brefs délais sous peine de retard dans la parution de l'article. Les corrections doivent se limiter aux erreurs typographiques de transcription du texte qui avait été soumis : à ce moment, il est trop tard pour modifier ou compléter le texte. Les corrections sont effectuées en inscrivant les signes conventionnels dans la marge à la hauteur de la ligne où se trouve l'erreur. Au même moment, l'auteur reçoit un bulletin de commande de tirés à part.

Références

Allen, E. N. (1960). « Why are research grant applications disapproved ? », *Science*, n° 132, p. 1532.

Bally, Charles (1951). *Traité de stylistique française*, Paris, Klincksieck.

Bazerman, Charles (1988). *Shaping Written Knowledge : The Genre and Activity of the Experimental Article in Science*, Madison, University of Wisconsin Press.

Billings, J. S. (1881). « International Medical Congress, London, 1881 : An address on our medical literature », *Boston Med. Surg. J.*, vol. 105, p. 217-222.

Conseil de la langue française, Gouvernement du Québec (1991). *La situation du français dans l'activité scientifique et technique,* Rapport et avis au Ministre responsable de l'application de la Charte de la langue française.

Corène, L. et A.-Y Portnoff (1990). « Du constat à la contestation », *Sciences et technologie,* n° 24, mars.

Council of Biology Editors (1983). « Proposed definition of a primary publication », *Newsletter,* nov., p. 1-2.

Evans, J. T., Nadjari, H. I et S. A. Burchell (1990). « Quotational and reference accuracy in surgical journals », *J. Amer. Med. Ass.*, vol. 263, p. 1353-1354.

Gablot, G. (1985). « La place du français dans les publications scientifiques et techniques au début des années 80 », *Nouvelle Revue de l'AUPELF*, vol. 2, p. 139-144.

Garfield, E. (1979). *Citation in Design, its Theory and Application in Science, Technology and Humanities*, New York, Wiley.

Garfield, E. (1985). « Uses and misuses of citation frequency », *Current Contents*, vol. 43, p. 3-9.

Gross, Alan G. (1996). *The Rhetoric of Science*, Cambridge (MA), Harvard University Press.

Horrobin, D. F. (1990). « The philosophical basis of peer review and the suppression of innovation », *J. Med. Ass.*, vol. 263, p. 1438-1441.

Kronick, D. A. (1985). *The Litterature of the Life Science*, Philadelphie, ISI Press.

Lock, S. (1985). *A Difficult Balance. Editorial Peer Review in Medecine*, Philadelphie, ISI Press.

Martin, B., Baker, C. M. A., Manwell, C. et C. Pugh (1986). *Intellectual Suppression*, North Ryde, Australie, Angus & Robertson Publishers.

McNutt, R. A., Evans, A. T., Fletcher, R. H. et S. W. Fletcher (1990). « The effects of blinding on the quality of peer review », *J. Amer. Med. Ass.*, vol. 263, p. 1371-1376.

Organisation internationale de normalisation (1968). *Abréviation des noms génériques dans les titres de périodiques*, Genève.

Organisation internationale de normalisation (1972). *Code international pour l'abréviation des titres de périodiques*, Genève.

Peters, D. P. et S. J. Ceci (1982). « Peer-review practices of psychological journals : the fate of published articles submitted again », *Behavioral and Brain Sciences,* vol. 5, p. 187-195.

Tsunoda, M. (1983). *International Language in Scientific and Technical Publications*, Sophia Linguistica, Sophia University, Tokyo, Japon, n° 13, p. 69-79.

Wilson, E. B. (1952). *An Introduction to Research*, New York, McGraw-Hill.

Pour en savoir plus

Barnes, G. A. (1982). *Communications Skills for the Foreign-Born Professionnal*, Philadelphie, ISI Press.

Aborde la communication orale et écrite pour des chercheurs dont la langue maternelle n'est pas l'anglais.

Bénichoux, R., Michel, J. et D. Pajaud. (1985). *Guide pratique de la communication scientifique*, Paris, Gaston Lachurié.

Représente une source importante de renseignements et de réflexions sur les modes de communication scientifique, écrite et orale.

Cajolet-Laganière, H., Collinge, P. et G. Laganière (1983). *Rédaction technique*, Sherbrooke, Édition Laganière.

Aborde les divers types de communications techniques y compris l'élaboration et la structure d'ensemble du rapport technique.

Devillard, J. et L. Marco (1993). *Écrire et publier dans une revue scientifique*, Paris, Les Éditions d'Organisation.

Ce livre propose une synthèse de la forme et du fond, des normes explicites et des canons implicites dans le monde des revues.

Lussier, G. (1987). *La rédaction des publications scientifiques*, Sillery, Presses de l'Université du Québec.

Donne les éléments d'information les plus pertinents quant à la rédaction adéquate d'une publication scientifique.

CHAPITRE 8

LES AUTRES FORMES
DE COMMUNICATION SCIENTIFIQUE

Gilles Lussier

Outre l'article scientifique, qui constitue la forme par excellence de communication scientifique, il existe d'autres formes de communication, écrite ou orale, qui jouent des rôles différents mais importants dans la communauté scientifique. Les principales sont le mémoire et la thèse, le rapport de recherche, le texte de vulgarisation et le brevet, ainsi que la communication orale ou sous forme d'affiche des résultats de la recherche au cours de congrès, colloques ou symposiums.

8.1 Le mémoire et la thèse

Le mémoire et la thèse sont des étapes importantes respectivement pour l'obtention d'une maîtrise et d'un doctorat et constituent, pour le directeur de recherche de l'étudiant ainsi que pour les membres du comité d'évaluation, un document permettant de juger des compétences acquises par l'étudiant au cours de son stage d'études. Ils constituent en quelque sorte une forme de rapport de recherche dont le contenu est cependant développé de façon beaucoup plus exhaustive que dans l'article scientifique.

La forme particulière de présentation du manuscrit peut varier quelque peu suivant la politique en vigueur dans l'établissement où est inscrit l'étudiant. Avant d'en entamer la rédaction, celui-ci aura donc avantage à consulter le guide de présentation des mémoires et thèses préparé par l'université et dans lequel il trouvera les règles à suivre pour la rédaction et la présentation de son travail, ce qui lui permettra d'économiser un temps précieux. Il est également fort souhaitable qu'il examine les travaux antérieurs présentés par les étudiants qui l'ont précédé pour l'obtention des mêmes diplômes.

a)   Les parties du texte

La présentation matérielle du travail est essentiellement divisée en deux grandes parties : les pages liminaires et le travail proprement dit. Chacune de ces parties est subdivisée en plusieurs sections.

— *Les pages liminaires* sont celles qui précèdent le travail proprement dit et qui apparaissent avant l'introduction. Elles regroupent la page de titre, la table des matières, la liste des figures et des tableaux ainsi que le résumé. La plupart des établissements ont leurs propres exigences concernant le contenu et la présentation de la page de titre, laquelle contient les éléments essentiels à l'identification de l'ouvrage : le nom de l'auteur, le titre du manuscrit, le nom de l'établissement et le diplôme postulé. La table des matières dresse la liste de chaque partie, chapitre, division et subdivision des chapitres, à l'exception de la page de titre, en y indiquant la pagination. Elle doit être assez détaillée pour permettre au lecteur de juger de l'étendue de la couverture du sujet traité. Dans les pages liminaires, on retrouve également la liste des figures, des tableaux, des illustrations et, s'il y a lieu, la liste des abréviations. Le résumé du travail, parfois désigné sous le titre d'avant-propos, se retrouve également dans ces pages. C'est un bref exposé dans lequel l'auteur donne d'abord les raisons qui l'amènent à aborder le problème, puis énonce le but poursuivi et situe le travail dans le contexte de ce qui existe tout en indiquant l'ampleur et les limites de son travail.

— *Le travail proprement dit* contient les chapitres portant sur l'introduction, la revue bibliographique, les méthodes, les résultats, la discussion, la conclusion et la bibliographie. L'introduction établit l'état de la question, pose le problème, formule une question ou décrit les besoins et propose une hypothèse de travail. La revue bibliographique trace de façon exhaustive l'historique de la question et discute des principales références pouvant étayer l'hypothèse retenue. Le chapitre portant sur les méthodes ne diffère de l'article scientifique que par sa longueur : il est beaucoup plus détaillé car il donne des indications qui ne peuvent être incluses dans une publication scientifique ; certains détails peuvent même rappeler des recettes de cuisine. Tout comme dans l'article scientifique toutefois, l'essentiel reste la reproductibilité des manipulations décrites. Les résultats sont présentés sous forme textuelle et organisés en tableaux et illustrations. S'il y a lieu, on doit également retrouver l'interprétation statistique des résultats. La discussion tire les conclusions qui peuvent être faites à partir des résultats obtenus en tenant compte cependant du problème exposé au départ et de l'hypothèse formulée. La conclusion présente l'interprétation que donne l'étudiant à ses résultats et sa position finale relative aux réponses obtenues. Dans cette section, l'étudiant doit spécifier les limites de l'étude et préciser les possibilités de généralisation des résultats. La bibliographie énumère la liste des références citées dans le texte : elle constitue un des éléments les plus importants du travail parce qu'elle permet, entre autres, d'en juger la valeur par l'importance et la pertinence des ouvrages consultés. La bibliographie du mémoire ou de la thèse est plus étendue que celle de l'article scientifique et doit être préparée au fur et à mesure de la rédaction car elle fait partie intégrante du travail de recherche. Il existe plusieurs systèmes de présentation des bibliographies : certaines universités imposent leur propre système, tandis que d'autres suggèrent des formules aménagées et demandent aux étudiants de s'y référer. La situation peut donc varier selon les établissements et il est préférable d'en prendre connaissance dès le début de la rédaction.

Selon les établissements, les remerciements peuvent se retrouver dans les pages liminaires ou à la fin de l'ouvrage. Dans cette section, l'auteur remercie son directeur de mémoire ou de thèse et, s'il y a lieu, les collègues de celui-ci. Il remercie également les individus et les organismes qui l'ont guidé et soutenu intellectuellement, moralement et financièrement au cours de son travail. Enfin, l'auteur souligne l'apport des scientifiques dont les résultats de travaux sont reproduits dans le texte et à qui il avait préalablement demandé la permission d'utiliser ces données.

b)   La thèse par articles

Certains commencent à contester le mode de présentation classique des mémoires et des thèses principalement parce qu'il ne facilite pas la consultation des travaux publiés sous cette forme et qu'il ne favorise pas la divulgation des résultats présentés. C'est la raison pour laquelle plusieurs établissements permettent, encouragent et même parfois demandent la publication des travaux sous forme d'un ou de plusieurs articles dans des périodiques scientifiques. De telles publications constituent alors l'essentiel du travail à soumettre pour satisfaire aux exigences de la maîtrise ou du doctorat ; on parle alors de « mémoire ou thèse par articles ».

Dans la présentation de son manuscrit, l'étudiant doit alors accorder une importance particulière à l'introduction et à la conclusion générale puisque c'est là que la démonstration de la thèse est particulièrement mise en évidence. L'introduction générale présente le sujet et le situe dans son contexte, donne les grandes lignes de la problématique pour ensuite dégager la démarche de l'exposé. La conclusion générale, quant à elle, reprend les principaux apports dégagés dans les différentes publications, elle en souligne non seulement l'intérêt, mais aussi les incertitudes et les insuffisances.

Chacun des articles est précédé et suivi d'une introduction et d'une conclusion. L'introduction met en perspective la question particulière abordée dans l'article, elle évoque le cadre dans lequel l'article se situe, précise comment le problème se pose et formule les objectifs et les hypothèses. La conclusion de l'article dégage les éléments de réponse qui ont pu être établis, les réunit, les synthétise et suggère la perspective que ces réponses ouvrent pour faire, s'il y a lieu, le lien avec l'article qui suit. Grâce aux introductions et conclusions de ses articles, l'étudiant peut guider le lecteur dans le cheminement de pensée qui a été adopté, rappeler la ligne directrice du raisonnement qui sous-tend le mémoire ou la thèse afin d'assurer une certaine continuité et d'éviter les ruptures et les incohérences. Dans le cas d'articles cosignés, l'étudiant doit clairement expliquer, dans une section réservée à cette fin, la nature et l'importance de sa contribution personnelle.

c)   La soutenance de thèse

La très grande majorité des établissements exigent qu'un comité approuve le mémoire ou la thèse avant son acceptation finale. Au niveau de la maîtrise, le candidat n'a généralement pas à se présenter lui-même devant le comité mandaté pour évaluer le travail soumis. Au niveau du doctorat cependant, le candidat doit présenter oralement devant ce comité les travaux effectués et défendre les résultats obtenus. Cette soutenance de thèse, d'une durée de une à trois heures, doit être soigneusement préparée par le candidat car elle permet aux membres du comité d'apprécier son niveau de connaissances du sujet de thèse et du domaine d'études. La soutenance se fait publiquement au cours d'une réunion à laquelle sont conviés les professeurs et les étudiants du département, et même de l'ensemble de l'établissement. En plus du contenu de la thèse, les questions posées peuvent, par exemple, porter sur certains points faibles décelés chez le candidat par les membres du comité lors de rencontres antérieures ou de l'examen prédoctoral. Une fois bien préparé, le candidat devrait se présenter à cet examen avec assurance en se disant que ses connaissances sur le sujet précis de la thèse sont très probablement bien meilleures que celles des membres de l'auditoire. De plus, lorsque le candidat est admis à soutenir sa thèse, le comité a déjà rendu sa décision. Le candidat sait alors que son travail a été accepté ; il peut même avoir reçu les commentaires des membres du comité. Par contre, si le comité demande des révisions majeures, la soutenance est reportée jusqu'à ce que les révisions aient été effectuées et soient jugées satisfaisantes.

Au moment de la soutenance, le président du comité accorde généralement une trentaine de minutes au candidat pour qu'il résume son travail. Celui-ci doit inclure dans cette revue une évaluation honnête des forces et des faiblesses de la thèse et insister sur la contribution principale et sur les retombées possibles de ses travaux. Une période de questions suit cette courte révision au cours de laquelle chacun des membres du comité pose successivement ses questions. Lorsque les membres du comité ont terminé, le président donne alors la parole aux auditeurs présents dans la salle. Une fois la période de questions terminée, le président demande au candidat de se retirer afin que le comité délibère. En l'absence du candidat, le comité discute de l'examen et de la thèse puis passe au vote. Bien que les règles portant sur la décision du comité varient selon les établissements, on exige à tout le moins que la majorité des voix soit obtenue pour que l'une ou l'autre des décisions suivantes soient rendues :

1. Acceptation sans condition à l'exception de la correction des erreurs typographiques.

2. Acceptation avec révisions mineures.

3. Échec.

Le comité peut exiger des révisions mineures qui nécessitent la reprise de certaines manipulations expérimentales et la réécriture de certains passages.

8.2   Le rapport de recherche

Bien qu'il ne saurait y avoir un moule unique dont tous les rapports devraient prendre la forme, certaines parties communes à la plupart des rapports peuvent tout de même être dégagées. On y retrouve généralement cinq grandes parties : la partie introductive, le développement, la conclusion, les annexes et la bibliographie, qui possèdent chacune des fonctions bien précises. Le rédacteur a avantage à les utiliser s'il désire donner à son travail une structure logique qui permettra au lecteur de comprendre et de retrouver facilement les éléments qui l'intéressent.

a)   La partie introductive

Cette partie comprend la page de couverture, le sommaire, la table des matières, la liste des tableaux, des abréviations et des symboles. La page de couverture contient les principaux éléments nécessaires à l'identification du manuscrit : le titre du travail, le nom du destinataire du rapport, le nom du ou des responsables de l'étude avec leurs titres et leur affiliation, le lieu et la date de présentation et, s'il y a lieu, les numéros de référence, de projet, de contrat ou de commandite. Comme son nom l'indique, le sommaire, ou préambule, a pour fonction de présenter brièvement les grandes parties du rapport, les idées principales énoncées dans l'introduction de chacun des chapitres et les conclusions qui s'en dégagent. À la différence du résumé accompagnant l'article scientifique, le mémoire ou la thèse, qui s'adressent à des collègues spécialistes du sujet, le sommaire vise généralement des individus qui sont souvent des administrateurs pressés de se renseigner sur l'essentiel du contenu et qui doivent s'en inspirer pour prendre une décision ; ces gens ne sont pas nécessairement des spécialistes de la question traitée. Le sommaire donne donc les raisons à l'origine de l'étude, ce qui permet au lecteur de situer la recherche historiquement et par rapport aux travaux antérieurs, et il énonce les limites de validité des résultats et des conclusions proposées. La table des matières consiste en un plan détaillé et schématique du contenu du rapport ; elle indique par les titres et sous-titres l'ordre d'apparition des principales divisions de la matière et la pagination correspondant au début de chacune de ces parties. Il faut s'assurer que les titres et sous-titres qui y apparaissent sont identiques à ceux que l'on retrouve dans le rapport. Si le texte contient plusieurs tableaux, figures et illustrations, il est important d'en dresser des listes séparées au début du rapport avec titres et pagination. Si leur nombre le justifie, les sigles et les abréviations doivent également faire l'objet d'une table distincte dans laquelle apparaît leur signification.

b) Le développement ou corps du rapport

Cette partie constitue le fond même du travail, c'est la partie la plus importante du manuscrit. Le développement est précédé d'une brève introduction qui définit le problème en précisant clairement l'objet du travail confié à l'auteur; elle rappelle les raisons qui ont motivé la rédaction du rapport, fait, au besoin, état des travaux antérieurs et précise le caractère distinctif du rapport. L'introduction devrait également mentionner la méthode de travail employée pour résoudre le problème à l'étude. Le plan du développement peut varier selon la complexité du problème. Un rapport simple expose d'abord les faits, les analyse et présente la recommandation ou la conclusion. Un rapport plus complexe se divise généralement en plusieurs sections qui, si le travail le justifie, peuvent être regroupées en chapitres. Chacune de ces sections porte un titre annonçant le contenu traité et comprend une introduction, une analyse des faits et une conclusion partielle. L'introduction de chacun des chapitres expose les observations effectuées et les informations recueillies. L'analyse raisonnée de ces faits conduit à une argumentation faite d'explications, de justifications et de déductions. Cette démarche raisonnée mène alors à une ou des conclusions partielles et, le cas échéant, à des propositions ou recommandations qui seront reprises dans la conclusion finale du rapport. La conclusion qui se dégage du rapport constitue l'élément primordial et représente l'aboutissement logique de l'étude qu'elle vient compléter. Elle consiste en une prise de position ferme qui ne doit pas comporter d'éléments n'ayant pas été abordés dans le développement. La conclusion doit également, s'il y a lieu, faire état des lacunes et des limites de validité de l'étude.

c) Les annexes

Les renseignements complémentaires jugés importants pour la compréhension du rapport sont présentés dans les annexes. Ce sont, entre autres, les extraits d'ouvrages, les témoignages, les données statistiques, les graphiques, les tableaux, les figures, les plans, les devis qui complètent le rapport mais qu'il n'est pas indiqué de faire apparaître dans le développement car cela risquerait de ralentir la lecture. On indique l'ordre de ces annexes par des chiffres ou des lettres.

d)   La bibliographie

La bibliographie se retrouve à la fin du rapport et regroupe les références de tous les documents consultés et qui ont été cités dans le rapport. Elle peut également comporter une section plus générale où sont présentés des ouvrages reliés au sujet dont on peut tirer profit. Dans chacun des cas, l'auteur du rapport peut ajouter une note personnelle relative au contenu et à la valeur de l'ouvrage.

8.3   La communication orale des résultats de la recherche

Dans le domaine scientifique, les communications présentées au cours de congrès ou de colloques prennent généralement deux formes particulières : les présentations orales et les séances d'affiches (posters) qui ont chacune leurs exigences et leur style bien différents de ceux de la communication écrite.

Les principes de logique, de clarté et de précision s'appliquent autant à la présentation d'une communication orale qu'à celle d'une communication écrite ; la forme obéit cependant à des règles particuliè- res même si certaines règles générales concernant la rédaction d'un article scientifique et la préparation des tableaux et figures peuvent également s'appliquer à la communication orale.

a)   Le résumé

L'une des exigences de la présentation d'une communication orale est le choix d'un titre et la rédaction d'un résumé (*abstract*) qui doivent être soumis plusieurs semaines et parfois même plusieurs mois à l'avance. Ceux-ci doivent être préparés selon les exigences du comité organisateur de l'événement en utilisant généralement un formulaire spécialement conçu à cet effet et qui facilite leur reproduction et leur diffusion. Ce document permet aux membres du comité de sélectionner les présentations et de les classer à l'intérieur des diverses sessions du congrès ; il permet également aux auditeurs éventuels de choisir les présentations auxquelles ils assisteront. Le résumé peut être considéré en quelque sorte comme une invitation lancée à des collègues pour les inciter à choisir cette communication parmi toutes celles qui sont offertes au même moment dans le cadre des autres sessions de l'événement. Afin de rejoindre et de convier le plus de gens possible, il est donc important de se montrer accueillant. Cependant, comme il doit soumettre son résumé longtemps à l'avance, le chercheur peut parfois avoir tendance soit à demeurer vague, soit à annoncer des résultats non encore obtenus. Il est cependant toujours malhonnête, ou à tout le moins dangereux pour sa réputation scientifique, de soumettre un résumé dont les travaux sont encore à venir ou dont les résultats sont incertains. Si toutefois les travaux ont progressé au moment de la présentation, il est alors parfaitement possible d'ajouter les informations nouvelles qui ne figuraient pas dans le résumé soumis.

b)   La rédaction

Le choix du titre et la rédaction du résumé ont permis, dans un premier temps, de dégager l'idée principale de la communication. Avant d'entamer la rédaction de celle-ci, il est donc sage de relire le résumé soumis en se rappelant que les gens viendront pour entendre ce qui y est annoncé. Toutefois, avant de procéder plus avant dans la rédaction, il est fortement recommandé de préparer les tableaux et les graphiques qui prendront plus tard la forme de diapositives, d'acétates ou, encore, qui seront intégrés dans une présentation informatique. C'est en effet autour de ces tableaux et graphiques que s'organise la présentation orale, beaucoup plus que pour un article scientifique. Les titres des tableaux doivent être courts mais précis et résumer l'information que ceux-ci contiennent. Les tableaux doivent être simples mais il n'est pas nécessaire qu'ils se suffisent à eux-mêmes, comme c'est le cas pour la publication, puisque le présentateur est là pour apporter des commentaires additionnels.

La présentation des tableaux et des graphiques constitue l'élément central de la communication et contribue à lui donner son style propre, qui ne doit pas être une simple lecture d'un texte. Un tableau ou un graphique clair est, par exemple, préférable à deux minutes de commentaires. La qualité des projections doit cependant être excellente : on ne devrait jamais exposer une image dont on a à excuser la piètre qualité. Pour une communication de quinze minutes, il ne devrait pas y avoir plus de douze à quinze images : celles-ci doivent donc être utilisées avec discernement. Le respect du temps alloué constitue un geste de politesse à la fois pour l'auditoire et pour les conférenciers suivants.

La présentation du texte s'appuie donc sur la projection d'images ; elle obéit à un certain nombre de règles qui sont plus sévères que celles qui guident la préparation d'une publication. La première difficulté tient au temps alloué qui est habituellement de quinze minutes, ce qui exige de gros efforts de simplification et de synthèse : il est en effet inutile de vouloir parler rapidement, car l'auditoire ne pourra suivre un tel rythme. Le texte d'une présentation de quinze minutes ne devrait pas dépasser 1 200 mots. L'introduction doit être soigneusement préparée afin de mobiliser l'attention de l'auditoire et de permettre au conférencier de s'imposer parfois au milieu du va-et-vient et des conversations entamées entre deux communications. Pour chacune des parties du travail, on doit s'efforcer de présenter le but de l'expérience, la méthode utilisée, les résultats et la discussion. Il ne faut pas hésiter à répéter la même idée à propos de chaque argument expérimental, ce qui serait inacceptable dans un article ou un rapport. La fin de l'exposé doit être consacrée à une brève récapitulation qui sera suivie d'un énoncé des conclusions pouvant être tirées des résultats obtenus.

c)   La présentation elle-même

La meilleure communication, préparée avec le plus grand soin, sera mal jugée si elle est présentée d'une voix monotone et sans conviction ou si l'attention de l'auditoire est distraite par le maintien, le comportement ou les gestes maladroits du présentateur. Il est normal d'éprouver une certaine appréhension lorsque l'on doit parler en public. Cependant, la meilleure façon de prévenir le trac est de connaître à fond son sujet. La communication orale doit donc être soigneusement préparée : il n'y pas de place pour l'improvisation ; plus la préparation sera méticuleuse, plus la présentation paraîtra spontanée et le présentateur, détendu. Un effort doit être fait pour mémoriser le texte afin d'éviter d'en faire la lecture. Le débit doit permettre à l'assistance de réfléchir pendant l'exposé ; il faut donc éviter une trop grande vitesse, de même qu'une lenteur exagérée. Des exercices de répétition, d'abord seul puis en présence de collègues, permettront de maîtriser le sujet, d'éviter les trous de mémoire et de respecter le temps alloué.

Au moment de son exposé, le présentateur doit s'assurer d'être entendu dans toute la salle en se tenant à une bonne distance du microphone. S'il dispose d'un pointeur lumineux, il doit en faire usage de manière judicieuse en évitant, par exemple, de le diriger dans tous les coins de la salle, ce qui risquerait fort de distraire son auditoire.

À la fin de l'exposé, la responsabilité d'animer ou d'orienter la discussion incombe au président de séance et non au conférencier.

Celui-ci doit se contenter de fournir des réponses claires, précises, qui ne s'écartent pas du sujet et il se gardera de refaire une nouvelle communication. Pour ces échanges, le présentateur devrait essayer de prévoir les objections qui peuvent être soulevées de manière à préparer ses réponses à l'avance.

d) Le choix de la langue de présentation

Il faut encore ici constater la primauté de la langue anglaise dans les congrès scientifiques internationaux. De très nombreux congrès, qu'on avait l'habitude de tenir dans plusieurs langues, dont l'anglais, le français et l'espagnol, exigent maintenant que la langue de communication soit l'anglais. On est sans doute arrivé à une telle décision en raison de la lourdeur et des difficultés de la traduction simultanée, sans compter son coût exorbitant.

8.4 La communication scientifique sous forme d'affiches (*posters*)

La présentation de communications sous la forme d'affiches a acquis énormément de popularité au cours des deux dernières décennies. Ce mode de présentation a d'abord été institué pour permettre la présentation de communications refusées aux sessions orales ; toutefois, la qualité des affiches s'étant graduellement améliorée au fil des ans, elles constituent maintenant un événement majeur et fort apprécié dans la grande majorité des congrès. Cela permet en outre la présentation simultanée de plusieurs travaux de recherche. Par ailleurs, ce mode de présentation présente plusieurs avantages bien que quelques inconvénients puissent y être associés.

a) Les avantages de ce type de présentation

La communication sous forme d'affiches permet la présentation simultanée d'un grand nombre de travaux qui peuvent être examinés dans un laps de temps relativement court. À cette occasion, en effet, des « présentateurs » dont le nombre peut varier de quelques dizaines à plusieurs centaines étalent leurs travaux sur un tableau d'affichage. Les « visiteurs » qui circulent librement d'un tableau à l'autre peuvent choisir les présentations qui les intéressent sans avoir à attendre, comme c'est le cas avec les présentations orales. Moins formelle, l'affiche favorise les échanges et les discussions, individuellement ou en groupe, avec l'auteur qui se tient à la disposition des visiteurs. Ce type de présentation permet ainsi de créer des liens de coopération et favorise les échanges de renseignements et de matériel. Le but de la séance d'affiches étant d'exposer pour des collègues l'ensemble d'un travail effectué sur un sujet particulier et de répondre aux questions posées, l'auteur doit nécessairement s'attendre à répondre plusieurs fois aux mêmes questions et à répéter les mêmes explications. La session dure généralement de trois à six heures, mais l'auteur n'a pas à se préoccuper d'une limite de temps et il a tout le loisir d'exposer ses travaux aux intéressés. Le visiteur a pour sa part la possibilité de prendre beaucoup de notes sur les sujets qui l'intéressent. Il peut même revenir à l'heure de la pause-café ou du lunch pour examiner à son aise les tableaux et les graphiques présentés.

b)   Les inconvénients reliés à ce type de présentation

Une présentation faite lors d'une session d'affiches peut parfois être jugée de qualité inférieure à une présentation orale faite durant le même congrès. La qualité d'une telle session dépend en grande partie des responsables du congrès. Par exemple, si ceux-ci y regroupent uniquement les communications dont la valeur n'est pas jugée satisfaisante pour qu'elles soient incluses dans les communications orales ou s'ils choisissent uniquement les communications reçues tardivement, la session risque de perdre en qualité. Cependant, si le choix est fait en fonction de la valeur du travail présenté et si l'auteur prépare bien son exposé, le résultat pourra se révéler fort enrichissant tant pour l'auteur que pour les collègues intéressés par le sujet. Les auteurs qui doivent normalement demeurer à la disposition des visiteurs ne peuvent cependant voir ou entendre à loisir ce qui est présenté dans la même session ou dans d'autres sessions. Un travail intéressant peut aussi attirer la grande majorité des visiteurs et laisser les autres tableaux d'affiches sans public. Certaines communications ne se prêtent pas non plus à ce genre de présentation. C'est le cas par exemple des articles de synthèse ou des travaux qui demandent beaucoup d'explications. Les jeunes chercheurs qui se limitent à ce type de présentation perdent une bonne occasion de se présenter devant un auditoire et d'acquérir ainsi une expérience enrichissante, même s'il peut être profitable de discuter avec un collègue sur une base individuelle.

c) Les éléments devant se retrouver sur une affiche

L'affiche doit être conçue de manière à attirer l'œil des passants. On y retrouve les mêmes divisions que dans l'article scientifique : en plus du titre, il y a les sections portant sur les méthodes, les résultats, la conclusion et la bibliographie. Le titre doit donc être le plus accrocheur possible pour retenir l'attention et amener les collègues à s'y intéresser. La taille des lettres du titre doit être suffisamment grande pour qu'elles puissent être lues à une distance de deux à trois mètres. Le deuxième pôle d'attraction est la conclusion qui doit satisfaire la curiosité de ceux qui ont été attirés par le titre. Il ne faut pas pour autant négliger le reste de l'affiche, c'est-à-dire les sections portant sur le matériel et les méthodes de même que celle portant sur les résultats. Ces sections doivent être présentées brièvement et comprendre le plus d'illustrations possible sous forme de tableaux, de graphiques ou de photographies. Les illustrations, de préférence en couleurs, doivent être de bonne qualité et lisibles à une distance d'un mètre. C'est en outre une bonne initiative que de distribuer aux intéressés une copie du résumé qui apparaît sur l'affiche et qui avait été soumis aux organisateurs du congrès. Lorsqu'on en a la possibilité, il est même recommandé de reproduire à échelle réduite, pour distribution, tous les éléments de l'affiche.

Afin de faciliter le transport de l'affiche, chacune des sections est préparée séparément. Le montage des sections sur le tableau d'affichage est alors facile à faire au moyen de punaises ou de rubans adhésifs. Pour la préparation matérielle de l'affiche, il est fortement conseillé d'utiliser les services de professionnels. Lorsque son établissement ne possède pas son propre service d'audiovisuel et d'arts graphiques, il faut alors recourir à un établissement spécialisé. Certains offrent d'imprimer, à partir des fichiers informatiques, une affiche complète en une seule pièce que l'on peut enrouler pour le transport.

8.5 La science dans les médias

On s'entend aujourd'hui sur la nécessité d'abolir les barrières qui autrefois existaient entre le public et le monde scientifique très souvent isolé dans sa tour d'ivoire. Ainsi, les journaux font plus de place à l'information scientifique, et les magazines de vulgarisation, qui s'adressent à des catégories différentes de lecteurs, jouissent d'un fort tirage. Le chercheur a le devoir, et même maintenant l'obligation, dans certains cas, de partager son savoir avec le public qui le soutient financièrement et qui désire être informé des tenants et aboutissants de la recherche. C'est ainsi que, par souci de transparence, les bailleurs de fonds demandent de plus en plus aux scientifiques d'expliquer au public les retombées des recherches acceptées par les pairs et financées à même les impôts. Dans ce sens, certains conseils subventionnaires ont déjà exprimé leur volonté d'utiliser ce volet dans leurs critères d'évaluation pour l'octroi du soutien financier qu'ils fournissent. Dans le monde francophone, cette demande se justifie également du fait que, dans certaines disciplines, les publications portant sur les résultats de la recherche ne se font généralement pas dans des périodiques de langue française. Le travail de vulgarisation devient alors fort important car c'est grâce à lui que le monde de la science s'implante dans le langue parlée et que le langage scientifique devient clair, vivant et accessible à un plus grand nombre.

Cette diffusion de l'information peut se faire par l'entremise de divers médias : journaux, magazines, radio et télévision. À ces supports de diffusion massive s'ajoute à présent l'autoroute de l'information qui permet des possibilités de stockage et de diffusion des données à l'échelle planétaire. L'usage de ces médias destinés au grand public pour des fins de vulgarisation est fort légitime, mais il en va tout autrement pour la divulgation des résultats de recherche avant leur évaluation par les pairs et leur publication dans les revues scientifiques.

a) L'article de vulgarisation

L'article de vulgarisation a pour objectif de mettre à la portée du grand public les résultats de travaux effectués dans un domaine précis. Comme il est généralement plus difficile de s'adresser à des lecteurs non spécialisés, l'article de vulgarisation exige de bien situer le travail dans son contexte, et de faire apparaître la signification générale des résultats obtenus plutôt que d'insister sur les détails méthodologiques.

La question de savoir qui devrait diffuser vers le grand public le fruit des travaux scientifiques a déjà fait l'objet de nombreuses publications et d'innombrables colloques (Skrotzky, 1989). Les opinions exprimées sont parfois contradictoires et ne tiennent pas nécessairement compte des réalités et des contraintes du monde journalistique. L'information doit-elle être véhiculée par des journalistes, préférablement spécialisés, ou doit-on demander aux scientifiques de rapporter leurs propres travaux et ceux de leurs collègues ? Évidemment, si le chercheur éprouve de la difficulté à expliquer simplement la substance et la portée de ses découvertes ou de ses inventions techniques, il aura alors tout avantage à s'adjoindre un chroniqueur scientifique qui, de par sa formation, possède les qualités pour agir comme vulgarisateur et pour exposer, en termes simples et compréhensibles, des données généralement fort complexes en utilisant les supports d'information dans lesquels il travaille : presse écrite, radio et télévision.

b) La divulgation des recherches dans la presse plutôt que dans les journaux scientifiques

On a pu constater qu'au cours des dernières années de plus en plus de scientifiques, ou d'institutions qui les emploient, communiquent à la presse les résultats de leurs travaux portant sur des sujets brûlants d'actualité avant que la communauté scientifique n'en ait pris connaissance sous une forme critique. Cette tendance à la divulgation de résultats par des voies qui évitent le jugement des pairs soulève pourtant de sérieuses questions.

La pression économique et parfois même politique représente la principale raison qui motive un chercheur ou une équipe de recherche à court-circuiter les voies classiques de la diffusion des connaissances afin d'impressionner l'opinion publique et de marquer des points sur les concurrents. Le plus bel exemple nous fut donné par une équipe de chercheurs américains lors de l'annonce fracassante de la fusion « froide » de noyaux de deutérium. Ces chercheurs ont agi ainsi afin de mettre les responsables politiques et scientifiques devant le fait accompli pour tenter, grâce à la pression de l'opinion publique, de décrocher d'importantes subventions de recherche.

Dès 1969, Ingelfinger, alors éditeur de la prestigieuse revue *New England Journal of Medicine*, a publié un éditorial sur cette question, qui fut à l'origine d'une règle qui porte maintenant son nom. Suivant cette règle, les articles ne peuvent être soumis pour publication qu'à la condition que l'essentiel de leur contenu n'ait jamais été publié ailleurs (y compris dans les médias grand public et les publications à circulation contrôlée). Cette restriction ne s'applique toutefois pas aux résumés (*abstracts*) publiés dans les comptes rendus de congrès ou aux rapports de presse tirés de présentations orales effectuées dans le cadre d'un congrès organisé.

Bien que les limites de cette règle soient parfois difficiles à préciser, les principales raisons de son respect concernent la protection des intérêts du public qui sont, en effet, mal servis par la diffusion d'opinions et d'affirmations qui n'ont pas préalablement été soumises au processus de la révision par les pairs (Relman, 1981). Dans le domaine médical tout particulièrement, la protection du patient est quelque chose de primordial et des notions scientifiques qui peuvent susciter de nouveaux espoirs chez de très nombreux malades, telle la découverte d'un nouveau traitement permettant d'entrevoir la solution du cancer ou du sida, doivent être soigneusement vérifiées avant d'être diffusées à un large public. Pour cela, le contrôle des affirmations parfois hâtives doit être strict : le processus d'arbitrage constitue l'un des moyens qui permet d'effectuer ce contrôle pour éviter que soient publiés et popularisés des travaux sans rigueur suscitant des attentes irréalistes suivies d'une cruelle désillusion pour ceux qui souffrent le plus. D'un autre côté, la presse porte aussi sa part de responsabilité dans l'amplification d'un message qui, en l'absence d'une source d'information réellement contrôlée, risque d'être déformé. Énoncée en 1984, la position très ferme du *British Medical Journal* sur ce point constitue, il faut le dire, un extrême : on annule la publication d'un article si une partie du contenu paraît dans un quotidien ou à la télévision, cela même s'il est déjà prêt à être publié et quels qu'en aient été les coûts de préparation.

8.6 Les brevets

Le fossé qui séparait jusque dans les années 60 la recherche que l'on qualifiait de « pure » des préoccupations mercantiles de la recherche appliquée s'est fortement rétréci aujourd'hui. Nombreux sont maintenant les chercheurs et leurs institutions qui souhaitent tirer profit des résultats de leurs découvertes par l'obtention de brevets d'invention.

a) La présentation d'une demande de brevet d'invention et la divulgation des résultats

La préparation d'une demande de brevet constitue la plus formelle et probablement la plus exigeante et la plus complexe des formes d'écrits scientifiques et techniques ; elle exige une connaissance approfondie du régime de brevets. En plus de sa valeur informative, ce document comporte une valeur juridique qui fait de son auteur le porteur du droit de revendiquer comme sien le procédé ou l'appareil à faire breveter. Un tel droit exclusif est accordé par un gouvernement en échange d'une description détaillée de l'invention, cela afin de favoriser la diffusion des connaissances. Le brevet constitue, au même titre que les périodiques scientifiques, une source de renseignements qui explique en détail différentes techniques dans une langue que tous ceux qui travaillent dans le domaine peuvent facilement comprendre.

b) Le dossier de présentation

Le dossier de présentation d'un brevet est constitué essentiellement de quatre parties : la pétition, le précis, le mémoire descriptif et les revendications.

— *La pétition* constitue la demande de brevet proprement dite et fait l'objet d'un formulaire spécial.

— *Le précis* est un résumé court et concis de ce qui est exposé dans la description, les revendications et les dessins.

— *Le mémoire descriptif* constitue la pièce maîtresse du dossier ; il apporte, accompagné si nécessaire de croquis et de dessins, une description claire et complète de l'invention et de son utilité. En plus de spécifier entre autres le domaine technique auquel se rapporte l'invention, le mémoire descriptif donne une définition générale de l'invention, de ses buts, de sa principale utilité, de ses traits distinctifs, de sa portée, de ses restrictions et il fait mention des divulgations faites par l'inventeur.

— *Les revendications*, quant à elles, délimitent l'étendue de la protection conférée par le brevet et en expose les caractéristiques techniques. La difficulté consiste à rédiger les revendications de façon à définir l'invention en termes assez généraux pour assurer une protection maximale contre d'éventuels contrefacteurs, tout en donnant suffisamment de précisions pour bien décrire l'invention et pour la différencier des inventions précédentes.

c)   Précautions à prendre avant la publication et la communication des renseignements

Même si les régimes de brevets peuvent varier d'un pays à l'autre, la détention d'un brevet pour une invention fournit une protection légale contre sa production ou son utilisation dans les pays où le brevet a été déposé. Dans la plupart des pays, permettre la publication portant sur la description d'une invention ou même en parler publiquement peut empêcher l'obtention d'un brevet. Avant la publication ou la communication de données brevetables, le chercheur a donc tout intérêt à s'assurer que son invention est adéquatement protégée non seulement au Canada, mais aussi dans tous les pays étrangers où elle risque d'être vendue, fabriquée ou exploitée. Aussi est-il fort recommandé à tout scientifique qui n'est pas au courant de la pratique du Bureau des brevets d'avoir recours aux conseils professionnels d'un agent de brevets agréé, car la valeur d'un brevet et la protection qu'il confère dépendent en grande partie de la manière dont les documents de la demande ont été préparés.

Conclusion

La recherche et la communication scientifiques sont aujourd'hui indissociables. Le chercheur ne peut plus, en effet, demeurer un artisan de la connaissance qui trouve uniquement sa récompense dans le résultat obtenu. Il doit également devenir un communicateur capable de présenter adéquatement à la communauté les fruits de son travail. La communication constitue l'une des tâches les plus importantes auxquelles il doit s'astreindre. Une proportion considérable du temps de recherche — certains l'évaluent à 25 % — doit en effet y être consacrée, que ce soit pour le mémoire, la thèse, l'article scientifique, l'article de synthèse, la communication orale ou écrite dans les congrès, etc. Même si la communication vise d'abord la diffusion des connaissances, les activités de communication sont si largement utilisées comme mesure de la productivité du chercheur que sa carrière professionnelle repose en grande partie sur le maintien de telles activités.

L'art de la communication scientifique est cependant une activité subtile et complexe qui n'est pas toujours très bien définie, même dans l'esprit de ceux qui s'y adonnent. C'est probablement pourquoi on a négligé pendant longtemps d'enseigner de façon formelle au futur chercheur la manière de communiquer les résultats de ses observations ou de ses réflexions, et ce en dépit de son importance. Même si l'on doit admettre que, dans le domaine de la communication scientifique, l'apprentissage consiste en grande partie en un travail personnel, quelques conseils et certains principes peuvent néanmoins être acquis grâce à l'expérience des autres.

Dans ce chapitre et le précédent, nous avons exposé les règles générales et la marche à suivre pour faciliter le processus de la communication scientifique. En se basant sur ces grands principes, il appartiendra maintenant au chercheur de faire lui-même sa propre démarche pour relever et résoudre les difficultés qui peuvent survenir. Bien sûr, la tâche est parfois très lourde et le temps qu'il doit y consacrer pourra être considérable. Il est quand même encourageant de penser que c'est une activité qui s'apprend et de laquelle le chercheur peut retirer énormément de satisfaction.

Références

Relman, A. (1981). « The Ingelfinger rule ». *N. Engl. J. Med.*, n° 305, p. 824-826.

Skrotzky, N. (1989). *Science et communication. L'homme multidirectionnel*, Paris, Pierre Belfond.

Pour en savoir plus

Beaud, M. et D. Latouche (1988). *L'art de la thèse. Comment préparer et rédiger une thèse, un mémoire ou tout autre travail universitaire*, Montréal, Les Éditions du Boréal.

Livre traitant de ce qui constitue l'essentiel de tout travail universitaire, soit la collecte et l'organisation de l'information.

Bernier, Benoît (1986). *Guide de présentation d'un travail de recherche*, Sillery, Les Presses de l'Université du Québec.

Élabore une sorte de code de règles applicables à la rédaction des mémoires et des thèses.

Desjardins, S. et J. Chauveau (1989). *Guide de préparation des rapports de recherche*. Gouvernement du Québec, Ministère des Transports.

Manuscrit abordant le contenu et la présentation d'un rapport de recherche.

Giroux, B., Lévesque, E. et C. Perron (1991). *Guide de présentation des manuscrits,* Québec, Les Publications du Québec.

Ce guide propose une méthodologie claire et des règles simples pour la production de manuscrits de qualité.

Griselin, M., Carpentier, C., Maïllardet, J. et S. Ormaux (1992). *Guide de la communication écrite,* Paris, Dunod.

Traite du maniement de la langue, de la mise en pages, de la composition des images aux règles typographiques et de la correction du manuscrit. S'adresse particulièrement aux auteurs utilisant le micro-ordinateur.

Larose, R. (1992). *La rédaction de rapports. Structure des textes et stratégies de communication,* Sillery, Les Presses de l'Université du Québec.

Aborde particulièrement la rédaction de rapports commerciaux et administratifs.

Marret, A., Simonet, R. et J. Salzer (1995). *Écrire pour agir,* Paris, Les Éditions d'Organisation.

Ce livre traite de toute la gamme des documents d'entreprises, d'administration et d'associations en l'élargissant aux écrits scientifiques et techniques.

Ministère des Approvisionnement et Services Canada (1994). *Le guide des brevets,* Industrie Canada.

Ce guide fournit les renseignements sur le processus de délivrance des brevets.

Penot, J. (1989). *Le guide de la thèse,* Paris, Éditions de l'Espace Européen.

Énoncé des principales normes de présentation exigées par les universités, les instances scientifiques et les éditeurs relatives à la publication de travaux scientifiques.

CHAPITRE 9

L'ÉTHIQUE ET L'INTÉGRITÉ EN RECHERCHE

Diane Duquet et Marc Couture

Tout au long des chapitres précédents, les multiples facettes de la pratique de la recherche en sciences de la nature ont été présentées avec force détails et illustrations des règles d'usage. Le savoir-faire du chercheur et de la chercheuse tient en grande partie au respect de ces règles de fonctionnement, qui sont le résultat de consensus établis au sein de chacune des communautés associées aux champs ou disciplines scientifiques. Ces normes portent entre autres sur les méthodes et mesures requises pour assurer la validité des mesures et des résultats ainsi que la rigueur des analyses. Le bon fonctionnement de l'appareil scientifique repose en grande partie sur l'hypothèse que ces règles ont été respectées par les scientifiques, ce qui permet aux autres chercheurs de prendre pour point de départ de leurs propres travaux des résultats déjà publiés ou diffusés. Par ailleurs, on a vu qu'une grande partie des activités et de la carrière des scientifiques est régie par des processus d'évaluation par les pairs, lesquels ne sont crédibles que dans la mesure où l'on croit à la véracité ou à l'exactitude des informations soumises par les demandeurs (notamment en ce qui a trait à la contribution effective des divers collaborateurs d'un projet ou d'un ouvrage) et à l'impartialité des juges qui en font l'évaluation.

Plusieurs cas de manquements à ces règles ont défrayé l'actualité scientifique ces dernières années. Quatre exemples célèbres sont:

— Le cas Gallo (1983-1984) entourant la querelle de la priorité entre une équipe américaine (dirigée par Gallo) et une équipe française (avec Montagnier à sa tête), à propos de l'identification du virus du sida et des redevances découlant du brevet relatif à un test de dépistage. Plusieurs enquêtes ont été menées sur cette question, la plus récente concluant à l'antériorité des travaux français et à l'appropriation injuste par l'équipe américaine de matériel génétique et de résultats de l'équipe française. On y souligne entre autres que Gallo avait obtenu de l'information privilégiée en étant responsable de la publication d'un ouvrage collectif dont un chapitre était écrit par Montagnier.

— Le cas Baltimore (1984-1986), du nom d'un chercheur américain, prix Nobel de médecine en 1975, auteur de quelques articles avec une collaboratrice (Imanishi-Kari) qui, en 1991, a été déclarée coupable de fabrication des données sur lesquelles s'appuyaient ces articles. Une stagiaire postdoctorale, Margaret O'Toole, travaillant dans le même laboratoire avait découvert ce fait avant la publication du premier article. Après en avoir informé Baltimore, qui refusa d'agir, celle-ci en saisit les autorités compétentes ; les procédures d'enquête qui se sont succédé durant cinq ans lui donnèrent finalement raison. Pendant tout ce temps, Baltimore, soutenu par une bonne partie de la communauté scientifique, a contesté la compétence des enquêteurs et nié les allégations de O'Toole ; celle-ci a perdu son emploi et n'a pu en trouver un autre avant que les enquêtes n'aient confirmé ses allégations.

— L'annonce de l'invention de la « fusion froide », en 1989, par des scientifiques américains, bientôt rejoints par des collègues d'autres pays, faite en conférence de presse en dehors du cadre de l'évaluation par les pairs. Ces scientifiques annonçaient la mise au point d'une technique simple et peu coûteuse de production d'énergie par fusion de l'hydrogène, source d'énergie quasi inépuisable. On a fini par découvrir, au fil des mois, que ces résultats, que l'on n'arrivait pas à reproduire de manière satisfaisante, s'appuyaient en fait sur des pratiques scientifiques peu rigoureuses. Des questions de nature éthique étaient aussi en cause, notamment l'utilisation d'informations obtenues lors de l'évaluation d'une demande de financement ainsi que des soupçons quant à une possible falsification de données. Malgré tout, un certain nombre de chercheurs ont continué à travailler sur le sujet en marge du reste de la communauté scientifique.

— L'affaire Fabrikant, en 1992, mettant en scène un chercheur du département de génie mécanique de l'Université Concordia (à Montréal). Fabrikant, avant d'en venir à assassiner quatre membres de son département, avait vainement dénoncé certaines pratiques de ses collègues qu'il jugeait répréhensibles. Ces pratiques étaient reliées entre autres à la cosignature d'articles et à la gestion de contrats de recherche. L'enquête qui a suivi a non seulement confirmé le bien-fondé de plusieurs des allégations de Fabrikant, mais elle a aussi montré que celui-ci s'était lui-même adonné à des comportements d'un caractère douteux, notamment en matière de publications.

Bon an, mal an, des cas semblables, moins médiatisés, sont mentionnés dans les rapports d'organismes comme l'Office of Research Integrity du National Institute of Health des États-Unis, rapports que l'on peut consulter par Internet. De l'avis de plusieurs observateurs, la raréfaction des ressources affectées à la recherche publique et la compétition accrue qui en découle ne pourront qu'accentuer la fréquence de tels « dérapages ».

Les divers comportements, tant individuels que collectifs, qui peuvent être adoptés à propos des règles ou des attentes exprimées par la communauté scientifique, de même que les conséquences de ces comportements, constituent l'objet de ce qu'on appelle l'**éthique scientifique**. Pour bien distinguer ce qui ne l'est pas toujours, disons que, en partant du général au particulier, la morale (ce qui est bien ou mal) conduit à une éthique (ce qu'on a l'obligation, ou qu'il est juste de faire), qui elle-même donne lieu à des règles de **déontologie**. Laissant à chaque individu les questions relevant de la morale personnelle, nous nous consacrerons ici aux questions d'éthique et de déontologie qui risquent de surgir à plusieurs étapes de la recherche et qui concernent toutes les personnes qui y sont associées.

Les étudiantes et étudiants, qui sont souvent au cœur du processus quotidien de la recherche et de la diffusion des connaissances, sont tôt ou tard confrontés à ces délicates questions. D'ailleurs, une bonne partie des cas qui ont fait l'objet d'une couverture médiatique faisaient intervenir des étudiants qui ont eu à se demander ce qu'il convenait de faire (ou de ne pas faire) dans la situation dont ils venaient de prendre conscience ou dont ils étaient les victimes.

L'objet du présent chapitre est donc de décrire, en les illustrant, les principales situations de recherche où interviennent des questions de nature éthique, en présentant les enjeux qu'elles recouvrent, des pistes de solution possibles et les conséquences prévisibles de celles-ci. Malheureusement, chaque cas est unique, pourrait-on dire, et l'environnement dans lequel il se situe peut prendre des formes très diverses. Il revient donc aux personnes directement concernées d'évaluer leur situation et de prendre la décision qui convient ; au moins est-il préférable de le faire en toute connaissance de cause.

9.1 L'éthique dans les pratiques scientifiques

Le respect des normes de fonctionnement de la pratique scientifique constitue un gage de la qualité de la recherche effectuée. Toutefois, comme on l'a vu au début de l'ouvrage, la recherche ne s'effectue pas en vase clos mais dans un environnement professionnel et social qui peut parfois mettre à rude épreuve l'échelle de valeurs de chacun dans un contexte où la productivité et la compétition se sont taillé une place importante. C'est ainsi que dans des activités inhérentes au travail de recherche — comme l'évaluation par les pairs et la publication d'articles scientifiques —, la probité scientifique repose à la fois sur une bonne connaissance des faiblesses de la nature humaine et des règles institutionnelles mises en place pour indiquer les façons de faire les plus appropriées et réprimer les autres.

a)   L'évaluation par les pairs et le conflit d'intérêts

En novembre 1992, Manuel Perucho, du California Institute of Biology de San Diego, soumet à la revue anglaise *Nature* un manuscrit présentant ses résultats récents sur le cancer du colon. Selon la procédure habituelle, le manuscrit est envoyé à deux examinateurs, experts du domaine, qui jugent l'article très intéressant mais demandent quelques corrections et ajouts. Le manuscrit, retravaillé, est soumis à nouveau en février. Perucho apprend à la mi-mars qu'il est accepté pour publication, pour parution au début de juin. Le 7 mai, coup de théâtre : trois articles présentant essentiellement les mêmes résultats paraissent simultanément dans la revue américaine *Science*. Ils ont été soumis entre un et deux mois plus tôt, et deux d'entre eux comptent parmi leurs auteurs l'un des examinateurs du manuscrit de Perucho. Toutes ces équipes travaillaient depuis des années sur le sujet, mais Perucho a toutes les raisons de supposer que c'est l'information qui a circulé autour de son manuscrit qui a amené ses concurrents à hâter la publication de leurs résultats afin d'être les premiers. (D'après Maddox, 1993)

L'évaluation par les pairs joue un rôle fondamental et s'exerce à divers niveaux de façon formelle ou informelle, tant auprès d'étudiants en recherche que de chercheurs chevronnés. Les activités qui sont liées à ce processus ont généralement lieu pendant la carrière active des scientifiques, dans un contexte de compétition pour l'obtention de fonds de recherche, d'espace de publication, de reconnaissance du milieu scientifique ou de l'employeur. Aussi, en même temps que l'expertise des pairs aux fins d'évaluation des projets ou du travail de leurs collègues (qui peuvent être aussi leurs compétiteurs) constitue un élément positif et essentiel de contrôle de la qualité, il serait naïf de ne pas y percevoir la contrepartie potentielle d'un **conflit d'intérêts** pouvant mener à des manquements à l'éthique en recherche.

Dans l'esprit de plusieurs, le conflit d'intérêts fait immédiatement référence à des questions de gains financiers. Or le conflit d'intérêts apparaît dans toute situation où une influence, de quelque nature soit-elle, peut limiter l'objectivité de celui ou de celle en position d'évaluation et entraver l'exercice d'un jugement totalement impartial. En ce sens, le conflit d'intérêts peut effectivement être d'ordre financier, mais il peut être aussi, et même souvent, d'ordre professionnel, parfois d'ordre affectif.

Le conflit d'intérêts financier

À une époque où la recherche universitaire se développe de plus en plus en partenariat avec des commanditaires externes (entreprises, laboratoires privés ou publics, etc.), qu'elle s'oriente vers des applications concrètes et innovatrices (la recherche-développement), qu'augmentent les possibilités d'obtention de brevets, de création d'entreprises, de mise en marché des produits de la recherche, la question des conflits d'intérêts d'ordre financier prend une importance accrue. Les retombées économiques issues de ces façons de faire, relativement nouvelles en contexte universitaire, peuvent constituer une incitation importante à utiliser à son propre profit l'information privilégiée obtenue par le biais d'évaluations ou à orienter certaines décisions collégiales liées aux intérêts économiques des chercheurs, voire carrément à détourner à des fins privées des ressources normalement destinées à la recherche publique. L'enquête menée à l'Université Concordia à la suite de l'affaire Fabrikant a d'ailleurs montré que souvent les politiques même des organismes de financement et des universités encourageaient, voire forçaient, les professeurs à mettre sur pied leurs propres entreprises, créant ainsi les conditions favorables à de possibles abus.

Les étudiants peuvent aussi être touchés par de tels conflits d'intérêts. Par exemple, un directeur ou une directrice de recherche peut être tenté d'influencer l'orientation des projets des étudiants qu'il supervise davantage en fonction des objectifs visés par ses contrats (existants ou à venir) que des objectifs pédagogiques ou scientifiques, qui devraient normalement guider son encadrement. Il arrive parfois qu'il soit à la tête d'une entreprise, et la tentation peut être forte de venir en aide à celle-ci en lui affectant les ressources destinées à la recherche. Dans certains cas, les étudiants sont rémunérés à partir de budgets destinés à d'autres projets; dans d'autres, ce travail est simplement inclus ou ajouté au travail de recherche relié au mémoire ou à la thèse.

Toutefois, cette problématique est relativement bien cernée dans les milieux universitaires et para-universitaires (organismes subvention-naires, par exemple) et des politiques institutionnelles précisent de quelle façon éviter les situations de conflits d'intérêts financiers et comment en contrer les effets possibles : exclusivité de services (de telles clauses sont toutefois peu répandues), divulgation des intérêts des chercheurs dans des entreprises à but lucratif, retrait de certains comités, etc. Certaines universités interdisent carrément aux chercheurs de faire travailler leurs étudiants à leurs contrats ou pour leur entreprise. Les étudiants qui effectuent leurs travaux dans le cadre de projets reliés à des contrats ont intérêt à interroger leur directeur sur ses intentions, et devraient conclure avec celui-ci des ententes claires quant à la nature et l'ampleur des travaux qu'ils auront à effectuer au cours de leur programme d'études et quant aux éventuelles restrictions touchant la diffusion des résultats.

Le conflit d'intérêts professionnel

En matière d'intérêt professionnel proprement dit, la situation est tout autre et l'éthique personnelle et professionnelle des personnes en situation d'évaluation est essentielle à la survie même du processus. En effet, tout processus d'évaluation qui concerne le champ d'expertise d'un évaluateur ou d'une évaluatrice est susceptible d'interférer avec ses propres recherches en cours en matière d'orientation des travaux, de pertinence de l'approche choisie, des résultats obtenus ou de leur inter-prétation, des échéanciers de travail (publier rapidement, comme dans le cas Perucho, cité au début de cette section, ou de celui de la fusion froide), etc. Il faut préciser ici qu'en sciences et en génie, l'évaluation des articles scientifiques ne se fait pas généralement à double insu : la personne qui soumet un manuscrit ne connaît pas le nom des examinateurs, mais les coordonnées des auteurs apparaissent sur les manuscrits transmis à ceux-ci. De façon consciente, voire inconsciente, une certaine subjectivité peut s'installer dans l'évaluation et conduire au discrédit du travail évalué ou à une appropriation indue à son profit personnel ou à celui d'un ou d'une collègue de son propre environnement de recherche. Qu'il s'agisse d'évaluer une demande de subvention ou son renouvellement, un projet de publication ou tout autre document qui fournit une information privilégiée sur une recherche en cours, une grande probité scientifique est essentielle à la crédibilité même du processus d'évaluation par les pairs.

Ainsi, un étudiant peut être placé dans une situation délicate si son directeur lui suggère une avenue qui provient de travaux pour lesquels il a agi comme évaluateur. Une des façons d'éviter de se placer au centre d'un conflit de nature éthique pourrait être de contacter (ou de demander au directeur de le faire) la ou les personnes dont les travaux sont à la source de la suggestion ; la plupart du temps, les objectifs des deux travaux ne seront pas les mêmes et le contact pourrait bien déboucher sur une collaboration profitable aux deux parties.

La plus grande impartialité devrait aussi être à l'œuvre dans les interventions des directeurs de recherche tout au long de la durée des études. Toutefois, ceux qui doivent respecter des échéances professionnelles (demandes de financement, promotion) pourront être tentés d'exiger des étudiants qu'ils réalisent certains travaux, ou rédigent des articles à des moments qui ne respectent pas l'échéancier sur lequel ils se sont entendus au préalable. Dans le même ordre d'idées, certains pourront se voir imposer des exigences supplémentaires après avoir terminé les travaux prévus à l'origine et alors jugés suffisants, comme condition de l'autorisation de déposer leur mémoire ou leur thèse. Bien sûr, ces modifications peuvent s'avérer avantageuses pour les étudiants ou même nécessaires à la poursuite de leurs travaux, mais ces derniers, après avoir été mis au fait de la situation, ne devraient pas être soumis à des pressions indues visant à les amener à accepter ces modifications. Finalement, les étudiants qui ont effectué des travaux plus directement reliés aux intérêts de leur directeur, ou encore qui se sont montrés « dociles » devant les exigences du type mentionné plus haut, pourront obtenir de meilleures recommandations (formelles ou non) au moment de leur entrée dans la carrière, sans égard à la qualité de leurs travaux (mémoire, thèse, articles) reconnue par les comités habilités à les juger.

Les comités de supervision, qui doivent suivre les étudiants pendant leur période de formation, peuvent les aider à faire face à ce genre de situation. Le service qui coordonne les études supérieures de l'ensemble de l'université peut également intervenir, surtout lorsque le comité départemental se compose de collègues très proches du directeur de recherche ou peu disposés à entrer en conflit avec lui.

Le conflit d'intérêts affectif

Les critères d'objectivité et d'impartialité sont aussi mis en cause dans les conflits d'intérêts d'ordre affectif. L'évaluation d'un concurrent ou d'une collègue qu'on exècre, d'un ancien étudiant destiné à une belle carrière en recherche, d'un chercheur reconnu qui n'est plus à la hauteur de sa réputation, d'une chercheuse dont les travaux s'appuient sur une école de pensée concurrente, voilà autant de situations où le cœur et la conscience se disputent la nature de l'avis à émettre.

En fait, les conflits professionnels se transforment très souvent en conflits affectifs. Chaque département universitaire a son histoire de collègues qui se sont affrontés professionnellement et qui, au mieux, ne se parlent plus et, au pire, tentent de faire de chaque activité où ils ont à se rencontrer une occasion de marquer des points. Ces rancœurs influencent d'une manière plus ou moins marquée les décisions rendues au sein des comités, du département ou dans la communauté plus large, qui rendent un grand nombre de décisions affectant la carrière des chercheurs. Parfois, ce sont les étudiants qui feront les frais de ces disputes : des chercheurs, membres de comités de supervision ou de jurys de thèse, ou encore membres de comités de sélection ou d'attribution de bourses ou de subventions, pourront profiter de l'occasion pour se venger d'un adversaire ou du courant qu'il représente, en prenant comme cible bien innocente un de ses étudiants ou ex-étudiants.

Plus délicate encore est la situation où une relation intime ou amoureuse s'établit entre deux collègues, ou entre le directeur ou la directrice et l'étudiante ou l'étudiant. En effet, il est difficile pour des collègues de croire en l'impartialité de jugement à l'égard d'une personne avec qui on entretient, de manière officielle ou non, une relation de cette nature. La sagesse conseillerait, dans le premier cas, que chacune des deux personnes se retire de toute instance, ou du moins de toute séance, où sont prises des décisions affectant l'autre. Dans le second, elle militerait en faveur du choix d'une autre personne pour diriger les recherches, afin de ne pas nourrir les soupçons de favoritisme si la relation perdure, ou pour éviter le risque de compromettre la poursuite de ses études, en cas de rupture de la relation. Finalement, mentionnons la question tout aussi délicate du harcèlement sexuel, susceptible d'alimenter un conflit d'intérêts affectif, par exemple quand la victime de ce harcèlement décline les propositions qui lui sont faites ou dénonce la situation auprès de collègues ou des autorités.

b) La reconnaissance de la contribution à la recherche

Le prix Nobel de physique a été attribué en 1974 à l'astrophysicien anglais Anthony Hewish pour la découverte des pulsars, étoiles émettant des ondes radio d'une grande intensité qui fluctuent de manière périodique, selon un cycle rapide. En fait, c'est son étudiante, Jocelyn Bell Burnell, qui avait remarqué le caractère particulier de cette émission et qui avait attiré l'attention de son directeur sur ce phénomène étrange. Or, bien qu'elle ait reçu par la suite un certain nombre de récompenses pour ces travaux, sa contribution n'est mentionnée dans aucun des textes entourant l'attribution du prix. (D'après Wade, 1975)

En 1990, le Dr Pamela A. Berge, participant à un congrès d'épidémiologie, assiste à une communication d'un étudiant de l'Université d'Alabama qui présente des résultats qu'elle reconnaît bien : elle les a elle-même obtenus trois ans auparavant alors qu'elle était étudiante à cette université. Elle découvre plus tard que cet étudiant a aussi publié, conjointement avec quatre scientifiques, un article présentant ces résultats, sans mentionner son nom, et que les mêmes scientifiques ont obtenu du financement sur la base de ces mêmes travaux, toujours sans faire état de sa contribution. (D'après Hilts, 1995)

[...] il n'y a aucune preuve supportant les allégations [de Fabrikant] selon lesquelles le professeur Swamy [alors doyen] ne serait pas l'auteur de la plupart des [centaines d'articles] portant son nom. Tout au plus peut-on affirmer que plusieurs personnes, tant au sein de la faculté de génie et d'informatique qu'en dehors, doutent qu'un doyen avec de lourdes responsabilités administratives et de nombreuses activités de services à la collectivité ait pu contribuer de façon significative à un si grand nombre de publications. Pour sa part, le professeur Swamy affirme que s'il a pu maintenir une telle productivité, c'est qu'il était entièrement libéré de l'enseignement au premier cycle, qu'il confiait à des adjoints une bonne partie des aspects routiniers de sa tâche de doyen et qu'il menait une grande partie de ses activités de recherche conjointe en soirée et durant les week-ends. Un autre témoin a confirmé qu'il s'agissait bien là du rythme de travail du professeur Swamy. Nous ne sommes toutefois en mesure ni de confirmer, ni d'infirmer les explications de ce dernier [...] Le professeur Swamy n'est pas en fait coauteur des deux articles qu'il a signés conjointement avec le Dr Fabrikant et d'autres chercheurs. (Arthurs, 1994, traduction libre.)

Des conflits sont aussi susceptibles de se produire à l'occasion de la diffusion des résultats de recherche ou de la remise de prix et distinctions, dans la juste attribution des crédits à ceux et celles qui ont participé aux travaux de recherche et à la rédaction d'une publication scientifique. Les exemples ci-dessus, où des contributions significatives ont tout bonnement été passées sous silence ou que des cas de cosignature ont soulevé des doutes quant à l'implication de certains auteurs, ne représentent qu'un aspect de la vaste problématique des cosignatures en recherche. Cette dernière est très complexe, car il n'existe pas une seule série de règles en la matière et les pratiques et conventions varient d'une discipline à l'autre, voire d'un laboratoire de recherche à un autre ou selon le statut des personnes concernées : grand patron de laboratoire, directeurs de projets et chercheurs principaux, associés de recherche, stagiaires postdoctoraux, étudiants en formation, techniciens ou autres catégories de collaborateurs. En outre, comme la recherche se fait le plus souvent dans des équipes ou en collaboration avec d'autres groupes à l'intérieur ou à l'extérieur de l'université ou du laboratoire (parfois en dehors du pays) et que les objets de recherche complexes nécessitent de plus en plus l'intervention d'une grande diversité de spécialistes, la notion de contribution significative devient difficile à définir.

C'est malgré tout sur la base d'une contribution significative à un projet de recherche que doivent s'établir les pratiques de cosignatures dans les publications scientifiques. On peut d'ailleurs rappeler à ce sujet que les lois régissant le droit d'auteur sont assez claires : pour être considéré comme auteur d'un ouvrage, il faut y avoir consacré une quantité significative de travail, c'est-à-dire d'efforts et de temps ; le fait d'avoir simplement émis les idées de base ou d'avoir révisé le manuscrit ne donne pas droit au statut d'auteur.

Dans la vie de tous les jours toutefois, les choses sont loin d'être aussi claires. D'un côté, on n'échappe pas à une part d'interprétation ou à des considérations diverses pour délimiter où se situe effectivement une contribution significative aux fins de publication. De l'autre, les chercheurs ou groupes de recherche ont développé diverses pratiques où l'attribution du statut d'auteur joue souvent le rôle de monnaie d'échange. Par exemple, des auteurs qui cosignent un groupe d'articles peuvent répartir inégalement entre ceux-ci leurs contributions significatives ; ou encore on peut offrir le statut d'auteur à des personnes dont le rôle s'est limité à gérer ou à mettre à la disposition de leurs collègues les ressources (financières ou physiques) nécessaires à la réalisation des projets. Ces pratiques, si éloignées soient-elles de la notion de contribution significative adoptée par la loi du droit d'auteur, peuvent remplir une fonction importante au sein des groupes de recherche. Ainsi, elles peuvent permettre à un membre du groupe de se consacrer davantage à des tâches administratives essentielles pour son fonctionnement, sans courir le risque de se voir exclu du monde de la recherche à la fin de son mandat pour cause de productivité insuffisante.

Il appartient aux individus et groupes concernés de se poser ouvertement la question de la nature et de l'ampleur des tâches qui donneront lieu, dans une situation spécifique, à la reconnaissance comme auteur. Pour ceux et celles qui auraient participé aux travaux mais qui ne satisferaient pas aux critères ayant fait l'objet d'une entente, rappelons que les remerciements permettent de souligner certaines contributions pertinentes et d'éviter les cosignatures honorifiques ou de complaisance. À ce sujet, il a été suggéré par l'American Association of University Professors (Arthurs, 1994) que les articles scientifiques comprennent une section où la contribution de chaque auteur serait clairement décrite ; force est toutefois de constater que cette idée est loin d'avoir fait son chemin. Dans la situation actuelle, comme on l'a souligné au chapitre 7, seule la comparaison de l'ordre d'apparition des auteurs d'une série d'articles portant sur un même sujet peut fournir un indice de l'importance relative des contributions.

Idéalement, la question de la cosignature devrait être abordée dès le début de la rédaction d'un article, au moment où les rôles respectifs des personnes qui y collaborent peuvent être mis sur la table et discutés. Bien qu'il soit généralement accepté d'emblée qu'un article écrit par un étudiant soit cosigné par le directeur de recherche, un tel exercice pourrait inciter celui-ci à accroître ou préciser sa participation à la conception et à la rédaction de l'article. La question de l'ordre des noms devrait aussi être abordée à ce stade. Finalement, tous les auteurs devraient examiner et approuver la version définitive de l'article avant qu'il soit soumis ; c'est là une procédure normale si l'on considère que tout cosignataire d'un article scientifique assume du même coup la responsabilité de son contenu.

Certaines personnes, comme Jocelyn Burnell, reconnaissant d'emblée la primauté au directeur de recherche, ne s'estiment pas vraiment lésées par la non-reconnaissance de leur contribution. D'autres ont été plus radicaux : le Dr Berge a porté plainte contre l'Université d'Alabama en vertu d'une loi américaine qui oblige les établissements ayant reçu des fonds publics par des moyens frauduleux à rembourser les sommes versées, une partie étant remise à la personne ayant porté plainte. Elle a ainsi obtenu un demi-million de dollars provenant du remboursement de la subvention reçue par ceux qui s'étaient approprié ses travaux — en plus d'un quart de million en dommages et intérêts. Il est à souligner qu'avant son départ de l'Université d'Alabama, elle avait conclu une entente claire selon laquelle elle devait être identifiée comme auteure principale de toute publication utilisant ses résultats.

c) La propriété intellectuelle

En 1989, Konstantinos Fostiropoulos, alors étudiant, se joint à l'équipe germano-américaine de Kratschmer et Huffman, qui vient de concevoir une nouvelle technique de production de *buckminsterfullerene*, une nouvelle molécule de carbone (C_{60}) présentant un riche potentiel d'applications industrielles. Il réalise une bonne partie des travaux menant à la mise au point et au raffinement de la technique. Il s'agit d'une percée importante : la description de cette technique donne lieu à un article, signé par Kratschmer, Huffman, Fostiropoulos et un autre assistant, qui est devenu l'article le plus cité en chimie durant la période 1988-1992. En 1990, Kratschmer et Huffman déposent une demande conjointe de brevet qui leur assurera une partie des redevances versées à leurs établissements respectifs ; Fostiropoulos n'est pas mentionné dans la demande. Quatre ans plus tard, il demande une révision du brevet, réclamant d'y être associé. Toutefois, les opinions sont partagées quant à l'importance respective des contributions des chercheurs et de l'étudiant. Selon un expert du domaine, « la vraie découverte est d'avoir pensé que cela pouvait être du carbone 60. La tâche des étudiants se réduit à confirmer ou à infirmer ce genre d'intuition ». (D'après Clery, 1993)

Un dernier point sur lequel il convient de jeter un peu de lumière, c'est celui de la propriété intellectuelle. En ce domaine aussi, au même titre que le conflit d'intérêts ou les pratiques de cosignatures, l'évolution de la recherche universitaire — en particulier l'intérêt accordé aux activités de transfert technologique et à l'impact grandissant des contenus accessibles par voie informatique (réseau Internet et autres) — constitue un facteur non négligeable de l'importance qu'a prise la propriété intellectuelle en milieu universitaire, même, à l'occasion, chez des étudiants et étudiantes de premier cycle. Il y a, bien sûr, les retombées économiques éventuelles de certains produits de recherche (dans les domaines pharmaceutique ou informatique, par exemple), mais aussi les retombées professionnelles associées à la paternité d'une idée, d'un processus, d'une découverte, qu'il s'agisse de distinctions honorifiques, de rayonnement international ou de promotion institutionnelle. La majorité des universités, pour ne pas dire toutes, ont donc mis en place des politiques sur la propriété intellectuelle dans le but de protéger les intérêts des différents partenaires en cause (étudiants, chercheurs, bailleurs de fonds) et de l'établissement universitaire qui fournit souvent l'infrastructure et une partie des ressources qui permettent la réalisation des projets de recherche.

La dimension éthique de la notion de propriété intellectuelle joue principalement dans le cas d'étudiants dont les droits pourraient être lésés par des personnes plus expérimentées ou simplement carriéristes, comme dans le cas décrit au début de cette section, ou encore dans des projets de recherche menés dans le cadre d'une commandite d'entreprise ; mais ils peuvent aussi être coupables de viol de propriété intellectuelle par une utilisation inconsidérée des ressources informatiques (le piratage d'information ou de logiciels) ou même par la simple photocopie, si l'on considère que, selon l'interprétation stricte de la loi, la reproduction d'une proportion significative d'un ouvrage est interdite, même pour un usage personnel. La dimension éthique se fait également sentir avec acuité dans les cas de dissociation des partenaires ou de départ vers un autre établissement universitaire ou un autre laboratoire de recherche. Le cas Gallo comprenait une telle rupture d'entente, le laboratoire français (l'Institut Pasteur) ayant remis aux Américains des virus dans le cadre d'une entente très précise qui stipulait bien que les Américains renonçaient à toute exploitation commerciale, sauf sur autorisation de l'Institut Pasteur. Ce qu'il importe de savoir, c'est qu'il existe des règles en la matière et que le droit d'auteur n'est pas acquis d'office ; étudiants et chercheurs n'ont pas l'entière liberté de disposer comme bon leur semble de certaines de leurs productions scientifiques (bases de données ou fonds documentaire, par exemple). Dans tous les cas, il convient de se renseigner sur les conditions entourant la propriété intellectuelle et la gestion des informations (qui peuvent par exemple être soumises à des règles de confidentialité) ; ces conditions sont généralement mentionnées dans les textes décrivant les programmes de subventions ou dans les contrats.

9.2 La fraude scientifique

Les scientifiques sont constamment appelés à faire valoir leurs réalisations auprès d'instances qui jouent un rôle capital dans l'évolution de leur carrière : comités de sélection, d'évaluation, de promotion, d'attribution de subventions, etc. On a vu aux chapitres précédents que parmi ces réalisations, ce sont les articles scientifiques qui sont, et de loin, jugés les plus significatifs. Or les règles de plus en plus sévères appliquées par ces instances, à cause de la stagnation (voire du déclin) des ressources consacrées à la recherche, soumettent les chercheurs à une pression qui ne peut que favoriser les diverses pratiques susceptibles de diminuer le temps et l'effort requis pour produire un article scientifique. Une de ces pratiques est la **fraude scientifique**, qu'il convient toutefois de distinguer d'autres situations qui ne mettent pas automatiquement en cause l'intégrité mais qui peuvent elles aussi, si elles ne sont pas révélées, entraîner de lourdes conséquences : l'erreur, la négligence et l'illusion scientifiques.

Il convient tout d'abord de souligner que la fraude serait plutôt rare en science. En effet, dans une enquête récente (Swazey, cité par Hoke, 1995) effectuée auprès de 4 000 chercheurs et étudiants de 2e et 3e cycles, entre 6 et 8 % des répondants affirment avoir été témoins d'au moins un comportement frauduleux ; toutefois, si l'on exclut les possibles recoupements (le même cas de fraude évoqué par deux personnes) et si l'on tient compte du fait que peu d'allégations de fraude résistent à une première vérification (Goodstein, 1996), on peut raisonnablement supposer que les fraudes sont beaucoup moins répandues que ne le suggèrent ces chiffres. Les conséquences de ces fraudes peuvent être toutefois suffisamment graves pour qu'on accorde au phénomène toute l'importance qu'il mérite, surtout si l'on considère que la fraude proprement dite ne constitue que l'extrême d'un continuum de pratiques susceptibles de nuire au bon fonctionnement de l'appareil scientifique.

Les mécanismes de contrôle propres à la science et au fonctionnement de la recherche permettent généralement de détecter les erreurs ou fraudes les plus grossières. Cependant, c'est souvent l'intervention d'un pair, collègue chercheur ou étudiant en formation, qui entraîne la mise au jour de pratiques qui vont à l'encontre de l'intégrité scientifique.

a) Erreur, illusion et fraude scientifiques

Entre 1978 et 1985, Robert Slutsky, jeune résident en radiologie-cardiologie à l'Université de Californie, a publié seul ou cosigné 137 articles scientifiques ; à une certaine époque, il aurait même produit un article tous les 10 jours... À la suite d'une demande de promotion faite par Slutsky, un des examinateurs s'aperçoit que des articles de Slutsky font référence à des résultats statistiques identiques pour des séries de données différentes. S'ensuit une enquête qui découvre des expérimentations et des mesures qui n'ont jamais eu lieu, des méthodologies incorrectes, des rapports d'analyses statistiques qui n'ont jamais été faites, des coauteurs qui ont accepté de cosigner des articles qu'ils n'avaient pas lu pour des recherches auxquelles ils n'avaient pas participé (et dont certaines étaient fictives). Près de la moitié des publications de Slutsky se révélèrent douteuses ou frauduleuses. (D'après Lock, 1993)

On s'entend généralement pour reconnaître que la fraude scientifique au sens strict et juridique du terme consiste en la fabrication et la falsification de données ainsi que le plagiat. Compte tenu de la nature de l'entreprise scientifique et des règles morales les plus fondamentales, fabriquer ou falsifier les données dont on souhaite rendre compte auprès de la communauté scientifique, utiliser à son profit personnel la production scientifique de quelqu'un d'autre, sans en rendre crédit, constituent des fautes majeures et passibles de **sanctions** importantes, parfois même de nature légale.

La fabrication et la falsification de données

La **fabrication de données** comme telle pose peu de difficultés d'interprétation : ou des résultats sont inventés de toutes pièces ou ils ne le sont pas et se prêtent alors au processus de vérification et de reproduction. Il peut s'agir non seulement d'inventer des résultats qu'on n'a jamais obtenus mais aussi de rapporter des expérimentations fictives, des processus ou une méthodologie qui n'ont jamais été mis en place, ou des collaborations qui n'ont pas eu lieu. Sur un plan autre que celui des données numériques, on peut aussi signaler la création de citations (faire dire à quelqu'un de connu et de respecté ce qui aurait peut-être l'air banal ou resterait sans impact venant de soi), l'enrichissement du *curriculum vitæ* par des articles fictifs, la contrefaçon pure et simple (diplômes, lettres de référence ou de recommandation, etc.).

Alors que la fabrication de données crée à partir de rien, la **falsification de données** repose sur du concret. De façon générale, falsifier des données c'est transformer d'une manière ou d'une autre les données obtenues lors d'un processus d'expérimentation (ou au moyen de toute autre méthode scientifique) afin que les résultats correspondent le plus près possible à l'hypothèse de recherche ou à des résultats d'une recherche antérieure ou concurrente, qu'il s'agisse de les invalider ou de les corroborer. C'est ainsi, par exemple, que des résultats peuvent être volontairement omis parce qu'ils viennent semer un doute sur la confirmation d'une hypothèse, qu'ils nécessiteraient de nouvelles expérimentations et risqueraient d'entraîner un retard dans la publication et la diffusion des résultats de recherche, voire le renouvellement d'une subvention. Par ailleurs, préalablement à l'obtention des résultats, il peut aussi arriver que les données d'expérimentation soient falsifiées, par exemple en modifiant un protocole de recherche pour y inclure des catégories d'objets (ou de sujets) non prévues et non autorisées, susceptibles de fausser la comparaison, l'analyse et la portée des résultats ultérieurs. C'est ce qui s'est produit dans l'affaire Poisson (Rogel, 1995), où ce chirurgien de l'Hôpital Saint-Luc à Montréal a modifié de son propre chef un protocole de recherche sur le cancer du sein afin de faire bénéficier certaines de ses patientes d'un traitement expérimental auquel elles n'auraient normalement pas été admissibles, et falsifié les données s'y rapportant, risquant ainsi d'invalider, du même coup, l'ensemble des résultats de la recherche à laquelle collaboraient de nombreux autres spécialistes des États-Unis et du Canada.

Le plagiat

L'usurpation du travail ou des idées de quelqu'un d'autre en totalité ou de façon partielle, pour une utilisation à son propre profit, décrit bien ce qu'est le **plagiat**. Ses limites, cependant, ne sont pas toujours faciles à déterminer. En effet, entre l'appropriation pure et simple du texte d'un auteur, d'un extrait de texte (y compris les traductions personnelles de textes étrangers), d'un protocole de recherche ou d'un processus d'expérimentation (tirés de l'évaluation de demandes de subvention ou de l'examen de manuscrits pour une revue scientifique, par exemple), sans mention d'aucune sorte de sa provenance, et la mémorisation inconsciente d'une phrase d'un auteur ou de l'expression d'une idée particulièrement intéressante sur un sujet donné, la gamme des « emprunts » est passablement étendue et comprend même l'auto-plagiat où l'on recycle indûment un texte personnel à différentes fins.

Compte tenu du nombre sans cesse croissant de revues scientifiques et de chercheurs qui publient, le plagiat peut être très difficile à détecter par les mécanismes de contrôle conventionnels de la recherche. Dans la plupart des cas qui sont signalés à ce sujet, c'est souvent par hasard qu'un chercheur constate qu'un ou qu'une collègue s'est livré au plagiat ; la répression de cette pratique frauduleuse repose donc presque essentiellement sur la dénonciation par les pairs. Parce que le système de récompenses du milieu scientifique repose en grande partie sur la reconnaissance du travail du chercheur et de la chercheuse grâce aux citations et références qui permettent d'en signaler la pertinence et l'utilité pour l'avancement des connaissances, le défaut de se rallier et de se conformer aux règles en matière de citations doit être réprimé. Ajoutons aussi qu'en matière d'éthique quant à l'utilisation des fonds publics à des fins de recherche, les formes les plus graves de plagiat signifient un usage frauduleux des sommes versées et un investissement collectif dans de la recherche déjà faite.

Erreur, négligence et illusion scientifiques

La fraude scientifique ne doit pas être confondue avec l'erreur, la négligence ou l'illusion scientifiques. Ainsi, nonobstant les multiples vérifications qui se font et doivent se faire dans tout processus d'expérimentation, il est toujours possible qu'une erreur puisse se glisser (erreur de lecture, d'analyse, de calcul, de diagnostic, etc.), au grand dam d'ailleurs de celui ou de celle qui en porte la responsabilité. Si l'erreur fortuite est excusable, elle implique cependant qu'il y ait rétractation rapide auprès de la communauté scientifique s'il y a eu diffusion de résultats erronés (communications, publications, rapports divers, etc.) afin d'éviter qu'une telle erreur n'entache la crédibilité de son auteur ou n'entrave la suite des travaux d'autres chercheurs dans le même domaine. Des erreurs scientifiques peuvent aussi être reliées à l'état d'avancement des connaissances et se dévoilent alors au fur et à mesure que progresse la compréhension des phénomènes ou qu'évolue la technologie. La véritable erreur (l'erreur sans motif de duperie) ne saurait, en aucun cas, être assimilée à la fraude scientifique.

Toutefois, à la source de l'erreur peut parfois se trouver la négligence professionnelle attribuable à une mauvaise maîtrise des pratiques scientifiques (lacunes de l'apprentissage, manque de rigueur professionnelle, défaut d'une supervision appropriée, etc.) — dont témoignent certains aspects du cas de la fusion froide mentionné plus haut. Dans le même ordre d'idées, ce que l'on appelle communément «l'illusion scientifique» — qu'il s'agisse de trop grandes convictions ou certitudes à l'égard d'un aspect ou l'autre du phénomène analysé, de la qualité d'une hypothèse de départ ou des résultats attendus, ou encore de la surprise d'une découverte imprévue — peut être contré par un sain scepticisme, une grande rigueur intellectuelle et la confrontation d'idées avec les pairs. D'où l'importance, déjà évoquée au chapitre 4, que le milieu de recherche dans lequel sont formés les étudiants favorise et facilite ces attitudes à l'égard de la recherche et encourage les interactions entre étudiants et entre étudiants et chercheurs chevronnés par le biais de séminaires ou autres activités moins formelles.

b) Les mécanismes de contrôle de l'activité scientifique

Au début des années 80, les travaux exceptionnels d'un jeune étudiant de doctorat de Cornell University sur les origines du cancer semblent mettre le Prix Nobel à sa portée. Mark Spector publie ses résultats de recherche dans *Science*, amenant ainsi d'autres chercheurs, dont Volker Vogt de Cornell, à tenter de reproduire les mêmes résultats, mais sans succès. Soupçonnant la fraude, Vogt en informe Racker qui avait cosigné l'article avec Spector. Avec l'aide de Spector, Racker essaie d'obtenir de nouveau les résultats publiés. Devant les échecs répétés et l'embarras de Spector, la fraude se confirme et entraîne l'expulsion de celui-ci. On s'aperçoit par la suite que cet étudiant-vedette n'avait pas de diplôme de premier cycle ni de deuxième cycle quand il a été admis au Ph. D. à Cornell mais qu'il avait fourni, par contre, des lettres de recommandation très élogieuses [...]. (D'après Wade, 1981)

La communauté scientifique dispose d'un certain nombre de mécanismes de contrôle qui lui permettent à la fois de contrer et d'enrayer la déviance en recherche : l'évaluation par les pairs, la reproduction des résultats et la codification des règles et devoirs de la pratique scientifique. Ces trois grands mécanismes de contrôle s'exercent au sein même de la communauté scientifique et sont en mesure de couvrir l'ensemble du processus scientifique, depuis la collecte d'information jusqu'à la diffusion des résultats.

L'évaluation par les pairs

Les pairs, parce qu'ils partagent un même intérêt disciplinaire ou thématique (quand deux ou plusieurs disciplines entrent en jeu dans l'étude d'un même phénomène) et qu'ils sont constamment à l'affût des avancées de la recherche dans leur secteur d'activité, sont à même de porter un jugement éclairé sur la qualité et la rigueur des productions scientifiques qui les concernent et, de ce fait, d'en détecter les failles à quelque niveau que ce soit. C'est pourquoi l'on considère généralement que l'évaluation par les pairs constitue l'un des mécanismes de contrôle les plus efficaces de la science malgré les possibilités de conflits d'intérêts qui peuvent survenir et dont il a été question dans la première section de ce chapitre.

Toutefois, le même environnement contemporain de la recherche qui tend à favoriser les pratiques douteuses ou frauduleuses met aujourd'hui à mal ce mécanisme de contrôle et risque d'en court-circuiter les effets. Il suffit de songer à l'accroissement effréné de la publication scientifique (aucun chercheur n'est plus en mesure de lire tout ce qui se publie dans son domaine), à la diffusion dans le grand public des découvertes, parfois davantage potentielles qu'effectives, à la publication électronique qui répond aussi au même empressement de diffusion des résultats, sans oublier la concurrence entre chercheurs pour des ressources qui diminuent.

La reproduction des résultats

La reproduction des résultats s'avère sans conteste le mode de détection par excellence de la fraude scientifique quand il s'agit de déceler la fabrication ou la falsification de résultats. Bien qu'il soit impensable et totalement inefficace d'y avoir recours systématiquement, on considère généralement qu'elle s'impose néanmoins dans trois types de circonstances : une découverte exceptionnelle (comme celle de la fusion froide), des résultats qui invalident des recherches antérieures ou des postulats communément admis par la communauté scientifique, une recherche qui table sur les résultats d'une recherche précédente et qui n'aboutit pas. Aussi, à la suite de la publication des résultats d'une recherche, l'usage veut que toute information (données de base ou autres éléments) nécessaire à la reproduction de cette recherche soit accessible à quiconque en fait la demande.

La codification des règles et devoirs

La codification des règles et devoirs de la pratique scientifique constitue l'un des mécanismes de contrôle qui a pris une importance accrue au cours des dernières années, particulièrement en matière de recherche universitaire. Depuis longtemps déjà, des codes de déontologie concernant l'expérimentation sur (ou avec) des humains ou des animaux sont en vigueur dans la communauté scientifique — il en sera d'ailleurs question plus loin. Plus récemment, des politiques d'intégrité scientifique, d'éthique en recherche, de probité scientifique et intellectuelle (les appellations varient) ont été instaurées dans la communauté scientifique nord-américaine. Elles établissent les balises d'un comportement éthique en recherche, précisent le rôle et les responsabilités de

chacun en la matière (en fonction du niveau d'implication dans une
recherche, à un titre ou à un autre : personnel scientifique, technique ou
étudiant), ainsi que les sanctions auxquelles s'exposent ceux et celles qui
y contreviennent. De tels documents indiquent également les démarches
à entreprendre en présence de comportements scientifiques douteux et
peuvent s'avérer une source d'information précieuse en ce qui concerne
la politique de l'université d'attache en matière d'éthique scientifique.

c)   Le rôle des collègues ou des collaborateurs

En décembre 1983, Robert L. Sprague, professeur titulaire et chercheur
reconnu de l'Université d'Illinois, Champaign-Urbana, constatait qu'un
de ses collaborateurs, Stephen E. Breuning, avait fabriqué des données
dans le cadre des recherches qu'ils poursuivaient ensemble sur la médication dans le traitement des handicapés mentaux. Cette dénonciation était
très importante parce que les résultats rapportés par Breuning pouvaient
avoir un impact majeur, dans tout le pays, sur la nature de la médication
offerte aux handicapés mentaux, plus particulièrement le recours aux
narcoleptiques. Dûment informés de la fraude, l'organisme subvention-
naire américain NIMH et l'Université de Pittsburgh où Breuning était
alors assistant-professeur ont réagi avec beaucoup de réticences, l'université refusant même d'intervenir étant donné que la « soi-disant » fraude
s'était produite dans une autre université. Cinq ans plus tard, après de
nombreuses investigations (tant auprès de Sprague que de Breuning),
Breuning était finalement reconnu coupable ; on lui infligeait une sentence
de cinq ans de probation comme chercheur, une amende de 11 352 $US
et 250 heures de travaux communautaires ; l'Université de Pittsburgh
devait également rembourser au NIMH 163 000 $US d'une subvention
mal utilisée par Breuning. Malheureusement, l'affaire ne s'est pas résolue
sans mal pour Sprague qui s'est vu refuser le renouvellement d'une
subvention qu'il recevait depuis dix-huit ans (une décision sans aucun lien
avec l'affaire Breuning, lui dit-on) sans compter les multiples tracasseries
auxquelles il a été soumis au cours des cinq ans qu'a duré l'enquête.
(D'après Greenberg, 1995, Sprague, 1987 et 1993)

La difficulté majeure d'application des politiques d'intégrité scientifique vient de ce qu'elles reposent en grande partie sur la dénonciation
par les pairs ou autres témoins d'un manquement à l'éthique en recherche. La dénonciation ou les **allégations** de manquement à l'éthique en
recherche (en anglais, le *whistleblowing*) ont rarement bonne presse et
la plupart des individus répugnent à y avoir recours ; il s'agit pourtant,
là aussi, d'une question d'éthique et de conscience professionnelle qui

s'oppose à un parti pris de complicité et de complaisance à l'égard de comportements déviants.

Les risques liés à la dénonciation par les pairs

On peut aisément concevoir que la crainte de représailles — de la part de la personne dénoncée, de son entourage immédiat, voire du milieu scientifique — puisse aussi contribuer à une certaine réticence à l'égard de la dénonciation d'un manquement à l'éthique en recherche. Le risque existe bel et bien et la documentation sur le sujet signale des cas où la victime ou le dénonciateur d'un manque de probité scientifique semble davantage ou autant pénalisé que la personne reconnue coupable d'un tel comportement : les cas de Margaret O'Toole et de Robert L. Sprague le confirment avec éloquence. Les politiques institutionnelles cherchent cependant à minimiser ces risques et à accorder à ceux et celles qui dénoncent un membre de la communauté scientifique toute la protection nécessaire pour qu'un tel geste, courageux et responsable, ne leur soit pas préjudiciable.

Les sanctions pour manquement à l'éthique

Afin d'exercer un certain pouvoir de dissuasion auprès de ceux ou celles qui seraient tentés d'agir à l'encontre des règles de bonne conduite en recherche, ou de sévir contre quiconque n'a pas joué franc jeu, les politiques institutionnelles d'intégrité en recherche prévoient des *sanctions* plus ou moins sévères concernant la fraude scientifique. Dans certains cas plutôt rares (généralement des étudiants sans protection syndicale), il peut s'agir d'expulsion pure et simple de l'université ou du laboratoire de recherche ; le retrait d'une bourse de recherche (pour un étudiant ou une étudiante), de la subvention en cours ou, pour une durée déterminée de trois à cinq ans, la suppression du droit de présenter une nouvelle demande de subvention, la supervision des travaux de recherche par un pair intègre, l'interdiction de publication, de participation à des comités d'évaluation ou de supervision d'étudiants en formation, et bien sûr l'obligation de rétractation, s'il y a lieu, constituent quelques exemples courants de sanctions imposées.

Ces sanctions sont généralement déterminées par un comité qui tient compte de la gravité du manquement et de ses retombées possibles ainsi que des précédents en la matière ; en règle générale, les bailleurs de fonds (organismes subventionnaires ou autres) sont prévenus de la situation et, selon les circonstances, peuvent sévir de différentes façons, y compris exiger le remboursement des sommes versées. À noter que, dans le cas d'une dénonciation non justifiée ou qui répond à des motifs méprisables, la personne qui en est responsable s'expose aussi à des sanctions de la part des autorités compétentes qui verront à évaluer ce qu'il convient de faire dans une telle situation.

9.3 L'expérimentation sur les humains et les animaux

Une grande part de la recherche universitaire exige le recours à l'expérimentation pour comprendre les phénomènes étudiés, tester des hypothèses, analyser des produits ou des méthodes, etc. Quand l'expérimentation se fait sur ou avec le vivant, qu'il s'agisse des humains ou des animaux, la question éthique ne saurait être évacuée ; ce type de recherche est depuis longtemps encadré par des codes de déontologie qui ne cessent de se préciser et veillent à s'assurer que toute expérimentation du genre se fasse selon des règles de l'art bien précises et, dans certains cas, des règlements officiels.

a) L'expérimentation sur ou avec les humains

Dans plusieurs pays, des organismes nationaux concernés par ce type de recherche (par exemple, le Conseil de recherches en sciences humaines et le Conseil de recherches médicales, au Canada) ont émis et publié des lignes directrices concernant l'expérimentation sur ou avec des humains, selon que la recherche concerne une problématique à caractère social ou culturel dans le premier cas (expérimentation de nature individuelle ou collective, psychologique, sociale ou autre), à caractère médical ou biomédical dans le deuxième cas. Ils exigent aussi que les établissements de recherche mettent en place des comités d'éthique pour la recherche (CER) qui ont la responsabilité d'évaluer la validité scientifique et éthique des projets de recherche sur des sujets humains à toutes les étapes de leur déroulement. Les organismes subventionnaires et les établissements de recherche entérinent ces directives et exigent que les chercheurs qu'ils subventionnent ou qui pratiquent en leurs murs les respectent.

Le souci du bien-être et de l'intégrité de l'individu ou de la collectivité sous observation doit être constamment présent dans toute expérimentation concernant des sujets humains. Afin de limiter le risque qu'un trop grand nombre de ces expérimentations n'aboutisse à une détérioration des façons de faire et des mécanismes de contrôle en vigueur, le questionnement suivant pourra servir de balise éthique avant d'entreprendre une expérimentation sur ou avec des humains :

— un autre type d'expérimentation ne pourrait-il pas livrer les résultats souhaités ou de même portée ?

— s'il faut absolument que l'expérimentation soit faite sur le vivant, le recours à des animaux peut-il être envisagé ?

— les sujets utilisés risquent-ils de subir des dommages physiques ou psychologiques de quelque nature que ce soit ?

— les risques encourus sont-ils justifiables compte tenu de l'objectif poursuivi et des bénéfices escomptés ? et pour qui le sont-ils (une catégorie d'individus, la société en général, le chercheur ou la chercheuse, une entreprise à but lucratif) ?

— a-t-on recours au plus petit nombre de sujets possible, compte tenu des besoins, pour que les résultats soient scientifiquement valables ?

— la recherche s'appuie-t-elle, de façon injustifiée, sur une catégorie de sujets particulièrement démunis et leur fait-elle encourir de ce fait des risques que d'autres sujets n'accepteraient pas, même s'ils devaient profiter des progrès réalisés par la recherche dans ce domaine ?

Le respect intégral du protocole de recherche s'inscrit également dans une démarche éthique, et toute dérogation à cet égard est réprouvée comme en témoigne l'affaire Poisson. Par ailleurs, et dans la mesure du possible, toute expérimentation sur ou avec des sujets humains exige le consentement éclairé du ou des sujets concernés (des parents ou des tuteurs, dans le cas des enfants, ou de toute autorité compétente si le sujet n'a pas la capacité de se prononcer) qui témoigne de leur implication volontaire dans une recherche donnée. Ce consentement éclairé repose sur une information relative aux buts poursuivis par la recherche, à la nature de l'expérimentation dont ils sont les sujets, aux risques et inconvénients auxquels ils s'exposent, aux avantages qu'eux-mêmes ou d'autres peuvent en retirer dans l'immédiat ou à plus long terme, aux mesures de confidentialité qui prévalent au cours de l'expérimentation et au moment de la diffusion des résultats de la recherche. Les recherches à l'insu ou à double insu, qui requièrent l'ignorance du sujet ou du sujet et de l'expérimentateur sur certains aspects de l'expérimentation, exigent évidemment une approche différente, adaptée aux contraintes et exigences de ce type de recherche. Quand les risques ou les inconvénients possibles peuvent être importants, on s'entend généralement pour convenir de n'y avoir recours que dans la mesure où un avancement marqué des connaissances scientifiques peut en résulter et qu'aucune autre méthode ne pourrait fournir des résultats aussi valables.

b) Le respect de la confidentialité

Le respect de la confidentialité des données recueillies dans le cadre d'une expérimentation sur ou avec des humains constitue un enjeu éthique important. Qu'il s'agisse d'informations de toutes sortes obtenues préalablement par voie de questionnaires ou d'analyses physiologiques, psychométriques ou autres, ou tirées de l'expérimentation, il est important que des mesures soient prises pour garantir la plus grande confidentialité possible : codification des données d'identification, nombre d'intervenants dans le dossier maintenu au minimum, accès limité aux données, protection adéquate contre le vol ou tout usage frauduleux. Cette garantie de confidentialité ne peut cependant exclure toute possibilité de requête d'information d'un tribunal qui détient le pouvoir d'ordonner la divulgation de renseignements confidentiels.

Le respect de la confidentialité joue aussi dans les cas où on peut souhaiter ou estimer essentiel de partager l'information obtenue dans le cadre de l'expérimentation avec des personnes de l'entourage immédiat du sujet d'expérimentation ; on peut penser aux études en génétique, par exemple, où l'information recueillie peut être utile à d'autres membres de la famille du sujet. La règle d'usage veut que l'autorisation du sujet soit nécessaire pour entreprendre de telles démarches et il appartient à celui ou à celle qui est responsable de la recherche d'obtenir cette autorisation et de trouver les arguments pour convaincre le sujet s'il est réticent à l'accorder ; aucune pression ne saurait cependant être exercée en ce sens et la décision du sujet doit être respectée. Dans certains cas d'importance majeure, on estime toutefois que l'obligation légale d'intervenir prévaut sur les réserves morales à l'égard du respect de la confidentialité.

La diffusion des résultats de recherche doit aussi prendre en considération le respect de la confidentialité des renseignements obtenus. Il faut éviter que des recoupements ou associations de données diverses puissent permettre l'identification du sujet ou d'un groupe de sujets. Si la publication ou toute autre forme de diffusion des résultats fait en sorte que l'anonymat du sujet ne peut être préservé, les sujets doivent être prévenus de cette éventualité et des inconvénients pouvant en résulter, et leur consentement doit au préalable être obtenu.

Dans tous les cas, il est conseillé de remettre aux sujets un document, signé par le ou les responsables de la recherche, où l'on décrit le but de la recherche et le rôle qu'y jouent les sujets (sans toutefois donner de détails qui pourraient modifier le comportement des sujets et ainsi fausser les résultats), où l'on précise les engagements des responsables en matière de respect de la confidentialité et où l'on offre aux sujets qui le souhaitent la possibilité de prendre connaissance des résultats de la recherche. L'appendice 3 présente un exemple d'un tel document, appelé formulaire de déontologie.

c) L'utilisation des animaux en recherche

L'expérimentation sur des animaux exige elle aussi un encadrement moral et éthique qui concerne la façon dont les animaux sont utilisés et les soins qui leur sont prodigués. Dans des domaines comme la biotechnologie, l'agriculture, l'environnement, les sciences du comportement, ce mode d'expérimentation est essentiel et on ne saurait le limiter indûment et sans nuances comme le souhaiteraient certains groupes de pression sur la protection des animaux. Il y a cependant des règles à suivre et les lignes directrices émises par des organismes comme le Conseil canadien de protection des animaux ou l'American Association for the Advancement of Science doivent être respectées dans l'exercice d'activités de recherche sur des animaux. Les différents conseils subventionnaires en ont d'ailleurs fait une exigence.

Au nombre des principes de base sur le plan éthique, le chercheur ou la chercheuse doit mettre en œuvre tous les efforts nécessaires pour éviter, limiter ou enrayer la douleur et les souffrances occasionnées à l'animal soumis au processus d'expérimentation. Tout en convenant qu'en la matière il peut être difficile de savoir ce que ressentent effectivement les animaux d'expérimentation et quelles sont les différences ou les similitudes avec les humains à cet égard, un *a priori* de compassion doit constamment accompagner les chercheurs et les divers personnels impliqués dans la démarche d'expérimentation. Dans les laboratoires ou les animaleries, les conditions d'élevage, les soins donnés, l'environnement social de l'animal sont les facettes importantes d'une façon éthique et humaine de traiter les animaux pour qu'ils soient en mesure de répondre convenablement aux objectifs poursuivis par une expérimentation qui les met en scène.

Au même titre que dans l'expérimentation sur ou avec des humains, l'expérimentation sur les animaux exige de maîtriser les savoir-faire inhérents à la pratique scientifique, et de faire preuve de compétences techniques et d'attitudes appropriées. De façon générale, des animaux vivants sont utilisés seulement quand aucun autre moyen ne permet d'arriver aux résultats recherchés ; les espèces utilisées doivent être choisies en fonction de ces résultats — des espèces menacées ne doivent jamais servir à des fins d'expérimentation sauf quand celle-ci est réalisée dans le but de trouver des moyens de les protéger.

Il est difficile et coûteux de travailler avec des animaux et certains peuvent éprouver un malaise à être la source de leurs souffrances — sans nécessairement tomber dans une sensiblerie déplacée quand la nature même de la recherche nécessite de telles méthodes. L'évolution des mentalités et des technologies fait toutefois en sorte que, de plus en plus, le recours à des animaux aux fins d'expérimentation pourra être limité à des besoins bien circonscrits, et le nombre d'animaux requis réduit. C'est du moins ce que laissent espérer de nouvelles méthodes comme le clonage de cellules en biologie cellulaire, les sondes non destructives (comme celles que l'on utilise chez les humains), la simulation par ordinateur et même la réalité virtuelle. Toutefois, il serait bien utopique d'imaginer que l'usage des animaux en recherche pourrait être totalement éliminé par le recours à ces méthodes alternatives.

Références

Arthurs H. W., A. Blais et J. Thomson (1994). *Integrity in Scholarship : A Report to Concordia University*, Montréal, Université Concordia.

Clery, Daniel (1993)*. « Patent dispute goes public », *Science*, n° 261, 20 août, p. 978-979.

Goodstein, David (1996). *Conduct and Misconduct in Science*. [En ligne], consulté le 21 décembre 1996 ; adresse URL : http://www.caltech.edu/~goodstein/conduct.html

Greenberg, Daniel S. (1995)*. « Researcher sounds fraud alarm – and loses NIMH grant », *Science and Government Report* 17, 1er avril, p. 1-2.

Hilts, Philip J. (1995)*. « A university and 4 scientists must pay for pilfered work », *New York Times*, 19 mai, p. A20.

Hoke, Franklin (1995). «Veteran Whistleblowers Advise Other Would-Be "Ethical Resisters" To Carefully Weigh Personal Consequences Before Taking Action», *The Scientist*, vol. 9, 15 mai, p. 1. [disponible en ligne] Adresse URL: ftp://ds.internic.net/pub/the-scientist/the-scientist-950515.

Lock, Stephen et Frank Wells (dir.) (1993)*. *Fraud and Misconduct in Medical Research*, London, BMJ Publishing Group.

Maddox, John (1993)*. «Competition and the death of science», *Nature*, n° 363, 24 juin, p. 667.

Rogel, Jean-Pierre (1995), «Ondes de choc en recherche clinique», *Québec Science*, vol. 33, n° 5, février, p. 8-9.

Sprague, Robert L. (1987)*. «I trusted the research system», *The Scientist*, 14 décembre, p. 12-14.

Sprague, Robert L. (1993)*. «Whistleblowing: A very unpleasant avocation», *Ethics and Behavior*, vol. 3, n° 1, p. 103-133.

Wade, Nicholas (1975)*. «Discovery of pulsars: A graduate student's story», *Science*, n° 189, août, p. 358-364.

Wade, Nicholas (1981)*. «The rise and fall of a scientific superstar», *New Scientist*, 24 septembre, p. 731-732.

Les titres marqués d'un astérisque ont été consultés (dans le texte intégral ou sous forme de compte rendu) dans la banque de données SCIFRAUD; adresse URL: telnet://rachel.albany.edu.

Pour en savoir plus

Broad, William et Nicholas Wade (1987). *La souris truquée*, Paris, Seuil, traduction par C. Jeanmougin de l'ouvrage original *Betrayers of the Truth*, New York, Simon and Schuster, 1982.

Rappelle divers cas de fraude scientifique ou de comportements scientifiques qui dérogent aux modes de fonctionnement de la science à travers l'histoire et met en doute les mécanismes de contrôle de la science à notre époque.

Comité d'enquête indépendant sur l'intégrité intellectuelle et scientifique (H. W. Arthurs, président, Roger A. Blais, Jon Thompson) (1994). *L'intégrité dans la quête du savoir: rapport présenté à l'Université Concordia*, Montréal. [En ligne (version originale anglaise)], adresse URL: http://camel.cecm.sfu.ca/NSERC/Vault/General_Issues/concordia_report

Rapport déposé à la suite de l'affaire Fabrikant. Fait le point sur ce qui constitue un comportement intègre en recherche tout en illustrant les mécanismes de fonctionnement de la science contemporaine qui peuvent inciter à des comportements non éthiques en recherche.

Committee on Science, Engineering, and Public Policy (1995). *On Being a Scientist, Responsible Conduct in Research*, 2ᵉ édition, Washington, National Academy Press.

Ouvrage destiné aux étudiants en formation à la recherche et qui s'appuie sur la description de cas de manquements à l'éthique en recherche pour traiter du sujet.

Conseil canadien de protection des animaux (1989). *Principes régissant la recherche sur les animaux,* Ottawa ; Conseil de recherches en sciences humaines du Canada (non daté). *Code déontologique de la recherche utilisant des sujets humains,* Ottawa ; Conseil de recherches médicales du Canada (1987). *Lignes directrices concernant la recherche sur des sujets humains,* Ottawa.

Publications des conseils subventionnaires canadiens sur les règles déontologiques à respecter dans les recherches sur ou avec des animaux et des êtres humains.

Duquet, Diane (1993). *L'éthique dans la recherche universitaire : une réalité à gérer*, Québec, Conseil supérieur de l'éducation.

Étude qui fait état des causes et conséquences de comportements non éthiques en recherche et qui propose des mécanismes pour une gestion à la fois préventive et corrective de l'éthique en recherche.

Larivée, Serge (avec la collaboration de Maria Baruffaldi) (1993). *La science au-dessus de tout soupçon*, Collection Repère, Québec, Éditions du Méridien.

Trace un portrait de la fraude scientifique (ancienne et contemporaine), en analyse la prévalence, les causes, les conséquences et fait le point sur les mécanismes de détection, de dénonciation et de prévention en la matière.

APPENDICE 1

LES DIAGRAMMES À POINTS

Les diagrammes à points constituent un compromis entre les diagrammes et les graphiques, dont ils empruntent bon nombre de caractéristiques. Ils peuvent ainsi être considérés aussi bien comme des diagrammes à barres horizontaux où les rectangles sont remplacés par des points situés sur de fines lignes en pointillé, que comme des graphiques dont l'axe horizontal porte les valeurs (discrètes) d'une variable indépendante qualitative. La figure A1.1 présente le diagramme de base (1 VI et 1 VD).

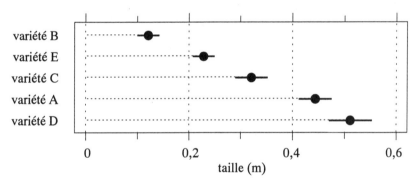

Figure A1.1   Taille de 5 variétés de plants de 3 mois ; dose de fertilisant XYZ (*diagramme à points à 1 VI et 1 VD*)

Si l'on ajoute une seconde VI ou d'autres VD, on a recours à l'une des deux techniques suivantes :

— on place les points associés aux diverses valeurs de la nouvelle VI ou aux VD dans la même fenêtre des données, sur des lignes en pointillé voisines (figure A1.2) ou communes, si les points ne se recoupent pas (figure A1.7), en prenant soin de choisir des types de points bien distincts ;

— on juxtapose des fenêtres de données (horizontalement ou verticalement), une pour chaque valeur de la nouvelle VI (figure A1.3) ou pour chaque VD (figure A1.4) ; cette technique rend la comparaison entre les diverses variables un peu plus difficile, mais permet beaucoup mieux d'analyser chacune d'elles isolément.

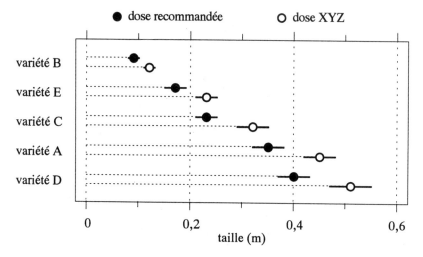

Figure A1.2   Taille de 5 variétés de plants de 3 mois; dose de fertilisant recommandée et dose XYZ (*même résultat qu'à la figure 6.3, diagramme à 2 VI et 1 VD, fenêtre unique*)

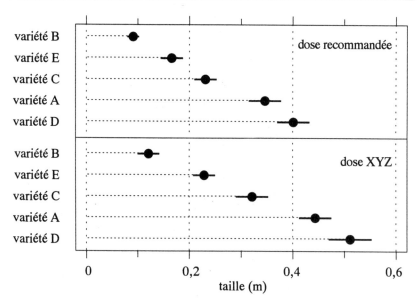

Figure A1.3   Taille de 5 variétés de plants de 3 mois; dose de fertilisant recommandée et dose XYZ (*même résultat qu'à la figure précédente, diagramme à 2 VI et 1 VD, fenêtres juxtaposées verticalement*)

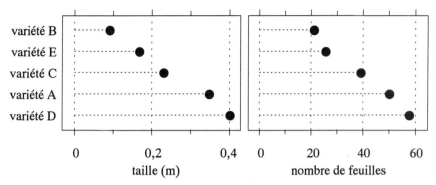

Figure A1.4   Taille et nombre de feuilles de 5 variétés de plants de 3 mois ; dose de fertilisant recommandée (*même résultat qu'à la figure 6.5, diagramme à 1 VI et 2 VD, fenêtres juxtaposées horizontalement*)

On notera les caractéristiques suivantes de ces diagrammes.

— Des lignes en pointillé horizontales joignent les points à l'origine, qui se situe un peu à droite de l'extrémité gauche du cadre et qui est marquée par une ligne en pointillé de type différent.

— Les divisions de l'axe horizontal sont en nombre limité (entre 5 et 8 environ, et seules certaines portent des étiquettes) ; on les a répétées au sommet de la fenêtre des données ; on a associé des lignes en pointillé verticales à une partie des divisions, de manière à faciliter la lecture des valeurs.

— Pour les diagrammes à trois variables à une seule fenêtre, l'identification de la variable codée par le type de point est reportée à l'extérieur de la fenêtre des données, car les points ainsi ajoutés pourraient interférer avec les données.

Quand toutes les valeurs sont positives et qu'elles se retrouvent dans un intervalle plus petit que la valeur minimale, il est avantageux de faire commencer l'axe correspondant à une valeur plus grande que zéro. Ainsi, les points couvrent la majeure partie de la fenêtre des données, ce qui augmente la précision des lectures. C'est ce qu'on a fait sur le diagramme de la figure A1.5, où l'on a en conséquence prolongé jusqu'à la fin de la fenêtre les lignes en pointillé horizontales, de manière à ne pas suggérer que leur longueur représente la valeur de la variable. On notera également la seconde échelle placée au sommet de la fenêtre des données, qui permet d'exprimer les mêmes résultats à l'aide d'autres unités.

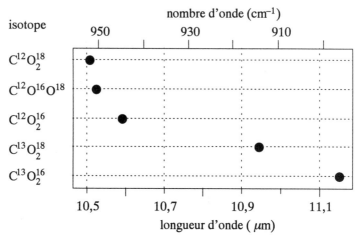

Figure A1.5   Longueur d'onde de la raie P(20) de la bande de vibration-rotation $00°1{\rightarrow}10°0$ de la molécule de CO_2 pour diverses compositions isotopiques (*diagramme avec axe ne partant pas de zéro*)

Lorsqu'une des valeurs dépasse très largement les autres, ou encore que celles-ci se concentrent en deux groupes relativement éloignés, il peut être utile d'interrompre carrément l'axe pour sauter à une nouvelle valeur, avec ou sans changement d'échelle entre les axes. Cette interruption doit être clairement signalée ; une bonne façon de le faire est de scinder la fenêtre des données (figure A1.6). Toutefois, ce procédé n'est pas indiqué pour un diagramme à deux variables dépendantes possédant chacune son échelle (comme à la figure A1.4), car il peut entraîner une distorsion importante dans la comparaison visuelle de ces deux variables. Ainsi, par le jeu d'un changement de l'échelle et de l'emplacement de la coupure, on peut donner l'impression que n'importe laquelle des deux variables varie plus que l'autre pour une même gamme de valeurs de la variable indépendante.

Finalement, si l'une des variables quantitatives couvre deux ordres de grandeur ou plus (soit un facteur de l'ordre de 50 ou plus entre la plus petite et la plus grande des valeurs), il est en général préférable de recourir à une échelle logarithmique. L'échelle logarithmique est aussi indiquée lorsqu'on désire effectuer des comparaisons en pourcentage, des longueurs égales le long de l'axe logarithmique se traduisant par des pourcentages égaux de variation.

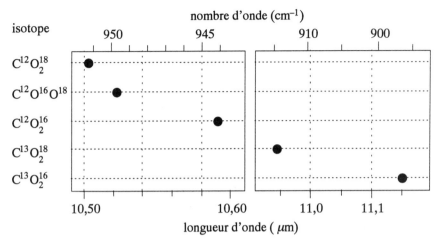

Figure A1.6 Longueur d'onde de la raie P(20) de la bande de vibration-rotation $00°1 \rightarrow 10°0$ de la molécule de CO_2 pour diverses compositions isotopiques (*même résultat qu'à la figure précédente, mais avec plus de précision, diagramme à 1 V1 et 1 VD, fenêtre des données scindée*)

À titre d'illustration de l'efficacité du diagramme à points, si on le compare au tableau, par exemple, la figure A1.7 présente les résultats d'une compilation, originalement sous forme de tableau, du prix de plusieurs médicaments d'origine et des médicaments équivalents, appelés génériques, fabriqués par d'autres compagnies. Cette figure illustre bien la puissance d'un diagramme conçu selon les règles de l'art. Ainsi, il donne un aperçu rapide de la gamme des prix de chaque catégorie ainsi que des écarts entre les prix des génériques et des originaux. Il permet aussi de distinguer facilement des résultats comme le médicament le plus cher, le générique le moins cher, les génériques offrant les plus grandes réductions (en pourcentage, en vertu de l'échelle logarithmique), le pourcentage approximatif de réduction pour un médicament en particulier, etc. Remarquez que les médicaments ont été classés selon l'ordre croissant du prix de l'original et que la fenêtre des données a été scindée le long de la verticale afin de bien isoler une valeur de nature différente (la moyenne).

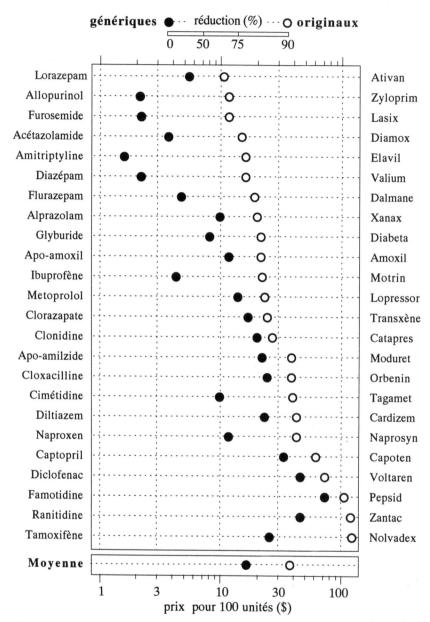

Figure A1.7   Prix de 24 médicaments d'origine et de leurs génériques (*diagramme à points à 2 VI et 1 VD avec échelle logarithmique*)

APPENDICE 2
RÈGLES D'ÉCRITURE DES ÉQUATIONS

1. Usage du gras et de l'italique

Exemples

a) Une lettre représentant un vecteur ou une matrice est en gras.

$\mathbf{a}$; $\mathbf{M}$

b) Toute autre lettre (latine ou grecque) est en italique, y compris une lettre représentant une constante, une fonction, une composante d'un vecteur ou un élément d'une matrice ainsi que le symbole de la dérivée ou de la différentielle.

x; a; θ; e^x; $f(x)$; $J_n(x)$;

a_x; M_{ij}; $\dfrac{dy}{dx}$; $\int f(x)\,dx$

c) Un chiffre ainsi que le nom ou l'abréviation (si elle comprend plus d'une lettre) d'un nom de fonction sont en caractères standard.

$2x$; x^2; n_2; $\sin \alpha$; $\ln x$

2. Espaces entre les éléments d'une expression

a) On ne laisse pas d'espace :

– entre un symbole et un coefficient numérique qui ne contient qu'un caractère;

$2x$

– entre les symboles juxtaposés dans un produit;

abc

– entre les parenthèses et l'expression qu'elles entourent;

(abc)

– entre les chiffres et la barre d'une fraction entière;

$1/2$; $3/4$

– devant un exposant ou un indice.

a^2; $(abc)^3$; n_2

2. Espaces entre les éléments d'une expression (suite)

Exemples

b) On laisse un espace (représenté par # dans les exemples) :

– entre un coefficient numérique qui contient deux caractères ou plus et un symbole;

$0{,}4518{\#}x$; $12\,875{\#}y$

– entre le symbole ou l'abréviation d'une fonction et son argument;

$f{\#}(x)$; $\sin{\#}\theta$

– entre un facteur numérique contenant un seul caractère et une expression;

$2{\#}(x{\#}+{\#}3)$; $5{\#}abc$;

$3{\#}f(x)$; $\dfrac{2}{3}{\#}x$

– de part et d'autre d'un signe arithmétique $(+, -, \pm, \times, \cdot, \div)$ ou relationnel $(=, \approx, \rightarrow, <, >$ etc.), lorsque celui-ci relie des caractères ou des expressions ne contenant pas d'espaces;

$2{\#}\times{\#}3$; $x{\#}+{\#}2y$; $\mathbf{a}{\#}\cdot{\#}\mathbf{b}$

$y{\#}={\#}2{,}452$; $a{\#}={\#}2b$;

$\dfrac{x}{2}{\#}={\#}\dfrac{3y}{5}$

– de part et d'autre du signe / dans une fraction non entière;

$3{\#}/{\#}4{,}267$

$3{\#}/{\#}(2-x)$

– entre les signes de norme ou de valeur absolue (| |) et le caractère ou l'expression qu'ils entourent.

$|{\#}\mathbf{a}{\#}|$; $\|{\#}\sin{\#}\theta{\#}\|$

c) On peut laisser deux espaces de part et d'autre d'un signe arithmétique $(+, -, \pm, \times, \cdot, \div)$ ou relationnel $(=, \approx, \rightarrow, <, >$ etc.) lorsque celui-ci relie des expressions contenant des espaces, surtout si celles-ci sont assez longues.

$x{\#\#}={\#\#}2y{\#}+{\#}3z$

$2{\#}(x^2{\#}+{\#}3x){\#\#}-{\#\#}(x{\#}-{\#}2)^2$

APPENDICE 3

FORMULAIRE DE DÉONTOLOGIE

Chère madame, cher monsieur,

Je (nous) soussigné(s) _____, responsable(s) du projet
de recherche intitulé _____, vous
remercions d'avoir accepté de participer à la présente expérimentation.
Conformément aux règles usuelles de déontologie en recherche, voici
quelques informations relatives à cette expérimentation.

— Cette expérimentation fait partie d'un projet dont le but est...

— L'expérimentation à laquelle vous participez vise à...

— Les sujets retenus pour cette expérimentation ont été choisis sur la
base de...

— Toutes les mesures nécessaires ont été prises afin de réduire les
risques que vous encourez pendant cette expérimentation. Toutefois, nous devons vous prévenir que...

— En participant à cette expérimentation, vous bénéficiez de...

En vertu des mêmes règles de déontologie, nous nous engageons, dans
le cadre de toutes les activités liées à ce projet :

— à n'utiliser les informations que nous recueillerons que lorsqu'elles
sont pertinentes aux objectifs du projet ;

— à maintenir confidentielle l'identité de tous les sujets de la recherche, notamment en ne fournissant, dans les textes présentant les
résultats de la recherche ou fondés sur ceux-ci, aucun nom ni
information susceptible de permettre leur identification ;

— à limiter l'accès au matériel recueilli aux seules personnes affectées
à la recherche ;

— à vous fournir, sur demande, les rapports de recherche non publiés
dans les revues spécialisées, ou les références, pour ceux qui
l'auront été.

Nous espérons que ces informations sauront vous éclairer sur la nature du projet, les conséquences de votre participation et les mesures que nous entendons prendre pour respecter les règles de l'intégrité scientifique dans le cadre de notre projet de recherche.

Veuillez agréer l'expression de nos meilleurs sentiments.

[signature]
responsable(s) du projet

APPENDICE 4
RÉFÉRENCES ET RENVOIS BIBLIOGRAPHIQUES

Au chapitre 7, il est question de trois manières de classer les ouvrages cités dans le texte et d'indiquer dans celui-ci les renvois correspondants. Afin d'illustrer ces notions (et en même temps un certain nombre de conventions touchant les renvois et le contenu des références bibliographiques), un extrait d'un texte scientifique avec ses références est présenté ci-dessous sous chacune de ces trois formes.

1. Renvoi par auteur et date, et classement alphabétique

Mentionnons aussi la production de décharges diffuses (Tremblay, 1979 ; Roy, 1980b), technique qui a permis à Roy (1980a) d'obtenir une émission stimulée dans l'ultraviolet. Cette approche a été reprise et développée dans des travaux ultérieurs (Bunkin, 1983 ; Korobkin, 1985 ; Marin, 1987) qui visaient toutefois un objectif différent, soit la formation de très longues décharges électriques (Marin, 1984 et 1987 ; Ivanov, 1987).

Références

Bunkin, F. V. et coll. (1983). « Laser spark with a continuous channel in air », *Sov. J. Quant. Elect.*, vol. 13, n° 2, févr., p. 254-255.

Ivanov, O. G. et coll. (1987). « Breakdown of air accompanying axicon focusing of laser radiation with a variable curvature of the wave front », *Sov. Phys. – Tech. Phys.*, vol. 32, n° 10, oct., p. 1212-1213.

Korobkin, V. V. et coll. (1985). « Formation of a continuous laser spark in air », *Sov. J. Quant. Elect.*, vol. 15, n° 5, mai, p. 631-633.

Marin, M. Yu., Pil'skii, V.I., Polonskii, L. Ya., Pyatnitskii L. N. et A. E. Sheindlin (1984). « Electrical conductivity of the plasma of a continuous laser spark », *Sov. Tech. Phys. Lett.*, vol. 10, n° 11, nov., p. 558-559.

Marin, M. Yu. et coll. (1987). «Laser initiation of discharges in weak electric fields», *Sov. Phys. – Tech. Phys.*, vol. 32, n° 8, août, p. 898-900.

Roy, G., Blanchard, M. et R. Tremblay (1980a). «High-pressure amplified stimulated emission effect in a N_2 laser produced plasma with axicon lenses», *Opt. Commun.*, vol. 33, n° 1, avril, p. 65-68.

Roy, G., D'Astous, Y., Blanchard, M. et R. Tremblay (1980b). «Some characteristics and observations of long diffuse discharges produced by the focussing of a TEA-CO_2 pulse with an axicon», *Rev. Can. Phys/Can. J. Phys.*, vol. 58, n° 10, oct., p. 1477-1482.

Tremblay, R., D'Astous, Y., Roy, G. et M. Blanchard (1979). «Laser plasmas optically pumped by focusing with an axicon, a CO_2-TEA laser beam in a high-pressure gas», *Opt. Commun.*, vol. 28, n° 2, févr., p. 193-196.

2. Renvoi numérique et classement selon l'ordre d'apparition dans le texte

Mentionnons aussi la production de décharges diffuses [1-2], technique qui a permis à Roy d'obtenir une émission stimulée dans l'ultraviolet [3]. Cette approche a été reprise et développée dans des travaux ultérieurs [4-6] qui visaient toutefois un autre objectif, soit la formation de décharges électriques très longues [6-8].

Références

1. Tremblay, R., D'Astous, Y., Roy, G. et M. Blanchard, «Laser plasmas optically pumped by focusing with an axicon, a CO_2-TEA laser beam in a high-pressure gas», *Opt. Commun.*, vol. 28, n° 2, févr. 1979, p. 193-196.

2. Roy, G., D'Astous, Y., Blanchard, M. et R. Tremblay, «Some characteristics and observations of long diffuse discharges produced by the focussing of a TEA-CO_2 pulse with an axicon», *Rev. Can. Phys/Can. J. Phys.*, vol. 58, n° 10, oct. 1978, p. 1477-1482.

3. Roy, G., Blanchard, M. et R. Tremblay, «High-pressure amplified stimulated emission effect in a N_2 laser produced plasma with axicon lenses», *Opt. Commun.*, vol. 33, n° 1, avril 1980, p. 65-68.

4. Bunkin, F. V. et coll., « Laser spark with a continuous channel in air », *Sov. J. Quant. Elect.*, vol. 13, n° 2, févr. 1983, p. 254-255.

5. Korobkin, V. V. et coll., « Formation of a continuous laser spark in air », *Sov. J. Quant. Elect.*, vol. 15, n° 5, mai 1985, p. 631-633.

6. Marin, M. Yu. et coll., « Laser initiation of discharges in weak electric fields », *Sov. Phys. – Tech. Phys.*, vol. 32, n° 8, août 1987, p. 898-900.

7. Ivanov, O. G. et coll., « Breakdown of air accompanying axicon focusing of laser radiation with a variable curvature of the wave front », *Sov. Phys. – Tech. Phys.*, vol. 32, n° 10, oct. 1987, p. 1212-1213.

8. Marin, M. Yu, Pil'skii, V.I., Polonskii, L. Ya., Pyatnitskii, L. N. et A. E. Sheindlin, « Electrical conductivity of the plasma of a continuous laser spark », *Sov. Tech. Phys. Lett.*, vol. 10, n° 11, nov. 1984, p. 558-559.

3. Renvoi numérique et classement alphabétique

Mentionnons aussi la production de décharges diffuses[7,8], technique qui a permis à Roy d'obtenir une émission stimulée dans l'ultraviolet[6]. Cette approche a été reprise et développée dans des travaux ultérieurs[1,3,5] qui visaient toutefois un autre objectif, soit la formation de décharges électriques très longues[2,4-5].

Note : La présentation des renvois en exposant ou entre crochets n'est pas spécifique à l'une ou l'autre forme, mais on a voulu illustrer les deux modes les plus fréquemment employés dans les textes scientifiques. Chaque revue indique sa préférence dans les directives aux auteurs.

Références

1. Bunkin, F. V. et coll., « Laser spark with a continuous channel in air », *Sov. J. Quant. Elect.*, vol. 13, n° 2, févr. 1983, p. 254-255.

2. Ivanov, O. G. et coll., « Breakdown of air accompanying axicon focusing of laser radiation with a variable curvature of the wave front », *Sov. Phys. – Tech. Phys.*, vol. 32, n° 10, oct. 1987, p. 1212-1213.

3. Korobkin, V. V. et coll., « Formation of a continuous laser spark in air », *Sov. J. Quant. Elect.*, vol. 15, n° 5, mai 1985, p. 631-633.

4. Marin, M. Yu, Pil'skii, V.I., Polonskii, L. Ya., Pyatnitskii, L. N. et A. E. Sheindlin, « Electrical conductivity of the plasma of a continuous laser spark », *Sov. Tech. Phys. Lett.*, vol. 10, n° 11, nov. 1984, p. 558-559.

5. Marin, M. Yu. et coll., « Laser initiation of discharges in weak electric fields », *Sov. Phys. – Tech. Phys.*, vol. 32, n° 8, août 1987, p. 898-900.

6. Roy, G., Blanchard, M. et R. Tremblay, « High-pressure amplified stimulated emission effect in a N_2 laser produced plasma with axicon lenses », *Opt. Commun.*, vol. 33, n° 1, avril 1980, p. 65-68.

7. Roy, G., D'Astous, Y., Blanchard, M. et R. Tremblay, « Some characteristics and observations of long diffuse discharges produced by the focussing of a TEA-CO_2 pulse with an axicon », *Rev. Can. Phys/Can. J. Phys.*, vol. 58, n° 10, oct. 1980, p. 1477-1482.

8. Tremblay, R., D'Astous, Y., Roy, G. et M. Blanchard, « Laser plasmas optically pumped by focusing with an axicon, a CO_2-TEA laser beam in a high-pressure gas », *Opt. Commun.*, vol. 28, n° 2, févr. 1979, p. 193-196.

APPENDICE 5

GLOSSAIRE

CHAPITRE 1

Corroboration : se dit d'un phénomène ou d'une loi dont on démontre l'existence ou la justesse.

Déduction : démarche qui consiste à conclure, à partir de propositions ou de lois, un fait ou une autre proposition qui en découle.

Énoncé : proposition qui affirme quelque chose sur la réalité ; un énoncé peut être perceptuel, c'est-à-dire directement perçu par le chercheur, ou observationnel, c'est-à-dire fondé sur les effets observés des phénomènes grâce à des instruments.

Expérimentation : ensemble d'opérations contrôlées qui consistent à provoquer un phénomène dans le but de l'étudier.

Factualisation : procédure qui consiste à rendre une proposition, une loi, ou un modèle conforme progressivement à la réalité.

Fait scientifique : événement qui se produit dans la nature, perceptible par les sens (fait brut), pouvant être observé à l'aide d'instruments (fait d'observation) ou encore provoqué ou produit par expérimentation (fait d'expérimentation).

Hypothèse : proposition relative à l'explication d'un phénomène qui n'est admise que provisoirement tant qu'elle n'est pas soumise au contrôle des tests ; si elle résiste à l'épreuve de ceux-ci, elle est dite acceptée.

Induction : démarche qui consiste à remonter des faits singuliers à une loi générale.

Loi : description ou énoncé de forme universelle relatif à un ensemble de faits empiriques et qui affirme l'existence d'une relation uniforme entre ceux-ci.

Méthode scientifique : ensemble de procédures et de méthodes empiriques acceptées qui caractérisent et définissent la connaissance dite scientifique.

Modèle : représentation abstraite et idéalisée (souvent mathématique) des phénomènes.

Nominaliste : partisan du nominalisme, conception philosophique qui, partant de la prégnance théorique des énoncés, avance que les entités théoriques de la science ne sont que des conventions utiles qui ne reflètent pas la réalité.

Paradigme : ensemble de croyances, théories, lois et méthodes qui, selon Kuhn, sont partagées par une communauté scientifique et ne sont remises en question que devant les résolutions scientifiques.

Réaliste : adepte du réalisme, conception philosophique qui postule l'existence d'objets indépendants de la connaissance d'un sujet et qui soutient que les énoncés empiriques de la science reflètent la réalité.

Réfutation : se dit d'un phénomène ou d'une loi dont on contredit l'existence ou la justesse.

Théorie : ensemble d'énoncés et de concepts organisés qui unifie des lois en un nombre limité d'entités qui s'appliquent à une grande variété de situations.

CHAPITRE 2

Big Science : terme utilisé pour désigner les projets de recherche qui exigent des ressources financières et humaines de grande envergure. Dans leur version centralisée, ils sont caractérisés par la présence d'un équipement lourd (réacteur, accélérateur de particules, télescope). Dans leur version décentralisée, il s'agit de programmes de recherche auxquels participent de manière coordonnée des équipes de partout dans le monde (Projet du génome humain). À la Big Science des années 50 et 60, dont les coûts se chiffraient en dizaines de millions de dollars, a succédé la mégascience (centaines de millions de dollars), puis la gigascience (le milliard ou plusieurs milliards de dollars).

Discipline : cette notion revêt deux dimensions qui sont à toutes fins utiles indissociables. La première est de l'ordre du savoir et désigne un corpus de connaissances portant sur un objet distinct. Sur cet aspect, la notion de discipline désigne aussi un ensemble de procédures et de manières de faire en ce qui a trait à la production des connaissances. La deuxième dimension est sociale et la notion de discipline désigne alors un groupe social, une communauté, qui possède ses représentants officiels et dont les signes distinctifs sont ses associations, ses revues, ses congrès et, sur le plan institutionnel, l'existence de départements universitaires. Sur cet aspect, la discipline peut être définie comme un mécanisme social de différenciation intellectuelle, une institution qui a ceci de particulier que les producteurs (de connaissances) sont aussi les consommateurs.

Domaine (de recherche) : désigne les objets sur lesquels porte l'activité de recherche-développement. Dans certains cas, comme la supraconductivité, l'objet désigné est relativement spécifique et la notion de domaine s'approche alors de celle de spécialité. Dans d'autres cas, la thématique désignée est vaste, comme lorsqu'il est question du domaine de la santé, des biotechnologies ou de l'exploration et de l'exploitation de l'espace.

Objet/sujet (de recherche) : un sujet de recherche est un des éléments de connaissance faisant partie d'un domaine ou d'un champ de recherche ; c'est aussi ce dont traite un ouvrage ou une communication scientifique. Un objet de recherche est le même élément, mais sur lequel une ou un scientifique porte son attention et agit dans le but de le transformer ou de modifier les connaissances que l'on possède sur lui. Ainsi, on peut dire qu'un étudiant choisit un sujet de recherche pour en faire son objet de recherche (dans le cadre de son projet de maîtrise ou de doctorat), et que ce même objet devient le sujet des communications orales ou écrites reliées au projet (dont le mémoire ou la thèse).

Politique scientifique (et technologique) : désigne un ensemble de politiques gouvernementales qui ont pour objet le soutien de l'activité scientifique et technique ainsi que la diffusion et l'utilisation de ses résultats. Elle est constituée de grands énoncés d'orientation et de programmes plus spécifiques qui servent à les mettre en œuvre.

Recherche appliquée : activité de recherche qui, à l'aide de connaissances déjà acquises ou à acquérir, vise à développer des moyens (produit, procédé, service) qui permettront de satisfaire à un besoin ou une demande spécifique (sociale, économique).

Recherche commanditée : activité de recherche financée par une source (publique ou privée) dont le principal objectif n'est pas de subventionner la recherche. Elle est souvent — mais pas nécessairement — orientée ou appliquée.

Recherche-développement (R-D) : désigne une large gamme d'activités qui vont de la production de connaissances de base (recherche fondamentale) à leur utilisation dans la production d'appareils, de systèmes, de matériaux, de méthodes ou de services (développement).

Recherche fondamentale : activité de recherche qui vise à développer une meilleure compréhension de l'objet d'étude sans référence explicite à l'application des connaissances produites.

Recherche stratégique (ou orientée) : activité de recherche dont l'objet est prédéfini par le bailleur de fonds en vertu de son caractère prioritaire, mais dans laquelle le chercheur est libre de définir son propre projet.

CHAPITRE 5

Adresse URL : identification universelle des informations accessibles par Internet ; comprend le protocole d'accès (telnet, ftp, http, gopher, etc.) suivi du nom de domaine identifiant le serveur (de la forme mot1.mot2.mot3) et, souvent, de l'emplacement du fichier sur le serveur (répertoires imbriqués séparés par des « / ») et du nom du fichier (se terminant souvent, pour un document de type hypertexte, par .htm ou .html).

Descripteurs : mots clés prédéfinis par les gestionnaires d'une banque de données bibliographiques.

Forums (ou groupes de discussion) : discussions sur un thème précis par le biais de messages électroniques expédiés à un groupe identifié sur un serveur spécialisé (serveur de *News*) auquel on accède à l'aide d'un navigateur ; les messages, après vérification ou non selon les forums, deviennent alors accessibles à toute personne accédant à un serveur de *News* affichant ce groupe.

Hypertexte : texte numérisé dont certains éléments, dûment identifiés (mots, phrases, boutons), appelés hyperliens, permettent d'accéder directement à d'autres textes, généralement par un clic de la souris.

Liste de diffusion : discussions sur un thème précis par le biais de messages électroniques expédiés à l'adresse de courrier électronique du gestionnaire de liste (listserv), et réadressés automatiquement, avec ou sans vérification préalable par un « modérateur », selon les groupes, à tous les membres inscrits au groupe.

Outil de recherche : logiciel (accessible par navigateur) permettant de faire des recherches dans les pages W3 ou les forums.

Page d'accueil : page W3 servant de porte d'entrée à un site W3 et permettant d'accéder par hyperliens à d'autres pages résidant sur ce site.

Page W3 : fichier généralement de type hypertexte contenant divers types d'information (texte, images, son, etc.) et reçu en bloc par un simple clic sur un hyperlien. Une page W3 peut contenir plusieurs pages-écrans que l'on peut faire défiler sans avoir à recontacter le serveur.

Serveur : ordinateur dédié au stockage d'informations et à son transfert entre ordinateurs.

Site W3 : ensemble de pages W3 interreliées résidant sur un même serveur et portant sur un même sujet.

CHAPITRE 6

Incertitude : pour une valeur d'une variable qui n'est connue ou qui n'est définie qu'avec une précision limitée, intervalle calculé ou estimé, de part et d'autre de la valeur la plus probable, à l'intérieur duquel il y a une probabilité élevée (par exemple 75 % ou 95 %) que se trouve la valeur réelle.

Variable continue : variable quantitative qui peut prendre n'importe quelle valeur dans un intervalle donné.

Variable dépendante (VD) : variable dont la valeur est influencée ou déterminée par les valeurs d'autres variables. Les variables dépendantes sont presque toujours quantitatives.

Variable discrète : variable qui ne possède que certaines valeurs précises séparées par des intervalles (égaux ou non) ; une variable peut être discrète soit par nature (comme des objets que l'on compte), soit par le fait d'un regroupement en catégories d'une variable continue. Par définition, les variables qualitatives sont discrètes.

Variable indépendante (VI) : variable dont la valeur influence ou détermine les valeurs d'autres variables. Lorsqu'au sein d'un même résultat on retrouve plus d'une variable indépendante, on désigne parfois sous ce nom une seule d'entre elles (généralement celle qui a varié le plus souvent durant l'expérimentation) ; les autres sont alors appelées paramètres.

Variable qualitative : variable dont les valeurs sont des caractéristiques ou des catégories désignées par des noms.

Variable quantitative : variable dont les valeurs sont exprimées par des nombres accompagnés ou non d'unités et d'incertitudes.

CHAPITRE 9

Allégation : dénonciation d'un cas, ou d'une présomption, de manquement à l'éthique en recherche (fraude ou autre) auprès des autorités aptes à intervenir.

Conflit d'intérêts : situation dans laquelle des intérêts personnels peuvent biaiser l'objectivité requise pour évaluer une situation ou une personne, porter un jugement, exercer une critique.

Déontologie : règles et pratiques associées au respect de certaines valeurs fondamentales dans l'exercice d'une activité ou d'une profession.

Éthique scientifique : façon d'être et d'agir conformément à des principes moraux d'honnêteté et de justice dans la réalisation d'activités scientifiques comme la recherche. On parle aussi de *probité scientifique* et d'*intégrité scientifique.*

Fabrication de données : invention ou création de toutes pièces d'un aspect ou l'autre d'une activité de recherche, qu'il s'agisse des résultats obtenus, de données d'expérimentation, de processus, de méthodologies, de collaborations, etc.

Falsification de données : transformation, modification ou omission de données de recherche, de résultats ou de tout autre élément pertinent d'un processus d'expérimentation ou d'une activité de recherche.

Fraude scientifique : manquement aux normes de fonctionnement et à l'éthique de la science, spécifiquement en ce qui a trait au plagiat, à la fabrication et à la falsification de données. Tout autre écart aux règles et normes de fonctionnement de la recherche peut constituer un manquement à l'éthique scientifique sans être qualifié de fraude scientifique.

Plagiat : usurpation à des fins personnelles de la production intellectuelle de quelqu'un d'autre.

Sanction : peine attribuée par les autorités compétentes à toute personne reconnue coupable de fraude scientifique ou de manquement à l'éthique scientifique.

Index

Les numéros de pages en gras renvoient aux explications principales d'un terme et ceux qui sont suivis d'un astérisque au glossaire.

Notes biographiques des auteurs

Marc COUTURE (Ph. D. en physique, Université Laval) est professeur à la Télé-université, où il dirige le programme de certificat en science et technologie. En plus des cours de physique, il est responsable des cours d'histoire et de didactique des sciences, ainsi que des cours traitant des méthodes de recherche. Ses recherches portent sur les technologies de l'information dans l'enseignement des sciences et l'apprentissage de la recherche.

Diane DUQUET (Ph. D. en linguistique de l'Université Laval ; maîtrise en administration publique de l'École nationale d'administration publique) a été secrétaire de la Commission de la recherche du Conseil des universités de 1988 à 1993 ; elle est actuellement professionnelle de recherche au Conseil supérieur de l'éducation. Elle est l'auteure de l'étude *La gestion de l'éthique dans la recherche universitaire : une réalité à gérer*, publiée par le Conseil supérieur de l'éducation.

René-Paul FOURNIER (Ph. D. en chimie, Université Laval) est directeur des études avancées et de la recherche à l'Institut national de la recherche scientifique (INRS) et directeur, par intérim, du centre INRS-Santé. Tout au long de sa carrière, il a occupé des postes reliés à la direction de la recherche ou des études de deuxième et troisième cycles dans quelques universités québécoises et au Fonds FCAR.

Benoît GODIN (Ph. D. en analyse des politiques scientifiques, Université de Sussex) est professeur à l'INRS depuis 1992. Il y réalise des recherches sur la sociologie de la science et l'évaluation de la recherche. Il a rédigé plusieurs articles sur ces questions et prépare actuellement un livre sur la culture scientifique. Il fait son enseignement à l'UQAM dans le cadre du programme de baccalauréat en science, technologie et société.

Marie-Josée LEGAULT, professeure à la Télé-université, a soutenu en 1994 une thèse de doctorat en sociologie portant sur la structuration de l'organisation du travail de recherche en sciences de l'humain et du social. Elle a publié quelques articles sur cet objet et achève présentement une recherche sur les effets de l'organisation du travail de recherche sur la formation à la recherche.

Gilles LUSSIER (D.M.V., M.Sc., Ph.D.) a fait carrière à l'institut Armand-Frappier où il fut professeur et, pendant huit ans, directeur du centre de recherche en virologie. À sa retraite, il s'est joint à la compagnie Charles River Canada en tant que directeur des services diagnostiques.

Michel TRÉPANIER (Ph.D.) est professeur à l'INRS. Sociologue des sciences, il s'intéresse aux grands projets scientifiques (*Big Science*), aux politiques scientifique et technologique ainsi qu'à l'histoire des infrastructures urbaines et du génie civil. Il enseigne la méthodologie de la recherche à l'INRS-Urbanisation, où il donne également un cours sur l'analyse des processus de décision et les choix technologiques.

Québec, Canada
1997